现代环境污染与控制对策研究

艾 萍 陈晓娟 孙欣阳 主编

北京工业大学出版社

图书在版编目（CIP）数据

现代环境污染与控制对策研究 / 艾萍，陈晓娟，孙
欣阳主编 . — 北京 ：北京工业大学出版社，2021.2
　　ISBN 978-7-5639-7870-0

　　Ⅰ．①现… Ⅱ．①艾… ②陈… ③孙… Ⅲ．①环境污
染－污染控制－研究 Ⅳ．① X506

中国版本图书馆 CIP 数据核字（2021）第 034141 号

现代环境污染与控制对策研究
XIANDAI HUANJING WURAN YU KONGZHI DUICE YANJIU

主　　编：艾　萍　陈晓娟　孙欣阳
责任编辑：李　艳
封面设计：知更壹点
出版发行：北京工业大学出版社
　　　　　（北京市朝阳区平乐园 100 号　邮编：100124）
　　　　　010-67391722（传真）　bgdcbs@sina.com
经销单位：全国各地新华书店
承印单位：三河市腾飞印务有限公司
开　　本：710 毫米 ×1000 毫米　1/16
印　　张：17.25
字　　数：345 千字
版　　次：2023 年 4 月第 1 版
印　　次：2023 年 4 月第 1 次印刷
标准书号：ISBN 978-7-5639-7870-0
定　　价：58.00 元

作者简介

艾萍，女，高级工程师，籍贯湖北随州，1972年12月出生，毕业于同济大学，研究生学历。工作单位：苏州市昆山环境监测站。研究方向：环境科学及污染防治、环境影响评价等。参与了国家水专项"高新城区水环境质量保障技术与综合示范"课题研究，先后发表相关研究论文10余篇。

陈晓娟，女，高级工程师，籍贯江苏苏州，1978年12月出生，毕业于吉林大学，硕士学位。工作单位：苏州市环境科学研究所。研究方向：环境影响评价、清洁生产、生态环境损害鉴定评估、环境监理、生态环境修复等。参与了国家水体污染控制与治理科技重大专项"望虞河东岸水设施功能提升与全系统调控技术及示范"课题（2017ZX07205001）研究，先后发表相关研究论文多篇。

孙欣阳，男，高级工程师，籍贯吉林长春，1975年12月出生，毕业于中南民族学院，本科学历，学士学位。工作单位：江苏省苏州环境监测中心。研究方向：环境监测、环境管理等。参与了"环境水体中医药品和个人护理用品（PPCPs）液相色谱–串联质谱（LC–MS/MS）测定方法研究和污染现状调查""苏州市集中式饮用水源地有毒有害有机污染物监测调查"等课题项目的研究，先后发表相关研究论文10余篇。

前　言

环境污染给人类赖以生存的环境造成了极大的破坏，随着对生态理念认识的加深，人们对于环境污染的关注度越来越高。环境污染控制是为了使人和环境之间的关系更加和谐，人们通过加强环境保护，营造出适合人类生活以及工作的环境。如何根治环境污染，将美丽的环境还给人类，成为人们关注的焦点。基于此，本书对现代环境污染与控制对策进行了系统研究。

全书共九章。第一章为绪论，主要包括环境与环境问题、环境污染物及其来源、环境污染对人体健康的危害等内容；第二章为环境污染与控制技术现状，主要包括我国环境污染的现状、环境污染控制技术的现状等内容；第三章为现代水体污染及其控制，主要包括水资源与水循环、水体污染及其危害、水体污染的控制等内容；第四章为现代大气污染及其控制，主要包括大气的结构及组成、大气污染及其危害、大气污染的控制等内容；第五章为现代土壤污染及其控制，主要包括土壤的结构及特性、土壤污染及其危害、土壤污染的控制等内容；第六章为现代固体废物污染及其控制，主要包括固体废物概述、固体废物污染及其危害、固体废物污染的控制等内容；第七章为现代物理性污染及其控制，主要包括噪声污染及其控制技术，电磁性污染及其控制技术，放射性污染及其控制技术，热污染、光污染及其控制技术等内容；第八章为现代环境监测与环境治理评价，主要包括环境监测、环境质量评价、环境影响评价等内容；第九章为可持续发展与现代环境保护对策，主要包括可持续发展的基本理论、现代环境保护的对策等内容。

本书由艾萍统稿并担任第一主编，负责编写第二章、第五章、第九章，大约10万字；陈晓娟担任第二主编，负责编写第一章、第四章、第六章，大约10万字；孙欣阳担任第三主编，负责编写第三章、第七章、第八章，大约10万字。

为了确保研究内容的丰富性和多样性，笔者在编写过程中参考了大量理论与研究文献，在此向涉及的专家、学者表示衷心的感谢。

最后，限于笔者水平，加之时间仓促，书中难免存在一些不足之处，在此恳请广大读者批评指正！

目　　录

1

第一章 绪论

随着工业经济的持续发展，环境污染问题也在不断加重，给人类和生态环境造成严重破坏。环境污染，就是人类活动引起的环境质量下降，从而对人类及其他生物正常生存和发展有害的现象。改革开放以来，我国经济一直在快速增长，人民物质生活水平有了很大提高，但日益严重的环境污染危害了居民的健康。本章包括环境与环境问题、环境污染物及其来源、环境污染对人体健康的危害等内容。

第一节 环境与环境问题

一、环境

（一）环境的概念

我们今天赖以生存的环境是由简单到复杂、由低级到高级发展起来的。地球上最初的环境只有空气、水、阳光、土壤和岩石，发展至一定阶段才出现了"生命"。地球经过亿万年的进化，出现了包括人在内的各种复杂生物。这些生物经常调节自身以适应不断变化的外界环境。同时，生物的活动也不断改变着外界环境，尤其是人类的生活、生产活动对环境的影响更为显著。今天的环境正是在自然背景的基础上经过人类的改造加工形成的。

环境，作为一个被广泛使用的名词，它的含义是极为丰富的。从哲学的角度来看，环境是一个相对的概念，即它是一个相对于主体而言的客体。环境与其主体是相互依存的，它因主体的不同而不同，随着主体的变化而变化。因此，明确主体是正确把握环境的概念及其实质的前提。

环境，作为一个专业术语，当然有比哲学定义更明确、更具体的科学定义。

由于不同的学科有着不同的研究对象和研究内容，因此，在不同的学科中，环境的科学定义是不同的，其差异也源于对主体的界定的不同。

在社会学中，环境被认为是以人为主体的外部世界，而在生态学中环境则被认为是以生物为主体的外部世界。这一基本概念的不同就导致了学科研究内容的不同。例如，各种各样的人际关系，像家庭关系、婚姻关系等，都是社会学研究的主要内容，而传统生态学的研究内容则分成物种生态学、种群生态学、群落生态学以及生态系统生态学等。

对于环境学而言，环境是一个决定本学科性质和特点、研究对象和内容的基本概念。因此，赋予它一个什么样的科学定义是一个极为重要的问题。数十年来，环境科学家在这个问题上进行了长时间的探讨，做出了巨大的努力。应该指出，环境问题在人类异化于自然界并组织成社会的早期就出现了，而环境问题这一命题则是在人类社会组织程度、科学技术水平、生产经济水平均较高且对自然界的冲击力较大的 20 世纪 50 年代提出的，至于环境科学则是在解决环境问题的社会需要的推动下产生和发展起来的。

基于上述这些历史事实，就不难得出环境的科学定义应是："以人类社会为主体的外部世界的全体。"这里所说的外部世界主要指人类已经认识到的、直接或间接影响人类生存与社会发展的周围事物。它既包括未经人类改造过的自然界，如高山、大海、江河、湖泊、天然森林以及野生动植物等，又包括经过人类社会加工改造过的自然界，如街道、房屋、水库和园林等。

还有一种因适应某些工作方面的需要，而为环境下的工作定义，它们大多出现于世界各国颁布的环境保护法规中。例如，《中华人民共和国环境保护法》中明确指出："本法所称环境，是指影响人类生存和发展的各种天然和经过人工改造的自然因素的总体，包括大气、水、海洋、土地、矿藏、森林、草原、湿地、野生生物、自然遗迹、人文遗迹、自然保护区、风景名胜区、城市和乡村等。"这是将环境中应当保护的要素或对象界定为环境的一种工作定义，它纯粹是从实际工作的需要出发，对环境一词的法律适用对象或适用范围所做的规定，其目的是保证法律的准确实施。

综上所述，环境一词在哲学、科学和工作三个层面上有不同的定义，它们之间在本质上是相通的，有紧密的内在联系，但又不可相互取代。

随着人类文明的发展和科学技术的进步，环境的范畴也在扩展，概念也进一步深化，例如，宇宙环境就是人类活动进入大气层以外的空间和邻近地球的天体的过程中提出的新概念。它指的是大气层以外的环境，也称为空间环境或星际环境。现在人类能够触及的宇宙环境仅限于人和飞行器在太阳系内飞行的环境，但是随着空间科学技术的发展，人类活动的空间范围日益扩大，宇宙环境这一概念也将进一步深化。

（二）环境的功能特性

1. 整体性与区域性

环境的整体性指环境各要素构成了一个完整的系统。在一定空间内，环境要素（大气、水、土壤、生物等）之间存在确定的空间位置排布和相互作用关系。通过物质转换、能量流动以及相互关联的变化，在不同的时刻，系统会呈现出不同的状态。环境的区域性指的是环境整体特性的区域差异，即不同区域的环境有不同的整体特性。

环境的整体性与区域性是同一环境特性在两个不同侧面上的表现。

2. 变动性和稳定性

环境的变动性指在自然变化过程和人类社会发展的共同作用下，环境的内部结构和外在状态始终处于变动中。人类社会的发展史就是环境的结构与状态在自然变化和人类社会行为相互作用下不断变动的历史。环境的稳定性指环境系统具有在一定限度内自我调节的能力，即环境可以凭借自我调节能力在一定限度内将人类活动引起的环境变化抵消。

环境的变动性是绝对的，稳定性是相对的。人类必须将自身活动对环境的影响控制在环境自我调节能力的限度内，使人类活动与环境变化的规律相适应，以使环境朝着有利于人类生存发展的方向变动。

3. 资源性与价值性

环境的资源性表现在物质性和非物质性两方面，其物质性体现在人类生存发展不可缺少的物质资源和能量资源上；而非物质性同样可以体现在资源上，如某一地区的环境状态直接决定其适宜的产业模式。因而，环境状态就是一种非物质性资源。环境的价值性源于环境的资源性，是由其生态价值和存在价值组成的。环境是人类社会生存和发展必不可少的，具有不可估量的价值。

（三）环境的分类和组成

环境既包括以空气、水、土地、植物、动物等为内容的物质因素，也包括以观念、制度、行为准则等为内容的非物质因素；既包括自然因素，也包括社会因素；既包括非生命体形式，也包括生命体形式。我们通常按环境的属性，将环境分为自然环境、人工环境和社会环境。

自然环境指的是未经过人的加工改造而天然存在的环境。自然环境按环境要素，又可分为大气环境、水环境、土壤环境、地质环境和生物环境等，主要指地球的五大圈——大气圈、水圈、土圈、岩石圈和生物圈。

人工环境指的是在自然环境的基础上经过人的加工改造所形成的环境，或人为创造的环境。人工环境与自然环境的区别，主要在于人工环境对自然物质的形态做了较大的改变，使其失去了原有的面貌。

社会环境指的是由人与人之间的各种社会关系所形成的环境，包括政治制度、经济体制、文化传统、社会治安、邻里关系等。

通常，按照人类生存环境的空间范围，可由近及远、由小到大地将环境分为聚落环境、地理环境、地质环境和宇宙环境等层次结构，而每一层次均包含各种不同的环境性质和要素，并由自然环境和社会环境共同组成。

1. 聚落环境

聚落指人类聚居的中心，活动的场所。聚落环境是人类有目的、有计划地利用和改造自然环境而创造出来的生存环境，是与人类的生产和生活关系最密切的工作和生活环境。聚落环境中的人工环境因素占主导地位，也是社会环境的一种类型。人类的聚落环境，从自然界中的穴居和散居，直到形成密集栖息的乡村和城市。显然，聚落环境的变迁和发展，为人类提供了安全清洁和舒适方便的生存环境。但是，聚落环境及周围的生态环境由于人口的过度集中、人类缺乏节制的频繁活动以及对自然界的资源的超负荷索取而受到巨大的压力，造成局部、区域乃至全球性的环境污染。因此，聚落环境历来都受到人们的重视，也是环境科学的优先研究领域。

聚落环境根据其性质、功能和规模可分为院落环境、村落环境和城市环境等。

（1）院落环境

院落环境是由一些功能不同的建筑物和与其联系在一起的场院组成的基本环境单元。不同院落环境的结构、布局、规模和现代化程度是很不一样的，因而，其功能单元的完善程度相差也是很悬殊的。它可以是一间孤立的房屋，也可以是一座大庄园。由于地区发展不平衡，它可以是简陋的茅舍，也可以是防震、防噪声和有自动化空调设备的现代化住宅。它不仅具有明显的时代特征，也具有显著的地方色彩。

例如，北极地区因纽特人的小冰屋，热带地区巴布亚人筑在树上的茅舍，我国西南地区的竹楼，内蒙古草原的蒙古包，黄土高原的窑洞，干旱地区的平顶房，寒冷地区的火墙、火炕，以及我国北方讲究的"向阳门第"、我国南方喜欢的"阴凉通风"等。这些都说明院落环境是人类在发展过程中，为适应自己的生产和生活需要因地制宜而创造出来的。

　　院落环境在保障人类工作、生活顺利进行及促进人类发展的过程中起到了积极的作用，但其在人类发展过程中也相应地产生了消极的环境问题。例如，我国南方房子阴凉通风，以致冬季在室内比在室外阳光下还要冷；我国北方房屋注意保暖而忽视通风，以致空气污染严重。所以，在今后聚落环境的规划设计中，要加强环境科学的观念，以便在充分利用和改造自然的基础上，创造出内部结构合理并与外部环境协调的院落环境。所谓内部结构合理，是指各类房间布局适当、组合成套，要有一定的灵活性和适应性，能够随着居民需要的变化而改变一些房间的形状、大小、数目、布局和组合，机动灵活地利用空间，方便生活。所谓与外部环境协调，也不是只从美学观点出发，在建筑物的结构、布局、形态和色调上与外部环境相协调，更重要的是从生态学观点出发，充分利用自然生态系统中能量流和物质流的迁移转化规律来改善工作和生活环境。例如，在院落的规划设计中，要充分考虑太阳能的利用，以节约燃料、减少大气污染等。

　　院落环境的污染主要是由居民的生活"三废"造成的。我们提倡院落环境园林化，在室内、室外、窗前、房后种植瓜果、蔬菜和花草，美化环境，净化环境，调控人类、生物与大气之间的二氧化碳与氧气的平衡。近年来国内外不少人主张大力推广无土栽培技术，这样不但可以创造一个清洁新鲜，令人心旷神怡的居住环境，而且其产品除供人畜食用外，所收获的有机质及生活废弃物又可用来生产沼气，其废渣、废液也是肥料，可促使我们收获更多的有机质和"太阳能"，人们把院落环境建造成一个结构合理、功能良好、物尽其用的人工生态系统，这样可以减少居民"三废"的排放。

　　（2）村落环境

　　村落主要是农业人口聚居的地方。由于自然条件的不同，以及农、林、牧、副、渔等农业活动的种类、规模和现代化程度的不同，无论是从结构、形态、规模还是从功能上看，村落的类型都是多种多样的，如平原上的农村、海滨湖畔的渔村、深山老林的山村等，因而，其所遇到的环境问题也是各不相同的。

　　村落环境的污染主要来自农业污染及生活污染，特别是农药、化肥的使用使污染日益严重，影响农副产品的质量，威胁人们的身体健康，甚至危及人们的生命。

　　因此，必须加强对农药、化肥的管理，严格控制施用剂量、时机和方法，并尽量利用综合性生物防治来代替农药防治，用速效、易降解的农药代替难降解的农药，尽量多施用有机肥，少用化肥，提高施肥技术、改善施肥效果。

我们提倡建设生态新农村，走可持续发展道路。人们应因地制宜，充分利用农村的自然条件，综合利用自然能源，如太阳能、风能、水能、地热能、生物能等分散性自然能源都是可更新的清洁能源；还可以人工建立绿色能源基地，种植速生高产的草木，以收获更多的有机质和"太阳能"，从而改变自然能源的利用方式，提高其利用率。另外，把养殖业的畜禽粪便及其他有机质废物制成沼气，既可以作为煮饭燃料、照明能源等，又降低了污染，美化了环境，是打造低碳新农村的可行之路。

（3）城市环境

城市环境是人类利用和改造环境而创造出来的高度人工化的生存环境。城市有现代化的工业、建筑业、交通运输业、通信业、文化娱乐业及其他服务行业，为居民的物质和文化生活创造了优越的条件，但是城市人口密集、工厂林立、交通阻塞等，使环境遭受了严重的破坏。

城市是以人为主体的人工生态环境。其特点是人口密集，占据大量土地，地面被建筑物、道路等覆盖，绿地很少；物种种群发生了很大变化，野生动物极少，而多为人工养殖动物；城市环境系统是不完全的生态系统，城市中主要是消费者，而生产者和分解者所占比例相对较小，与其在自然生态系统中所占比例正好相反，呈现出以消费者为主体的倒三角形营养结构。城市的生产者（植物）的产量远远不能满足人们对粮食的需要，因此必须从城市外输入。城市因消费者而产生的大量废弃物往往自身又难以分解，必须送往异地，所以，为满足城市系统的正常运行而形成的在城市系统中的巨大能源流、物质流和信息流对环境产生的影响是不可低估的。

2. 地理环境

地理环境指的是一定社会所处的地理位置以及与此相联系的各种自然条件的总和，包括气候、土地、河流、湖泊、山脉、矿藏以及动植物资源等。地理环境是能量的交错带，位于地球表层，即岩石圈、水圈、土壤圈、大气圈和生物圈相互作用的交错带上。它下起岩石圈的表层，上至大气圈下部的对流层顶，厚10～20 km，包括了全部的土壤圈，其范围大致与水圈和生物圈相当。

概括地说，地理环境是由与人类生存和发展密切相关，直接影响人类衣、食、住、行的非生物和生物等因子构成的复杂的对立统一体，是具有一定结构的多级自然系统，水、土、大气、生物圈都是它的子系统。每个子系统在整个系统中有着各自特定的地位和作用，非生物环境都是生物（植物、动物和微生物）赖以生存的主要环境要素，它们与生物种群共同组成生物的生存环境。这里是来自地球内部的内能和来自太阳辐射的外能的交融地带，有着适合人类生存的物理条件、化学条件和生物条件，因而构成了人类活动的基础。

3. 地质环境

地质环境主要指地表以下的坚硬地壳层，也就是岩石圈部分。地理环境是在地质环境的基础上，在宇宙因素的影响下发生和发展起来的，地理环境和地质环境以及宇宙环境之间，经常不断地进行着物质和能量的交换。岩石在太阳能作用下的风化过程，使被固结的物质解放出来，参加到地理环境中去，参加到地质循环乃至星际物质大循环中去。

如果说地理环境为我们提供了大量的生活资料、可再生的资源，那么，地质环境则为我们提供了大量的生产资料——丰富的矿产资源。矿产资源是人类生产资料和生活资料的基本来源，对矿产资源的开发利用是人类社会发展的前提。

4. 宇宙环境

宇宙环境，又称星际环境，指的是地球大气圈以外的宇宙空间环境，由广袤的空间、各种天体、弥漫物质以及各类飞行器组成。

自古以来，人类采用各种方法观测宇宙、探寻宇宙的奥秘，直到 1957 年人造地球卫星上天，人类才开始离开地球，进入宇宙空间进行探测活动。随着航天事业的发展，载人飞船发射成功，我国也于 2003 年发射了"神舟五号"飞船，成功地实现了千年飞天梦，人类揭开了宇宙探索的新篇章。在不久的将来人类还会奔向更遥远的太空。

各星球的大气状况、温度、压力差别极大，各星球的环境与地球环境相差甚远。在太阳系中，我们居住的地球距太阳不近也不远，正处于"可居住区"范围内，转动得不快也不慢，轨道离心率不大，致使地理环境中的一切变化极有规律，又不过度剧烈，这些都为生物的繁茂昌盛创造了良好的条件。

地球是目前人类所知道的唯一一个适合人类居住的星球。我们研究宇宙环境是为了探求宇宙中各种自然现象及其发生的过程和规律对地球的影响。例如，太阳的辐射能量变化和对地球的引力作用会影响地球的地理环境，与地球的降水量、潮汐现象、风暴和海啸等有明显的相关性。人类对太阳系的研究有助于了解地球的成因及变化规律；有助于更好地掌握自然规律和防止自然灾害，创造更理想的生存空间，同时也为星际航行、空间利用和资源开发提供可循依据。

7

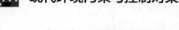

（四）环境结构的划分

环境要素的配置关系称为环境结构。总体环境（包括自然环境和社会环境）的各个独立组成部分在空间上的配置，是描述总体环境的有序性和基本格局的宏观概念。通俗地说，环境结构表示环境要素是怎样结合成一个整体的。环境的内部结构和相互作用直接制约着环境的物质交换和能量流动等功能的发挥。人类赖以生存的环境包括自然环境和社会环境两大部分，其各自具有不同的结构和特点。

1. 自然环境结构

从全球的自然环境来看，可分为大气、陆地和海洋三大部分。聚集在地球周围的大气层，约占地球总质量的百万分之一，大约为 5×10^5 t。大气的密度、温度、化学组成等都随着距地表的高度的变化而变化。按温度、运动状态及其他物理状况，大气由下向上可分为对流层、平流层、中间层、热层和散逸层等。

其中，对流层与人类的关系最为密切，地球上的天气变化主要发生在这一层内。陆地是地球表面未被海水浸没的部分，总面积约为 1.49×10^8 km²，约占地球表面积的 29.2%。面积广大的称为大陆，全球共有六块大陆，按面积从大到小依次为欧亚大陆、非洲大陆、北美大陆、南美大陆、南极大陆和澳大利亚大陆，总面积约为 1.391×10^8 km²。散布在海洋、河流或湖泊中的陆地称为岛屿，它们的总面积约为 9.7×10^6 km²。陆地环境的次级结构为山地、丘陵、高原、平原、盆地、河流、湖泊、沼泽和冰川。此外，还有森林、草原和荒漠等。

海洋是地球上广大连续水体的总称。其中，广阔的水域称为洋，大洋边缘部分称为海。海洋的面积约为 3.61×10^8 km²，约占地球表面积的 70.8%。海与洋共同组成了统一的世界大洋。全球有四大洋，即太平洋、大西洋、印度洋和北冰洋。海洋的次级结构为海岸（包括潮间带、海滨和海滩）、海峡和海湾，在海洋底部有大陆架、大陆坡、海台、海盆、海沟、海槽和礁石等。

2. 社会环境结构

所谓社会环境就是人类在长期社会劳动中所形成的人与人之间的各种社会联系及联系方式的总和，包括经济关系、道德观念、文化风俗、意识形态和法律关系等。这里所说的社会环境结构，就是城市、工矿区、村落、道路、桥梁、农田、牧场、林场、港口、旅游胜地及其他人工构筑物。

环境结构直接制约环境要素之间物质交换和能量流动的方向、方式和数量，并且其同时处在不断的运动和变化中。因此，不同区域或不同时期的环境，其结构可能不同，由此呈现出不同的状态与不同的宏观特性，从而对人类社会活动的支持作用和制约作用也不同。例如，沙漠地区的环境结构基本上是简单的物理学结构，而陆地与海洋、高原与盆地、城市与农村、水网地区与干旱地区之间的环境结构均有很大不同。

3. 环境结构的特点

从全球环境而言，环境结构的配置及其相互关系具有圈层性、地带性、节律性、等级性、稳定性和变异性等特点。

（1）圈层性

在垂直方向上，地球环境的结构具有同心圆状的圈层性。在地壳表面分布着岩石圈、水圈、生物圈和大气圈。在这种格局支配下，地球上的环境系统与这种圈层性相适应。地球表面是岩石圈、水圈、大气圈和生物圈的交汇处。这个无机界与有机界交互作用且集中的区域，为人类的生存和发展提供了适宜的环境。

此外，球形的地表，使各处的重力作用几乎相等，所获得的能量及向外释放的能量也处于同一数量级，因此地球表面处于能量流动和物质循环被耦合在一处的特殊位置上。这对植物的引种和传播、动物的活动和迁移以及环境系统的稳定和发展，均可产生积极的作用。

（2）地带性

在水平方向上，由于球面的地表各处位置、曲率和方向的不同，地表各处得到的太阳辐射能量密度不同，因而产生了与纬线相平行的地带性结构格局。例如，从赤道到两极的气候带依次为赤道带（跨两个半球）、热带、亚热带、温带、亚寒带和寒带。其相应的土壤和植被带为砖红壤赤道雨林带、红壤热带雨林带、棕色森林土亚热带、常绿阔叶林带、棕色灰化森林土暖温带、落叶阔叶林带、棕色灰化土温带针叶林和落叶林混交带、寒温带明亮针叶带、苔原带等。

（3）节律性

在时间上，任何环境结构都具有谐波状的节律性。地球形状和运动的固有性质，在随着时间变化的过程中，都具有明显的周期节律性，这是环境结构叠加时间因素的四维空间的表现。例如，地表上无论何处都有昼夜交替现象，这种往复过程的影响，使生物量白天增加而夜晚减少；白日近地面空气中二氧化碳含量减少而夜晚增加。太阳辐射能、空气温度、水分蒸发、土壤呼吸强度、生物活动的日变化等，都受这种节律性的控制。在较大的时间尺度上，有一年四季的交替变化。

（4）等级性

在有机界的组成中，依照食物摄取关系，在生物群落的结构中具有阶梯状的等级性。例如，地球表面的绿色植物利用环境中的光、热、水、气、土和矿物元素等无机成分，通过复杂的光合作用，形成碳水化合物。这种有机物质的生产者被高一级的消费者草食动物取食，而草食动物又被更高一级的消费者肉食动物取食。动植物死亡后，又由数量众多的各类微生物将其分解成无机成分，这样就形成了严格有序的食物链结构。这种结构制约着生物的数量和品种，影响着生物的进化以及环境结构的形态和组成方式。这种在非同一水平上进行的物质能量的统一传递，使环境结构表现出等级性。

（5）稳定性和变异性

环境结构具有相对的稳定性、永久的变异性和有限的调节能力。任何一个地区的环境结构，都处于不断的变化中。在人类出现以前，只要环境中某一个要素发生变化，整个环境结构就会相应地发生变化，并在一定限度内自行调节，在新条件下达到平衡。人类出现以后，尤其是在现代生产活动日益发展、人口压力急剧增长的条件下，环境结构的变动，无论在深度、广度上，还是在速度、强度上，都是空前的。从环境结构本身来看，虽然环境结构具有自发的趋稳性，但环境结构总是处于变化中的。

二、环境问题

（一）环境问题及其分类

环境问题，根据其范围大小不同，可从广义和狭义两个方面来理解。狭义的环境问题指由于人类的生产和生活活动，自然生态系统失去平衡，反过来影响人类生存和发展的一切问题。广义的环境问题是由自然力或人力引起生态平衡破坏，最后直接或间接影响人类的生存和发展的一切客观存在的问题。

环境问题多种多样，如果从引起环境问题的根源考虑，可将环境问题分为两类，即原生环境问题和次生环境问题。

由自然力引起的环境问题为原生环境问题，又称第一环境问题，主要指地震、洪涝、干旱、崩塌、滑坡、泥石流等自然灾害问题。对于这类环境问题，目前人类的抵御能力还很薄弱。由人类活动引起的环境问题为次生环境问题，也叫第二环境问题，它又可分为环境污染和生态环境破坏两类。例如，乱砍滥伐引起的森林植被的破坏、过度放牧引起的草原退化、大面积开垦草原引起的沙漠化和土地沙化、工业生产造成的大气（水）环境恶化等一系列问题。

第二环境问题是由人类的活动引起的环境质量下降，它的产生是一个由量变到质变的发展过程。某种能造成污染的物质的浓度或总量超过环境自净能力时，就会产生危害。环境污染有多种划分方法：按照污染物的性质，可分为生物污染、化学污染和物理污染；按照污染物形态，可分为废气污染、废水污染、固体废物污染、噪声污染、辐射污染等；按污染物的分布范围，可分为全球性污染、区域性污染、局部性污染等。

（二）环境问题的产生

自人类诞生开始就存在着人与环境的对立统一关系，人类利用和改造自然的能力越强，对环境的影响越大。随着人类生产力的迅猛提高，环境问题日益突显并随之发展和变化。环境问题的发展大体上可分为以下四个阶段。

1. 环境问题萌芽阶段

在很漫长的岁月里，人类只是天然食物的采集者和捕食者。那时人类主要是利用环境，而很少有意识地改造环境，人类对环境的影响不大。

随后，人类学会了培育植物、驯化动物，开始发展农业和畜牧业，这在生产发展史上是一次大革命。随着农业和畜牧业的发展，人类改造环境的作用越来越明显地显现出来，与此同时就产生了相应的环境问题，如大量开发森林、破坏草原、刀耕火种、盲目开荒等，往往引起严重的水土流失、水旱灾害和土地沙漠化。又如兴修水利，不合理灌溉，往往引起土壤的盐渍化、沼泽化，以及引起某些传染病的流行。在工业革命以前，虽然已出现了城市化和手工业作坊（或工厂），但工业生产并不发达，由此引起的环境污染问题并不突出。

2. 环境问题的发展恶化阶段

随着蒸汽机的发明，人们迎来了工业革命，生产力获得了飞跃的发展。人类利用和改造自然的能力增强，人类大规模地改变了环境的组成和结构，还改变了环境中的物质循环系统，与此同时新的环境问题产生。如 1873 年 12 月、1880 年 1 月、1882 年 2 月、1891 年 12 月、1892 年 2 月英国伦敦多次发生可怕的有毒烟雾事件，1930 年的比利时马斯河谷烟雾事件，1943 年的美国洛杉矶光化学烟雾事件，1948 年的美国多诺拉烟雾事件等。可见，由于蒸汽机的发明和广泛使用，生产力有了很大的提高，大工业日益发展，环境问题也随之发展且逐步恶化。一些工业发达的城市和工矿区的工业企业排出大量废弃物污染环境，使污染事件不断发生。

3. 环境问题的第一次高潮

环境问题的第一次高潮出现在 20 世纪五六十年代。20 世纪 50 年代以后，环境问题更加突出，震惊世界的公害事件接连不断。如 1952 年的伦敦烟雾事件、1956 年的日本水俣病事件、1961 年的日本四日市哮喘病事件、1968 年的日本爱知县米糠油事件。这就形成了第一次环境问题高潮，主要是由下列因素造成的。

首先是人口迅猛增长，城市化的速度加快。19 世纪初（约 1830 年），世界人口只有 10 亿，经过 100 年（1930 年）人口增加了 10 亿，而世界人口增加第二个 10 亿只经过了 30 年，增加第三个 10 亿仅仅用了 15 年。1975 年世界人口增至 40 亿，到 1987 年增至 50 亿，1999 年 10 月 12 日世界人口已达 60 亿，世界人口呈现出爆炸式的增长。

其次是工业不断集中和发展，能源消耗大增。1900 年世界能源消耗量还不到 10 亿吨煤当量，到 1950 年就猛增至 25 亿吨煤当量，1956 年石油的消耗量也猛增至 6 亿吨，在能源中所占的比例增大，新污染又增加了，碳的排放量也迅速增加。而当时人们的环境意识还很薄弱，因此，第一次环境问题高潮的出现是必然的。

4. 环境问题的第二次高潮

环境问题的第二次高潮是伴随着环境污染和大范围生态破坏，在 20 世纪 80 年代初开始出现的。此时，人们共同关心的影响范围大和危害严重的环境问题有三类：一是全球性的大气污染，如温室效应、臭氧层破坏和酸雨；二是大面积生态破坏，如大面积森林被毁、草场退化、土壤侵蚀和荒漠化；三是突发性的污染事件叠起，如印度博帕尔毒气泄漏事件（1984 年 12 月）、切尔诺贝利核电站事故（1986 年 4 月）、莱茵河污染事件（1986 年 11 月）等。1979 年—1988 年，这类突发性的严重污染事故就发生了十多起。

前后两次高潮有很大不同，有明显的阶段性，主要表现在以下三个方面。

（1）影响范围不同

第一次高潮主要出现在工业发达的国家，重点是局部性、小范围的环境污染问题。第二次高潮则是大范围、全球性的环境污染和大面积生态破坏。这些环境问题不仅对某个国家、某个地区造成危害，还对人类赖以生存的整个地球环境造成危害。

（2）危害后果不同

第一次高潮人们关心的是环境污染对人体健康的影响，那时环境污染虽也造成经济损失，但问题还不突出。第二次高潮全球性的环境污染和生态破坏不但明显损害人类健康，而且已威胁到全人类的生存与发展，阻碍经济的可持续发展。

（3）污染源不同

第一次高潮的污染源尚不太复杂，人们较易通过污染源调查弄清楚环境问题的来龙去脉。通过采取适当措施，污染就可以得到有效控制。第二次高潮出现的环境问题，污染源和破坏源众多，不但分布广，而且来源杂，既来自人类的经济生产活动，也来自人类的日常生活活动，既来自发达国家，也来自发展中国家。解决这些环境问题只靠一个国家的努力很难奏效，要靠众多国家甚至全人类的共同努力才行，这就极大地增加了解决问题的难度。

综上所述，环境问题的发展可分为环境问题萌芽阶段、环境问题的发展恶化阶段、环境问题的第一次高潮和环境问题的第二次高潮四个阶段。可见，环境问题是随人类出现而产生的，又伴随人类社会的发展而发展，老的问题解决了，新的问题又出现了。人与环境的矛盾是不断运动、不断变化的。

（三）人类面临的全球重大环境问题

1. 酸沉降

在美国、加拿大以及欧洲和亚洲部分地区有一种严重的环境问题，它会造成湖泊中鱼类数量日益减少及其他动植物的死亡，会使土壤、湖泊、地下水酸化，还会腐蚀森林、建筑，并危害人体健康。它引起了各国人们的关注，它就是酸沉降。

酸沉降是一个具有综合性和概括性的名词，它指的是大气中的硫氧化物和氮氧化物经过一系列复杂的化学变化后，产生的酸性化合物的沉降。它包括湿沉降和干沉降。湿沉降指的是 pH 值小于 5.6 的降水过程，包括酸性雨、雪、雾、露和霜等；干沉降指各种污染物质按其物理与化学特征和本身表面性质的不同，以不同速率与下方的物质表面碰撞而被吸附沉降下来的全部过程，包括酸性气体、气溶胶及颗粒物。目前对世界环境和人类造成危害的主要是湿沉降，其中又以酸雨为主。

欧洲和北美洲东部是世界上最早发生酸雨的地区，之后，亚太地区因其经济的迅速增长和能源消耗量的迅速增加，酸雨问题也十分严重。酸雨可以发生在酸性物质排放地的 500—2 000 km 的范围内，因此酸性物质会造成越境污染，现在酸雨已经成为一个主要的全球环境问题。目前，全球形成了三大酸雨区，其中之一就是我国长江以南地区。这一地区覆盖了四川、重庆、贵州、广东、湖北、江西、浙江和江苏等省市，面积达 2×10^6 km²。世界上另外两个酸雨区是以德国、法国、英国等为中心，波及大半个欧洲的欧洲酸雨区，以及包括美国和加拿大在内的北美酸雨区。这两个酸雨区的总面积约为 1×10^7 km²，降水的 pH 值甚至降到 4.5 以下，降水的酸化程度之高、危害面积之广远远超出了人们的想象。

酸沉降还威胁人类健康，一方面，酸性气体易引发人类呼吸系统的损伤疾病；另一方面，饮用水的污染让人类面临生命之源的殆尽。酸沉降带来的酸性大气，会严重影响人的呼吸系统，在酸沉降严重的地区，呼吸系统病人死亡率升高，老人、儿童的生命难以保障。即使是青壮年的身体也会遭到很大的损伤。受酸沉降污染的水对人类的危害更大。饮用水的酸性超标会直接损害人类的健康；地下水的酸化造成了土壤中和管道系统的金属溶出，使很多地区的重金属含量已接近临界范围。瑞典曾发生过儿童因饮用了含铜量高的酸性水而腹泻的事件。

2. 温室效应

温室效应就是大气中的温室气体通过对长波辐射的吸收而阻止地表热能耗散，从而导致地表温度增高的现象。全球平均气温经历了冷—暖—冷—暖几次波动，总体为上升趋势，进入 20 世纪 80 年代后，全球气温明显上升。全球变暖的主要原因是人类活动和自然界排放的大量温室气体，如二氧化碳（CO_2）、甲烷、氟氯烃、一氧化二氮、低空臭氧等，这些温室气体对来自太阳辐射的短波具有高度的透过性，而对地球反射出来的长波具有高度的吸收性，造成温室效应，导致全球气候变暖。其中最重要的温室气体 CO_2 来源于人类大量使用煤炭、石油和天然气等化石燃料。由于世界上人口的增加和经济的迅速增长，排入大气中的 CO_2 也越来越多。

全球变暖的后果，是会使极地或高山上的冰川融化，导致海平面上升。据推算，全球增温 1.5—4.5 ℃，海平面会上升 20—165 cm，从而将淹没沿海大量的城市、低地和海岛。此外，温室效应可引起全球性气候变化，会对陆地自然生态系统产生难以预料的影响，如使高温、干旱、洪涝、暴风雨和热带风加剧等，使热带雨林和生物多样性减少、农作物减产，从而威胁人类的食物供应和居住环境。

3. 海洋污染

人类活动使近海区的氮和磷增加了 50%—200%，过量营养物质导致沿海藻类大量生长，致使赤潮频繁发生，使近海鱼虾锐减，渔业损失惨重。污染最严重的海域有波罗的海、地中海、东京湾、纽约湾、墨西哥湾等。就国家来说，沿海污染严重的是日本、美国和西欧诸国。我国的渤海湾、黄海、东海和南海的污染状况也不容乐观。

海洋污染主要有原油泄漏污染、漂浮物污染、有机化合物污染及赤潮、黑潮等。污染的主要来源如下：一是人类工业生产和生活排出的大量污染物倾倒到大海里造成污染；二是人类核试验产生的核辐射尘埃、火山爆发产生的火山灰尘等进入大海造成污染；三是人类从事海洋探测和进行采矿等引发海洋污染；四是日常海洋运输漏油造成污染；五是陆地表面大量的富营养物质通过雨水和河流进入大海造成污染。另外，对海洋的过度开发也给海洋生态系统带来破坏。

4.生物多样性锐减

鸟类和哺乳动物现在的灭绝速度可能是它们在未受干扰的自然界中的100—1000倍。大面积地砍伐森林、过度捕猎野生动物、工业化和城市化发展造成的污染、无控制的旅游等是大量物种灭绝或濒临灭绝的主要原因。

地球上动物、植物和微生物彼此之间的相互作用以及它们与所生存的自然环境间的相互作用，形成了地球生物的多样性。这种多样性是生命支撑最重要的组成部分，维持着自然生态系统的平衡，是人类生存和实现可持续发展的基础。生物多样性的降低，必将恶化人类生存环境，限制人类发展机会的选择，甚至严重威胁人类的生存与发展。

（四）我国存在的主要环境污染问题

1.水资源短缺，污染严重

我国水资源在时空分布上严重不均衡。受地势和气候条件的影响，我国淡水资源东南地区多，西北地区少，南北相差悬殊，水资源年际变化大，年内分布不均匀导致我国许多地区不同程度地出现洪涝和干旱灾害。

例如，我国降水主要集中在5月—8月，且夏季降雨量比冬季降雨量多。我国南方地区降雨较多，地下水丰富，而北方地区严重缺水，地下水位低，个别地区出现地下水漏斗危机。水资源的这些分布特点严重影响了人们的日常生活和社会经济的发展，也不利于水资源的可持续发展。

（1）水资源浪费严重

我国水资源用量较大，农业和工业用水利用率较低，生活用水、自来水的浪费较严重，这都使我国水资源短缺的趋势加剧。据调查，我国农业灌溉水资源的有效利用系数较低，且大部分地区的灌溉设施落后，节水灌溉技术不成熟，工业用水的重复率较低，造成了巨大的浪费。

（2）水资源污染已经十分严重

我国个别地区湖泊富营养化问题突出。部分城市的地下水受到污染，局部地区的部分指标超标，污染问题严重。一些地区过度开采地下水，导致地下水位下降。我国城乡饮水安全受到威胁，这给居民的生产生活带来很大的影响。

2. 城市大气污染严重

在工业化持续快速推进过程中，能源消费量持续增长，以煤为主的能源消费排放出大量的烟尘、二氧化硫、氮氧化物等大气污染物，大气污染形势十分严峻。伴随着居民收入水平的提高和城市化进程的加快，城市机动车数量迅猛增加，机动车尾气排放进一步加重了大气污染。我国大气污染集中在经济发达的城市地区，城市是人口最密集的地方，我国城市严重的大气污染对居民健康造成了巨大的危害，已经成为人们广泛关注的热点问题之一。

颗粒物（PM）是影响我国城市空气质量的主要污染物，部分城市二氧化硫（SO_2）污染严重，这与我国以煤炭为主的能源消费结构有直接关系。随着机动车辆的迅猛增加，机动车尾气的低空排放使大城市的空气污染加剧。在北京和广州等大城市，大气中80%以上的一氧化碳、40%以上的氮氧化物来自汽车尾气排放。氮氧化物是形成光化学烟雾污染的重要物质。

大气污染危害人体健康，低浓度长期作用下可引起机体免疫功能的降低、肺功能的下降、呼吸及循环系统的改变，诱发和促进了人体过敏性疾病、呼吸系统疾病以及其他疾病的产生，表现为发病、临床到死亡等一系列健康效应。

3. 土壤污染加剧

土壤污染是工业化的副作用，可以说大多数的土壤污染都来源于工业生产。土壤污染包括污水灌溉污染、酸雨污染、重金属污染、农药和有机物污染、放射性污染、病原菌污染以及各种污染交叉造成的复合污染等。

据报道，目前我国受镉、砷、铬等重金属污染的耕地面积近2 000万公顷（1公顷=10 000平方米）。其中"三废"污染耕地1 000万公顷，因固体废弃物堆放占用和毁损的农田面积达13.3万公顷；受到大气污染的耕地达532万公顷；污水灌溉农田面积占全国总灌溉农田面积的7.3%；遭受农药污染的农田面积达1 866.7万公顷，平均每公顷施用农药约14 kg，比发达国家高出一倍，而有效率却只有30%，大量农药流失，进入大气、水体、土壤及农产品中，土壤中的农药残留量逐年增加。

除此之外，化肥的超量投入使土壤中的硝酸盐大量积累，威胁着地下水及农副产品的质量安全，连年使用的地膜残留在土壤中难以降解，就连以往认为有益的有机肥也发生了质的变化。由于禽畜饲料中大量添加了铜、铁、锌、锰、钴、硒、碘等微量元素，这些东西随禽畜粪便排出，作为有机肥进入土壤时，就会污染环境。

土壤污染会带来严重的经济损失。我国每年仅因土壤重金属污染造成的粮食减产就有 1 000 多万吨，每年被重金属污染的粮食多达 1 200 万吨，共约合人民币 200 亿元。土壤污染使农副产品质量不断下降，许多地方的粮食、蔬菜、水果等食物中的重金属含量超标或接近临界值。一些被污染的耕地生产出了"镉米"，一些污灌区的蔬菜出现难闻异味。

土壤污染通过食物链富集到人和动物身体中，危害健康，引发疾病。据调查，广西某矿区因污水灌溉使稻米含镉浓度严重超标，当地居民长期食用这种"镉米"，已经达到"痛痛病"的第三阶段。有的地区的人们因长期饮用污水，很多人患有各种疾病。污染的土壤表土会在风力或水力的作用下进入大气和水体中，导致大气、地表水、地下水污染，带来其他次生生态环境问题。如城市人口密度大，表土的污染物质可以随扬尘通过呼吸系统进入人体，影响健康。另外，土壤中的污染物会通过降水等逐渐转移到地下水中，造成地下水污染。

4. 固体废弃物污染严重

人类社会生产的各种固体废物，如城市居民的生活垃圾、建筑垃圾、清扫垃圾与危险垃圾（废旧电池、灯管等各种化学、生物危险品，含放射性废物）等已成为现实生活中非同小可的社会问题。被称为"白色污染"的一次性快餐盒、塑料袋等废弃物，其降解周期达上百年，焚烧则会产生有毒气体。我国固体废弃物的主要来源有三个。

（1）工业固体废弃物

工业固体废弃物主要是工业生产和加工过程中排入环境的各种废渣、污泥、粉尘等，其中以废渣为主。其数量大、种类多、成分复杂、处理困难，是突出的环境问题之一。

（2）废旧物资

我国废旧物资回收利用率只相当于世界先进水平的 1/4—1/3，大量可再生资源尚未得到回收利用，流失严重，造成污染。据统计，我国每年有数百万吨废钢铁、废纸、废玻璃未被回收利用，每年因再生资源流失造成的经济损失为 250 亿—300 亿元。

（3）城市生活垃圾

我国城市生活垃圾产生量增长快，每年以 8%—10% 的速度增长，而目前城市生活垃圾处理率低，许多垃圾未经处理随意堆置，致使城市出现"垃圾围城"现象。

我国传统的垃圾销毁倾倒方式是一种"污染物转移"方式。而现有的垃圾处理场的数量和规模远远不能适应城市垃圾增长的要求，大部分垃圾呈露天集中堆放状态，对环境的即时和潜在危害很大，导致污染事故频出，问题日趋严重。生活垃圾侵占了大量土地，对农田破坏严重。堆放在城市郊区的垃圾侵占了大量农田。未经处理或未经严格处理的生活垃圾直接用于农田，后果严重。这种垃圾肥颗粒大，而且含有大量玻璃、金属、碎砖瓦等杂质，这些杂质破坏了土壤的团粒结构和理化性质，致使土壤保水、保肥能力降低。

第二节　环境污染物及其来源

人类在生产和生活过程中不断地消耗自然界的物质，同时也向周围环境排出各种各样的物质，其中能引起环境污染或导致环境破坏的物质叫环境污染物。它们进入人类生存的环境分别造成了大气污染、水体污染和土壤污染。然而，这三个方面的污染并不是彼此孤立的，而是相互联系、相互影响的。

例如，大气中的二氧化硫（SO_2）和氮的氧化物可以转化为酸雨，对水体和土壤产生污染；水体中的腐败动植物及易挥发性物质又会产生各种气体污染大气；土壤中的细小尘粒可能被风吹入大气并形成气溶胶，从而对大气中污染物的转化产生重要影响。

按照污染物的来源，可以把污染物分为两大类，即生产性污染物和生活性污染物。

一、生产性污染物

生产性污染物来自人类的各种生产活动，大量自然界原来不存在的人工合成化合物（近 200 万种）、放射性物质、噪声等进入环境，造成环境污染。生产性污染物主要有以下四类。

（一）工业"三废"

工业生产中排出的废气、废水、废渣称为工业"三废"。它们在生产性污染物中所占比例最大。

废气主要来自燃料的燃烧，其次则是某些工矿企业排出的各类有害气体和细小粉尘等，如碳的氧化物（CO、CO_2）、硫的化合物（SO_2、SO_3、H_2S、有机硫化物）、氮的化合物（NO、HNO_3 等）、碳氢化合物等。

绝大多数生产过程都离不开水，在工业生产中，水可以用作传热的介质，以及工艺过程中的溶剂、洗涤剂、吸收剂、萃取剂、生产原料或反应物的反应介质。生产中大量使用水，也不可避免地排出大量废水，造成水体污染。废水中的有害成分很多，如有毒的有机物、酸、碱、重金属盐类、难生物降解的物质、油类，以及其他漂浮物质、易挥发性物质等。

任何一个生产过程都不可能将原料全部转化为我们所需要的产品，产品以外的固体剩余物就是我们所说的废渣。如采矿业排出的煤矸石、尾矿；冶金业的高炉炉渣、钢渣、赤泥；燃料燃烧时排出的煤灰渣、粉煤灰；化工行业排出的硫铁矿渣、磷石膏、盐泥以及各种各样的工业垃圾等。

（二）农业生产污染物

生产性污染物的另一个来源是农业生产活动，化肥的大量使用虽使农作物产量大大提高，但同时造成了农村地下水和饮用水源的污染及湖泊等水体的富营养化。农药的使用在防治农作物病虫害方面发挥了很大的作用，但过量的使用不仅造成水体、土壤污染，还使病虫抗药性增强，病虫天敌死亡，从而导致病虫猖獗。

长期大量施用化学农药，会对生态系统结构和功能造成严重危害，使生物物种退化，多种生物种群濒临灭绝，因农药污染所造成的损失也逐年增加。由于农用地膜在自然环境中难以降解，地膜的大量使用已经造成了农田的"白色污染"，地膜成为破坏土壤结构的一种新型污染物。大量粪杂肥未经处理而排放也会造成农村水源、土壤、空气的污染。

（三）放射性污染物

造成放射性污染的人工污染源主要有核试验，核燃料循环中排放的各种放射性废物，供医疗诊断用的电离辐射源、放射性同位素及带有辐射源的各种装置等。

核试验是全球性放射性污染的主要来源。在大气层进行核试验时，放射性沉降物会对大气、地面、海洋、动植物和人体造成污染。其中部分放射性污染物还会在高层大气中长期停留，随后缓慢地向全球扩散并散落在世界各地，造成全球性的污染。这些放射性污染物主要是核裂变材料的裂变产物，如锶 -90、铯 -137、碘 -131、氚、碳 -14、钚 -239 等。

核能工业的中心问题是核燃料的产生、使用和回收。核燃料循环中的铀矿的开采和冶炼、净化与转化，铀 -235 的浓缩，燃料的制备与加工，核燃料的燃烧，废核燃料的运输、后处理和回收，以及核废物的贮存和处置等阶段均会为周围环境带来一定程度的核污染。

就整个核工业而言，在正常情况下核工业企业对环境的污染不会超过国际辐射防护委员会规定的有关标准，对人体也不会构成危害。但是个别核设施可能由于意外的事故，逸出大量的放射性物质，则会造成严重的放射性污染。1986 年切尔诺贝利核电站的意外爆炸事故就是一个典型的例子，这次事故造成了 31 人当场死亡，还有许多人在事故之后由于受辐射作用而患病甚至死亡。

放射性物质在医学、工农业生产及科学研究中的应用也在不断发展中，其中在医学中的应用最为广泛，主要用于对某些疾病的诊断和治疗。例如，用钴 -60 照射治癌、用碘 -131 治疗甲状腺功能亢进、X 射线透视等，所有这些过程都会有一定量的放射性物质排入环境，给病人和医务人员带来一定的影响。

（四）噪声污染

随着人类文明及与人类文明相协调的工业技术的发展，自然界里的声音增加并增强，其中有些是不和谐的声音或对人体有害的、人们不需要的声音，这些声音叫噪声。噪声污染也是当今世界的环境问题之一。

噪声可分为交通噪声（机动车辆发出的噪声）、工业噪声（工业生产过程中各类机械设备发出的噪声）、建筑噪声（城市建筑施工所产生的噪声）等。人们在社会生活中也常出现噪声，这称为社会噪声，如人群的喧闹声、沿街的高音喇叭、文化娱乐场所的高强度音响等。

二、生活性污染物

进入 21 世纪，随着生产力的发展，城市的规模不断扩大，特别是人口的急剧增长及人们生活水平的不断提高，粪便、垃圾、污水等生活性废物的排出量已达到惊人的数字，如处理不当，其也会对环境产生污染。仅就垃圾一项而言，其数量之多，处理难度之大，已经成了世界各国面临的一大难题。我国由于城市垃圾和污水得不到应有的处理，城市卫生受到很大影响，破坏了人们的正常生活，严重影响到人民的身体健康。

综上所述，环境污染物可以以气态、液态、固态、胶态、声波和辐射线等状态存在，被污染的对象则是大气、水体、土壤和生物（包括人类本身）。

第三节　环境污染对人体健康的危害

随着国民经济的迅猛发展、物质文化水平极大提高，人民群众对生活环境和健康安全的期望也在不断提高，而环境污染带来的环境质量下降、生态平衡破坏及公众健康危害，逐渐成为制约经济持续增长、影响社会和谐发展的关键因素。切实加强环境与健康工作，努力解决发展、环境之间的突出矛盾，已经成为当前需要迫切解决的重大问题。

我国的环境健康问题呈现出受害人口众多、暴露时间长、途径复杂多样、污染浓度高、历史累积污染问题的健康影响难以短期消除、城乡差异显著等特点。常见的环境污染损害人体健康的表现：大气污染造成的人体健康损害显著；水环境生物性污染仍然是引起人群水传疾病暴发的危险因素，水环境有机化学性污染加剧，有毒、有害物质种类不断增多，人体健康风险加大；各种无机化学元素的土壤污染问题不容忽视，土壤的重金属污染持续时间长、程度高，人群暴露时间长，具有引发环境污染疾病的重大风险。

一、人与环境的辩证关系

（一）人体与环境的物质统一性

物质的基本单元是化学元素。地球化学家分析了空气、海水、河水、岩石、土壤、蔬菜、肉类，以及人体血液、肌肉和各器官的化学元素含量，发现人体中化学元素的含量与地壳岩石中化学元素的含量具有相关性。例如，人体血液中 60 多种化学元素的平均含量与地壳岩石中化学元素的平均含量非常相近。由此看出，化学元素是把人体与环境联系起来的基础。这种人体化学元素组成与环境化学元素组成高度统一的现象充分证明了人体与环境的统一。

（二）人体与环境的动态平衡

人体通过新陈代谢作用与周围环境进行能量传递和物质交换。人体吸入氧气，呼出二氧化碳，摄入水和营养物质，如蛋白质、脂肪、糖、无机盐和维生素等，维持人体的生长和发育，排出汗、尿和粪便。

人类赖以生存的自然环境是经过亿万年演变而形成的，而人类是自然环境的产物。在正常情况下，人体与环境之间保持一种动态平衡的关系。一旦人体内某些微量元素的含量偏高或偏低，打破了人体与自然环境的动态平衡，人体就会生病。例如，研究人员发现，脾虚患者血液中的铜含量显著升高；肾虚患者血液中的铁含量显著降低；氟含量过少会出现龋齿，过多又会出现氟斑牙。所谓人体与环境之间处于一种动态平衡，主要是必须排出体外的微量元素和补充到体内的微量元素达到一种平衡状态。一般情况下，各种食物如肉类、鱼类、蔬菜和粮食等，都含有一定量的微量元素，只要不偏食，注意科学化饮食，人体内是不会缺乏微量元素的。

环境如果遭受污染，致使环境中某些化学元素或物质增多。如汞、镉等重金属或难降解的有机污染物污染了空气或水体，继而污染土壤和生物，再通过食物链或食物网侵入人体，在人体内积累达到一定剂量时，就会破坏体内原有的平衡状态，引起疾病，甚至贻害子孙后代。为此，保护环境，防止有害、有毒的化学元素进入人体，是预防疾病、保障人体健康的关键。

通过对人体与环境在组成上的相关性以及人体与环境相互依存关系的分析可知，人体与环境是不可分割的辩证统一体。在地球长期发展进程中，人体与环境形成了一种相互制约、相互作用的统一关系。

（三）人体健康与社会环境的关系

不仅自然环境与人们的健康息息相关，社会环境同样和人们的身体健康紧密关联。社会环境又称非物质环境，指的是与社会主体发生联系的外部世界，其主体包括个人和群体。社会环境是由政治制度、经济文化、教育水平、人口状况、人的行为方式等要素构成的，是人类通过长期有意识的社会劳动、加工和改造自然物质所创造的物质生产体系、积累的物质文化等形成的环境体系。

社会是人类物质生产和共同生活的大集体，经常进行着物质和精神的交换。人类的健康受到各种社会因素的制约，这些因素影响人们的收入和消费、营养状况、居住条件、接受科学知识和教育的机会等。社会的进步提供了人们健康所需要的物质基础，减少了人类的劳动量，提高了医疗保健水平。经济的发展为人们提供了生活资料，提高了人们的生活水平，改变了人们的工作条件。但社会生产和建设越发展，就会带来越多的健康问题。随着生活水平的提高，家庭膳食结构发生变化，这也为人们带来新的健康问题，如高血压、冠状动脉粥样硬化性心脏病等慢性疾病增多，家庭中肥胖儿增多。另外，在儿童和育龄妇女中，缺铁性贫血又占一定的比例。因此，在社会经济发展的同时，人体健康应作为首先要考虑的问题。

社会环境对人们健康的影响是巨大的，一些心理问题或疾病就是由不良的社会环境造成的。当今社会急速发展，工作节奏加快，精神疾病的发病率在不断上升。人们应该重视精神卫生，避免喜、怒、忧、思、悲、恐、惊七情的过度刺激。

二、环境污染物对人体的危害

环境污染属于环境问题的一种，指的是人类活动向环境排放超过其自净能力的物质和能量，使环境质量下降，不利于人类和其他生物正常生存和发展的现象。

造成环境污染的是污染物，污染物进入环境后使环境正常组成和性质发生直接或间接有害于人类的变化。污染物往往原本是有用的物质，甚至是人和生物必需的营养元素，但因其没有被充分利用，或未加以回收和重复利用，而成为环境的污染物。一种物质要成为污染物，必须在特定环境中达到一定数量或浓度，并且持续一定的时间。有些污染物进入环境后，通过化学或物理反应，或在生物作用下会转变成新的危害更大的污染物。多种污染物同时存在，会由于相加、协同或拮抗作用，使毒性发生变化。

（一）环境污染物对健康的危害

环境污染物的多样性及产生有害作用机制的复杂性，导致环境污染对人体健康造成的危害具有广泛性、复杂性和持续性。其可以对人体健康造成急性危害、慢性危害和远期危害。急性危害指污染物在短期内浓度很高，或者几种污染物联合进入人体，使人在短期内出现不良反应、急性中毒，造成人群暴发疾病和死亡的危害。慢性危害主要指低浓度、小剂量的污染物长时间持续作用于人体，并在人体内转化、积累，经过相当长时间，人才出现受损症状的危害，如职业病、痛痛病和大气污染对呼吸道慢性炎症发病率的影响等。远期危害指环境污染对人体的危害，经过一段较长的潜伏期（几十年甚至几代）后才表现出来，如环境因素的致癌、致畸、致突变作用等。

1. 急性危害

环境污染物在短时间内大量进入环境，可使暴露人群在较短时间内出现不良反应、急性中毒甚至死亡。环境污染引起的急性危害主要包括大气污染事件引起的急性危害和水污染事件引起的急性危害两种类型。

由于工业设址不合理，生产负荷过重，有毒有害化工原料产品在生产、储存或运输过程中发生意外事件，有害的工业废气、废水大量进入环境。这些污染物可在环境介质中迅速扩散和迁移，造成周围人群急性中毒，甚至死亡，对人类造成急性危害。

2.慢性危害

慢性危害的特点是环境污染物剂量低，而且引起的损害缓慢、细微，易呈现耐受性，并有可能通过遗传贻害后代。污染物对人体健康危害的性质和程度主要取决于剂量、作用时间、联合作用、机体反应差异等因素。污染物在一定的浓度范围内并不影响人体的健康，只有超出一定浓度范围才对人体产生有害作用。污染物长期小剂量作用于人体，一开始人体并不表现出病态，经过几年甚至几十年才表现出病态。

环境污染物所致的慢性危害主要包括：非特异性影响，即环境污染物所致的慢性危害往往不以某种典型的临床表现方式出现；引起慢性疾患，即在低剂量环境污染物长期作用下，机体出现某种慢性疾患，如无机氟的长期暴露可造成人体骨骼系统和牙釉质的损害；持续性蓄积危害，即有些环境污染物进入人体后能较长时间贮存在组织和器官中，在机体出现某种异常时，由于生理或病理变化的影响，可能从蓄积的器官或组织中出来而对机体造成损害。

3.远期危害

导致远期危害的主要污染物是"三致"物质，包括致癌物质、致突变物质和致畸物质，其各自的作用如下。

（1）致癌作用

能引起或引发癌症的作用叫作致癌作用。环境中的致癌因素主要有物理因素、生物学因素和化学因素。物理因素，如放射线体外照射或吸入放射性物质能够引起白血病、肺癌等，还有强电流和紫外线；生物学因素，如热带性恶性淋巴瘤，已经证明是由吸血昆虫传播的一种病毒引起的；化学因素，根据动物实验证明，现在已经发现的有致癌作用的化学物质有一千多种。

（2）致突变作用

一切生物本身都具有遗传变异的特性。环境污染物或其他外界因素具有引起生物体细胞的遗传信息和遗传物质发生突然改变的作用，一般称其为致突变作用。具有致突变作用的物质称为致突变物。人体细胞的突变可能是形成癌症的基础。因此，环境污染物的致突变作用，即为一种毒性表现。

（3）致畸作用

遗传因素对先天畸形有重要影响，环境因素对生殖细胞遗传物质的损害、对胚胎发育过程的干扰和对胚胎的直接损害也具有重要作用。

污染物通过人或动物母体影响胚胎发育和器官分化，使子代出现先天性畸形的作用，叫作致畸作用。致畸因素有物理因素、化学因素和生物学因素。物理因素，如放射性物质，可引起白内障、小头症等畸形；化学因素，如环境中的有机汞进入孕妇身体后，可通过胎盘影响胎儿，使其患上先天性麻痹性痴呆；生物学因素，如母体怀孕早期感染风疹等病毒，能引起胎儿畸形等。环境污染物还可使胎儿出现兔唇、腭裂、先天性心脏病、脊椎病、脑积水、多指等现象。

（二）人体对环境致病因素的反应

人类周围的各种环境因素中，能使人体致病的，统称为环境致病因素。一般把环境致病因素分为三种：①生物性因素（包括细菌、病菌和虫卵等）；②化学性因素（包括有毒气体、重金属、农药、化肥和其他化学品）；③物理性因素（包括噪声、振动、放射性物质和电磁波辐射等）。

人类环境的任何异常变化都会不同程度地影响人体的正常生理功能。但是，人类具有调节自己的生理功能以适应不断变化着的环境的能力。如果环境条件的异常变化超出了人类正常的生理调节范围，就可能引起人体某些功能和结构发生异常变化，甚至出现病理变化，使人体产生疾病或影响人体的寿命。

一般来说，当环境污染物进入人体后，人体对毒性的反应大致会经历四个阶段：第一阶段是潜伏期，人体对毒物还有抵抗能力，没有表现出疾病的症状，属于生理反应正常范围内的变动；第二阶段是病状期，在环境污染的持续影响下，人体耐受毒素的能力下降，成为没有"病症"的病人，生理反应出现异常；第三阶段是显露期，环境污染再持续，人体出现了各种症状；第四阶段是危险期，病症没有被及时发现和治疗，人体出现毒性反应，甚至死亡。

（三）环境化学污染物在人体内的转归

影响人体健康的环境因素有化学性因素、物理性因素和生物性因素。其中，化学性因素的影响最大，这些有害因素进入大气、水体和土壤造成污染时，就能对人体产生危害。

环境污染中最常见的化学污染物在人体内的转归大致分为毒物的侵入和吸收、毒物的分布和蓄积、毒物的生物转化、毒物的排泄。人体除了通过蓄积、代谢和排泄的方式来改变毒物的毒性外，还有一系列的适应和耐受机制。一般来说，机体对毒物的反应，大致有四个阶段：机能失调的初期阶段；生理性适应阶段；有代偿机能的亚临床变化阶段；丧失代偿机能的病态阶段。

三、居住环境与人体健康

人的一生大约有 2/3 的时间是在居室内度过的，居住生活是人类经济和社会活动的组成部分。居民的居住水平和居住环境质量是衡量一个国家或地区人民生活水平的指标之一，它直接影响着居民的健康。

居住环境是以住宅为中心的区域环境，包括室内环境及其周边的室外环境。人居环境的健康性因素指室内外影响健康、安全和舒适的因素。

（一）地理环境与健康

地理环境是围绕人类周围的自然界和人文界的总称。它是自然地理环境和人文地理环境两个部分的统一整体。自然地理环境是由岩石、土壤、水、空气、生物等成分（或称要素）有机结合而成的自然综合体（自然景观）。人文地理环境是人类的社会、文化和生产活动的地域组合，包括人口、民族、聚落、政治、社团、经济、交通、军事、伦理道德、风俗习惯和社会行为等许多成分。自然地理环境是自然物质发展的产物，人文地理环境是人类在前者的基础上进行社会活动、文化活动和生产活动的结果。

随着地理环境的变化，地球的化学环境也发生变化，与人体健康密切相关的生命元素在不同的地形和部位，分布也不同。一般而言，高山区和山体顶部易发生活泼元素过少缺乏症，如缺碘、氟、硒等；而河谷、平原、洼地等地区则易发生活泼元素的中毒症，如氟中毒、钠过多等。

环境和地方病的关系很密切。地理环境不同，所流行的易发病也不一样。人类不能孤立地存在，而必须和其周围自然环境中的理化因素、生物因素在相互作用及相互影响下，建立一种动态平衡。在地球演变过程中，由于自然的和人为的种种原因，地球表面的某些元素在分布上出现不均衡性。在一些地区某一元素分布较多，而另一地区则分布较少。当某些对人体健康有影响的元素在一个地区中少到不能满足人体生理的需要，或多到有碍于人体健康，即环境和人体间某些元素的交换和动态平衡遭到破坏时，这一地区的人群中就会出现一些特异的疾病，这就是人们常说的地方病。我国分布最广的三种地方病：地方性甲状腺肿、克山病和氟中毒。其病区分布都与地域、地形有密切关系。

（二）空气与健康

空气是人类生存不可缺少的条件，成人每天必须吸入 15 m^3 左右的新鲜空气，相当于 13 kg，是每日饮食量的 10 倍、饮水量的 3 倍。新鲜空气的主要成分是氧和氮。氧是人体的生命元素，它在肺泡毛细血管内与血红蛋白结合，被输送到全身，并通过营养作用，释放出人体活动所需的能量。氮是人体的一种营养元素，它经过微生物的作用，进入土壤，又被植物吸收，并通过饮食形成生命的必需基础物质——蛋白质，供人体生理需要。此外，空气中还含有对人体健康非常有益的负离子。

空气质量的好坏时刻影响着人体的生理活动。新鲜的空气有益于健康，污浊的空气则有害于健康。随着现代化工业的发展、生活节奏的加快，许多有害物质被释放进入空气中，造成空气污染。空气污染不仅危害森林、河流、海洋、动植物，对人类健康的危害更大，会导致急性中毒、慢性呼吸系统和消化系统等疾病。有害物质长期富集在环境中，会危害人类的健康乃至人类子孙后代的健康。

我国已成为世界上大气污染最严重的国家之一。我国大气污染比较严重的地区集中在经济发达的城市，城市严重的大气污染对居民健康造成巨大的危害。这些大气污染物对人体最直接、最明显的损害是导致呼吸系急、慢性疾病及心脑血管疾病的增加。呼吸系统和心脑血管系统疾病的发生及由此导致的经济损失，已经成为人类广泛关注的热点问题之一。

（三）水与健康

人类的生活一刻也离不开水。一个人每天需要饮水 2—3 L 才能维持正常的生理功能，液体占一个人体重的 2/3，所以，没有水也就没有生命。洁净的水除了含有氢和氧两种元素外，还应含有人体所需要的微量元素，如钾、钠、钙、镁、铁等，但这些元素的含量不宜过高。水质的优劣直接影响着人的生命健康。

水污染直接影响饮用水源的水质，当饮用水源受到合成有机物污染时，原有的水处理厂不能保证饮用水的安全可靠，这将会引发如腹泻、肠道线虫、肝炎、胃癌、肝癌等很多疾病。除上述情况外，人们还需要注意二次供水系统的输水管、蓄水池和水箱的卫生状况。这些设备的内壁涂料中如含有水溶性的有毒成分，也会危害居民的身体健康。另外，如果管理不严，没有定期清洗蓄水池和水箱，各种从外界进入的污染物及自身滋生的微生物都将使原本符合饮用水标准的洁净水遭受污染，影响及损害人体健康。

（四）土壤与健康

所有的环境污染物最终都可能借助土壤环境，通过陆地生态食物链系统的富集、浓缩，最终进入人体，损害健康。我国是农药生产大国，农药及化肥的不合理应用直接造成了土壤和农产品的严重污染，间接地污染大气与水体。土壤污染主要通过农作物等间接地对居民健康产生影响。这种影响多为间接的、长期的慢性危害，对个体的健康状况的影响往往表现不明显，需要在大量人群中进行流行病学调查。

（五）室外周边环境与健康

自然环境与社会环境总是结合在一起的。人们在杂乱无章、空气污浊、肮脏腥臭、喧嚣吵闹的室外周边环境下，会感到心情不快、精神压抑、心烦意乱，学习和工作效率会下降；而人们处于井然有序、空气清新、洁净优雅、安定幽静的环境中时，则会心情舒畅、精神振奋，学习和工作效率也会提高。如果人们没有与之相适应的清洁而安静的室外周边环境，也是无益于养生的。

1.环境卫生状况与健康

环境污染是重大的公共卫生问题，也是疾病预防控制要解决的重要问题之一，控制环境污染、保障人群健康是环境卫生工作者义不容辞的责任。环境的卫生状况直接关系着人类的健康，清洁的环境有益于健康、养生。在工业高度发展、人口密度增加、"三废"污染日趋严重的今天，环境的清洁卫生尤为重要。

2.环境声音与健康

环境安静与否也直接关系着人类健康与否。人类的生活和工作环境总存在着各种各样的声音。这些声音中，有些是人们需要的，如优美的歌声、鸟鸣对人体有益，使人心情愉快，是人类不可缺少的精神食粮；有些是人们不需要的、厌烦的，如机器轰鸣、交通噪声等。噪声的定义是"在生产、建筑施工、交通运输和社会生活中所产生的影响周围生活环境的声音。"在实际生活中，噪声和非噪声的判定是随着人们的主观意识、行为状态和生理状况的变化而变化的。从心理学上来说，噪声和非噪声的划定是没有绝对界限的。比如，对于专心致志做某件事情的人来说，他人正在欣赏的乐曲则可能是令人分神的噪声。

噪声的危害虽然不像空气污染和水质污染那样会引起严重的疾病和死亡，但其危害的普遍性却遥遥领先。噪声污染对人体的危害是多方面的。噪声对人体最直接的危害是对听觉器官的损害，这种损害主要是对内耳的接收器官的损伤。因此，也有将噪声污染比喻为慢性毒药的说法。

噪声对人们生理和心理的影响也不容忽视。如果人们长时间受噪声刺激，噪声就会超过人们生理的承受能力，对中枢神经造成损害，使得大脑皮层的兴奋和抑制平衡失调，出现病理性变化。强噪声使人产生头痛、头晕、耳鸣、多梦、失眠、心慌、记忆力衰退和全身乏力等症状，这些症状在医学上统称为神经衰弱症候群。噪声还可引起交感神经紧张，从而导致心跳加快、心律不齐、血管痉挛、血压升高等。

总之，噪声对人体健康的危害是很大的，消除噪声以维护人们生活环境的安静至关重要。

3. 环境的绿化、美化与健康

自然环境对于人类，既有有利的因素，也有不利的因素。人类要生存、发展，要健康、长寿，毫无疑问地要顺应自然，利用有益的环境因素，改造无益的环境因素，还要美化环境。

现代人在快节奏的生活之余，迫切需要回归自然，放松身体及调节精神。植物的合理布置则是最有效的解决办法，同时可以起到减轻热岛效应、节省能源、节约资源、保护野鸟及昆虫、维护生态平衡的作用。

绿化是改造环境的重要内容。事实表明，绿化好的环境给人以清洁、舒畅、富有生机的感觉。绿色的世界可调节人的心理，解除人的烦恼，夏季能防暑降温，有益于人体的新陈代谢活动。绿植能净化空气，吸收二氧化碳、二氧化硫，放出氧气。在绿化地带，空气中氧气浓度高，空气新鲜。

绿化有利于调节气候。绿林能遮挡烈日，能缓和湿度的变化，又能大量蒸发水分，提高周围环境空气的湿度。绿化有助于防风、除尘、阻挡风沙、吸附和阻留灰尘。据测定，绿化地带空气中的飘尘浓度要比邻近街道少50%—60%，故绿植被称为天然的除尘机、过滤器。

绿化有利于消除噪声。树木有良好的散射和吸声作用，可使噪声衰减，从而达到降噪的目的。事实证明，在住宅周围适当植树、种花，有利于形成一个比较安静的环境。

绿化有利于美化环境，使人消除紧张的情绪，提高工作效率。经过绿化的环境对人体生理功能有良好的调节作用。有研究认为，绿色在人的视野中占25%时，人的心理情绪最佳。

绿化是与人类健康长寿息息相关的活动。绿化可以说是一种美化，美化离不开绿化，但又不仅仅是绿化，美化要比绿化更进一步。美化的环境意味着安静、舒适、优美、洁净，这样的环境是有益于健康和养生的，是人人所期望的。

第二章　环境污染与控制技术现状

　　环境是人们生存的基本条件，环境的好坏，对人们的生活水平甚至身体健康都有着直接的影响。我们应该加大环境保护的力度，提高环境保护的意识，加强环境监管工程的建设，使我们生活的环境更加美好。本章包括我国环境污染的现状分析、环境污染控制的现状分析等内容。

第一节　我国环境污染的现状

一、水污染现状

（一）水污染较严重

　　近年来，通过打好污染防治攻坚战，我国江河湖海水质持续改善，但同时还有许多河流湖泊受污染较严重，有些处于富营养化状态，有些丧失供水及水产等功能，均影响到我们的生存环境。地下水资源由于各类污染物的渗入导致水质出现污染，污染使地下水中的有毒有害物质增加，对生态环境造成极大危害。由于陆源污染物和海洋废弃物的排入以及海岸和海洋建设项目开发等因素，近海海域污染呈扩大趋势。

（二）居民环保意识较差

　　目前，我国的城市水污染比较严重，一个重要的原因是城市居民的环保意识不强，对于水污染问题的重视程度不足，这主要是由以下两个原因造成的。第一个原因是相关的管理部门对于城市水污染问题的管理力度不足，一些部门对生产企业的污水排放过程漠不关心，并没有对废水的排放进行检测与全过程控制和监督，政府部门颁布的管理政策与排放标准执行不到位，相关的治理措施由于会导致企业的成本增加，因此也没有落实到位。第二个原因是居民的环保意识较差，一些居民对水污染问题的认识有局限性，仅仅停留在水污染影响环境这个层次上，对水污染形成的原因并没有过多关注，也没有从根本上了解防治水污染的措施，水污染防治观念淡薄。

（三）水污染处理技术落后

当前城市居民的生活水平不断提高，人们对生活用水的质量与污水排放的质量提出了更高的要求。目前，人口的膨胀导致市内原有的管道容量不足，经常出问题，制约着居民生活质量的提高，在污水的实际处理方面也存在较大的问题。一些发展落后的城市污水处理技术落后，因此很多污水实际并没有处理或者仅仅经过简单的处理就被排放到自然环境中，对自然环境造成污染。一些发达的城市如上海、北京等污水处理的技术比较先进，处理效果也比较好，但是污水处理的设备往往昂贵，小城市难以负担，因此也不适合在全国推广。所以，研究新型的污水处理技术成了城市水污染处理需要关注的重点。

（四）水资源环境安全隐患多

我国有许多家化工企业分布于长江、黄河沿岸，虽然近年来我国加大了对重点污染源的监控力度，但这些重点污染源一旦发生污染物泄漏，势必造成大范围的水污染。可见，重点污染源分布于河流、湖泊沿岸，存在着较大的安全隐患。

（五）水污染防治政策与法律法规不全

在城市发展的过程中，相关部门没有颁布相关的发展体系和控制体系，而且在法律法规方面也不够健全，这种情况导致废水的排放缺乏相关的监督体制和法律法规的约束，加上城市生活污水和工业废水的排放质量控制没有落实到具体部门，也没有有效、全面的环境评价体系，因此相关部门无法在城市水污染治理中起到应有的作用。我国的城市水资源管理责任落实不明确，法规不健全严重影响着我国水污染防治工作的进行。

二、大气污染现状

（一）污染因素较多

首先是汽车尾气排放过量带来的污染。随着车辆的增多，尾气排放量也在增加，汽车尾气中含有的硫化物和氮化物不断堆积在大气中，给大气环境带来较大威胁。其次，城市供暖带来的煤炭燃烧污染。北方地区冬季供暖会燃烧大量煤炭燃料，其产生的二氧化碳是破坏臭氧的主要因素；南方使用的暖通空调系统也会带来较大的能源消耗。空气中硫化物和碳化物含量超标，造成污染。

（二）空气颗粒物含量较高

我国城市绿化面积逐年提升，但绿化率依旧较低，导致空气中含有大量颗粒物。目前，我国城市污染得到一定缓解，大气污染治理工作取得一定成效，但检测结果显示，我国城市大气还存在很多悬浮颗粒。在全国诸多城市中，颗粒总悬浮物的浓度满足国家二级空气质量标准的城市并不多。

（三）城市空气成分日益复杂

经监测，我国城市空气中的二氧化硫、可吸入颗粒物的浓度一直居高不下，严重影响城市居民的生活及身体健康。与此同时，雾霾天气为靓丽的城市风景蒙上了一层"阴影"。臭氧污染也为我国未来城市的可持续发展埋下隐患。

（四）新兴城市大气污染较重

随着我国城市化的快速发展，我国城市化率逐渐提高。城市化进程的加快，使得大批新兴城市或城市群不断出现，而新兴城市或城市群为了提升城市经济社会发展水平，大力促进经济发展，提高经济收入。

在经济发展过程中，这些新兴城市有可能为了短期经济发展，降低招商引资的标准，甚至有可能为一些重污染大型企业打开绿色通道。同时，政府对企业的废气、废水处理，机动车尾气排放及城市郊区秸秆处理等大气保护相关措施监督力度不够，治理有效性不足，城市污染有上升与加重的趋势。

（五）中小城市大气污染问题急剧增加

中小城市为适应时代发展的要求，加快工业化建设进程，忽略了城市环境保护的重要性，城市发展与环境保护两者间的矛盾越来越大，环境污染等级不断上升，大气污染加剧。

（六）煤炭消费造成的大气污染问题突出

我国以煤炭为主要能源的生产结构在短时间内难以改变，因此，煤炭消费造成的大气污染问题仍然十分突出。根据目前的统计数据，我国的二氧化硫、氮氧化物和工业烟尘等大气污染物的排放总量已经远远超过大气环境的承载量。"十三五"期间，我国在二氧化碳减排方面取得优异成绩，但是氮氧化物的管控仍然存在不足，抵消了二氧化碳减排给大气环境带来的积极效果，因此从整体来看，我国的酸雨区域仍然保持着以往的分布格局。

三、土壤污染现状

在20世纪70年代以前，我国土壤污染只存在于局部地区，主要是点源污染。随着经济的高速发展，快速建设的工业区、工业城市的出现，导致废弃物越来越多，并且不断累积到土壤中，久而久之土壤环境的压力越来越大，甚至出现了大面积的区域性污染状况，严重影响了土壤环境质量。我国土壤污染物的种类多样，按污染物性质分类，可将土壤污染分为生物污染、有机物污染、重金属污染、放射性污染等。

（一）土壤生物污染现状

土壤生物污染指病原菌、寄生虫等有害生物入侵土壤，破坏土壤生态系统，导致土壤质量下降。土壤生物污染出现的主要原因是施用人畜粪便或者灌溉未经处理的工业废水、生活污水，尤其是医院污水。这些污染物含有各种病原菌，包括痢疾细菌、肝炎病毒、伤寒杆菌等，这些病原菌有的能够自然净化消失，有的会在土壤中大量繁殖，严重影响土壤环境，甚至危害农作物生长。人类若食用污染后的土壤中长出的农产品，极可能受到间接危害，或者不小心直接接触到被污染的土壤，也可能会引发一些病症，十分不利于人体健康。土壤生物污染种群中，肠道致病性原虫和蠕虫类是分布最广的，有数据显示，世界上至少有一半人感染一种甚至几种寄生蠕虫。

（二）土壤有机物污染现状

土壤有机污染物主要是染料、塑料制品、石油、农药等，其中农药是最主要的有机污染物质。土壤农药污染物一般有两类，分别是有机磷农药和有机氯农药，其他土壤有机污染物还包括一些持久性有机污染物，如多环芳烃、磺酰脲类除草剂、有机氮类杀虫剂等。不可否认在农业生产中化学农药的作用巨大，具体体现在作物病虫害防治等方面，对提高农户的经济收益起到了巨大作用，然而，在存在上述好处的同时，过量的农药也给土壤环境带来了巨大压力，使其面临着严峻的环境污染问题。被农药长期污染的土壤会出现明显的酸化现象，并且土壤养分会大大流失，土壤的生物活性会降低，这不利于土壤微环境的发展，并且土壤孔隙度会变小，极易导致板结。

土壤有机物污染和重金属污染相比，具有复杂性和区域性的特点，不仅不利于农产品的健康生长，也对人类的生命安全造成了极大危害。土壤中渗入有机污染物后，这些污染物会和土壤组分发生一系列的化学、物理及生物反应，而经过这些反应土壤中的养分会大打折扣。现阶段土壤有机污染风险评估一般以土壤中有机污染物的总浓度为评估指标，但该指标存在一定的局限性，它能够反映出污染物在土壤中的富集程度，但无法将植物中有机物污染的程度及生态风险合理预测出来。

土壤有机污染物的赋存形态直接决定了其迁移转化及生物有效性，因此认识土壤有机污染物的赋存形态至关重要。认识有机污染物的赋存形态是评估土壤及作物中有机污染风险的关键。挥发性有机污染物严重危害着地下生物和地上植物，并且由于这些污染物质存在较大的挥发性，其还会对大气造成较大污染，大气污染随着空气流动，再经过雨水的冲刷和淋溶，最终还会对土壤造成污染。

土壤中的挥发性有机物是一种特殊的土壤污染物，它具有不同于其他污染物的污染特性，如多样性、累积性、毒害性、挥发性等，由于这类污染物的成分具有较强的危害性和复杂性，其危险性较大，在土壤环境管理中应优先管理这类污染物质。基于此，很多发达国家都有相关规定，必须妥当处置挥发性有机污染物，确保土壤及生物安全。

（三）土壤重金属污染现状

土壤重金属污染的形成原因主要是重金属或其化合物侵入土壤，包括汽车尾气，采矿、化工、金属加工、冶炼等工业排放的废水、废气、废渣，农药和化肥的施用等。重金属在土壤中表现出不同的毒性，一般来说污染元素包括镉、镍、汞、铬、铅、铜等。土壤中的重金属被植物、动物吸收富集，通过直接接触或食物链传递等危害动物及人体的健康，引起痛痛病、水俣病以及癌症。

具体来说，铅对人体存在较大危害，尤其是在人体骨髓造血系统、神经系统方面，并且铅不断在人体里积累，还会损害人的肾脏，威胁人的智力发育。若农产品被铅污染了，此类农产品若被人类食用，将对人类造成极大的危害。此外，对人体损害较大的还有三价铬和六价铬，三价铬对人体的危害已然十分严重，存在致畸致残作用，而六价铬的毒性比其更甚，严重的甚至会引发鼻咽癌和肺癌。

土壤重金属含量过高会直接影响农产品的生长和质量，导致其产量降低。因为重金属含量过高的土壤无法保证农作物正常生理系统的发育，在这种情况下其产量和品质必定大打折扣。例如，过量的镉存在于土壤中会影响农作物的光合作用，使其叶绿素含量下降，从而造成农作物失绿，生物酶活性降低；过量的铅存在于土壤中会影响农作物的正常生长和发育，从而导致产量降低；过量的汞存在于土壤中会形成汞化合物，而这种物质会影响土壤中微生物的活力，从而降低土壤肥力，影响农作物苗壮生长。相比于大气污染和水污染，土壤重金属污染具有潜伏性、累积性、不可逆转性、治理难度大、治理成本高且周期长等特点，存在较大的人体健康风险和环境隐患，因此，曾有人称土壤重金属污染为"化学定时炸弹"。

（四）土壤放射性污染现状

随着经济和科技的高速发展，各领域均取得了飞速发展，包括科研、地质、医疗、工农业等，而在这些高速发展的领域内，核心技术的应用越来越广泛，这也意味着更多的放射性污染物进入土壤中。通常可将土壤放射性污染物质的来源分为两类，分别是天然来源和人为来源。目前，还未发现天然放射性核素对人类的生活存在威胁，可以说土壤放射性污染主要是人为因素导致的，如人类对矿物的开采冶炼、核试验、核事故等。一旦放射性污染物质接触到土壤，或者利用其他方式进入土壤，都会使土壤受到污染。

一般来说，放射性污染物质的隐蔽性较强，其进入土壤中很难被发觉。且由于一些放射性元素的半衰期长，在土壤中逐渐累积的放射性污染物质会破坏原先的生态系统，引发物种变异和土壤变质。如此一来，在土壤中生长的植物中也会存在放射性污染物质，这些植物经过食物链传递到人体，最终会对人体造成巨大的不利影响，且更严重的是这些不利影响会遗传给下一代。

四、固体废物污染现状

固体废物指人类在生产生活中产生的固体的、对环境造成破坏的废弃物，即我们日常所说的"垃圾"。固体废物是造成我国环境污染的三大因素之一，固体废物包括生产过程中产生的固体颗粒、炉渣、污泥、废制品等，其本身带有污染性，废物中带有的燃烧性、放射性和腐蚀性的物质对环境造成污染。同时固体废物会占用一定的空间，其堆放会造成土壤、水资源等的污染，出现二次污染。因此，固体废物产生量及其综合利用情况对我国环境状况有着重要影响。

（一）生活垃圾及医疗废物污染现状

我国是人口大国，庞大的人口基数导致每年所产生的生活垃圾超过 1.6 亿吨，与之相对应的是垃圾管理制度尚未完善，对垃圾的分类和再利用刚刚起步，特别是农村地区对垃圾未能灵活处理，采取的措施多是堆积，难以做到无害化、减容化。现阶段医疗废弃物有专门的机构对其进行无害化处理，基本能做到定量完成。

（二）工业固体废物和危险固体废物污染现状

在我国的工业进程中，工业固体废物的污染问题一直有待解决。目前，工业固体废物的成分越来越复杂，毒性越来越大，工业粉尘和废渣会散布在空气中、渗入土壤或者流入饮用水源，从而对我国的水资源、土地资源和空气质量产生了极大的危害，同时也严重危害着人们的身体健康。我国处理工业固体废物的技术有了一定的进步，但是仍然存在很大的污染问题。

对工业固体废物处理技术进行升级是我们目前的一个重要任务。在我国所有类型的固体废物中，最为致命的还是危险固体废物。危险固体废物浓度高，拥有特殊的物理或化学特性且易传播，因此极易引起环境的严重污染、引发传染病，甚至导致人畜死亡。

目前，我国的危险固体废物的现状主要有以下三个特点。

1. 危险固体废物总量的增长速度快

近年来，人民生活水平不断提高，我国危险固体废物的总量飞快增长。目前，我国不仅面临着本国危险固体废物的产出，还面临着西方危险固体废物的进口，尤其是电池等电子垃圾，而我国对于这种垃圾的处理至今没有成熟的技术，和普通垃圾的处理方法没有什么区别，这给我国的环境安全和公民的身体健康埋下了极大的安全隐患。

2. 对于危险固体废物的无害化处理远远不够

危险固体废物中存在着很多有害元素，而这些元素都是大自然代谢不掉的。目前在我国，这些有害元素的代谢率仅为40%，长此以往会给我国的环境保护带来极大的负担。

3. 资源利用率偏低

危险固体废物中虽然存在有害元素，但其中有很多物质我们可以通过净化提纯，进行再利用。目前，我国对于这些废物的利用少之又少，资源浪费的问题亟待解决。

（三）电子废弃物污染日益严重

现今社会科技日新月异，电子类产品更新换代的速度大大提升，在众多沿海城市中电子废弃物快速增加，其增加速度远超其他常规废弃物。电子废弃物的极速增加与网络应用、手机普及有密切联系，截至2020年3月我国网民超过9亿人，其中手机网民规模达 8.97 亿，使用手机上网的人占比超过 99%。手机大规模进入寻常百姓家，但手机更换、报废等产生的电子废弃物回收处理却尚未系统化、细分化。

电子废弃物具有多种毒性，家用电器如冰箱、空调的制冷剂逸出进入大气，会破坏人类赖以生存的臭氧层。计算机元件中含有的砷、汞和其他有害物质，手机的原材料中的砷、镉、铅以及其他有毒物质，如果不进行科学处理，就会直接污染土壤和地下水，最终会对人类生活造成威胁，严重破坏生态环境。

目前，我国的部分单位对废弃家电、手机进行了回收处理，但缺乏科学性与合理性，只对其中所蕴含的贵金属等高价成分进行回收利用，对于提炼价值不高的元件多是当作一般工业固废处理，这容易对环境造成二次污染。

第二节　环境污染控制技术的现状

随着环境科学的发展，环境污染物的种类、数量不断增加，对污染控制技术的发展提出了挑战。水污染和大气污染一直是环境科学与工程的两个主要研究领域。欧美发达国家对土壤污染及修复技术的研究已有数十年的历史，我国在 20 世纪 80 年代曾开展过土壤环境污染调查，但是关于土壤污染修复的研究是近些年才开始的。原来固体废物的处理属于市政环境卫生技术领域，目前归为环境科学与工程技术领域。

在水、大气、土壤中，主要的污染物是生物性污染物和化学性污染物。细菌、病毒等造成的生物性污染的预防原属于预防医学的研究范畴，但由于医疗垃圾等造成了严重的环境问题以及藻类对水体的污染，目前藻类、细菌、病毒等造成的生物性污染也成为环境污染的重要内容。在种类繁多的污染物中，化学性污染物的种类最多，对环境的影响和危害最大，化学性污染物的控制技术是环境污染控制技术研究中最重要的内容。

一、新型环境污染物

20 世纪 70 年代以来，化学性污染物的种类和数量有了显著增加。早期制定的各种环境标准中，常规的水质控制指标主要是化学需氧量（COD）、生化需氧量（BOD）、高锰酸盐指数、氨氮、pH 值和部分重金属等，主要的大气污染物控制指标是 SO_2、NO_2 和颗粒物等。水体和大气污染控制技术也主要是针对这些污染控制指标而研究开发的。

随着环境科学的发展，新的环境污染物不断被发现，20世纪70年代美国首先提出了129种优先污染物，包括114种有机物和15种无机物，随后世界各国也都确定了一批优先污染物。20世纪80年代，欧美发达国家先开始了有机氯农药等持久性有机污染物（POPs）的研究。在2001年世界150多个国家和地区共同签署的关于持久性有机污染物的斯德哥尔摩公约中，大家一致同意在世界范围内禁止生产和使用12种持久性有机污染物，它们是杀虫剂艾氏剂、狄氏剂、异狄氏剂、氯丹、滴滴涕（DDT）、六氯苯（HCB）、灭蚁灵、毒杀芬、七氯，工业化学品多氯联苯（PCBs）以及非故意生产的副产品二噁英、呋喃。这些污染物在环境中滞留时间长，传播范围广，生物难降解，易在生物体内积累，对野生动物和人类具有致癌、致畸、致突变的毒性以及遗传毒性。个人用品中的部分抗生素、抗菌药物、含雌性激素的护肤和美容日用化学品以及表面活性剂等被认为是一类新型的环境污染物，它们随着生活污水排放，在城市生活污水处理厂的处理单元中降解效率很低，因而进入受纳水体，成为水中的新污染物。这些污染物在水体中的浓度很低，一般在ng/L数量级，因此这些水体中微污染物的污染控制成为水污染控制技术新的研究点。

大气污染物也从SO_2、NO_2和颗粒物等主要污染物，发展到气溶胶、温室气体、可吸入颗粒物等新型污染物，对大气污染控制技术提出了新的挑战。农药和重金属是土壤中的主要污染物，其中DDT、六氯环己烷等有机氯农药对农田土壤的污染造成作物中污染物残留量过高，成为公众关注的食品安全问题。

二、环境污染控制技术发展现状

（一）水污染控制技术现状

由于水污染状况日益加剧，许多工业废水中存在大量难降解的污染物。水中（如POPs等）新型微污染物不断出现，这些污染物通常都具有难生物降解且浓度很低的特点，传统的生物处理技术和混凝沉淀等一级预处理技术难以有效去除这些污染物。

由于氮、磷等营养物对水体的污染，使我国水体富营养化程度提高，因而对脱氮除磷水处理技术有迫切需求。国家对企业节能减排的要求，使得企业对各类废水的资源化利用技术的需求也显著增加。当前水污染控制技术的发展表现在以下三个方面。

1. 难降解有机废水处理技术

由于传统的混凝沉淀等预处理技术和生物处理技术，对于废水中农药、染料中间体等难降解有机物的去除效果较差，因此难降解有机废水处理技术的研究是当前废水处理领域研究的热点。提高废水的可生化性的预处理技术是难降解有机废水处理的关键。物理化学预处理方法在目前应用较多，其中，基于腐蚀电池原理的铁碳微电解技术是一种应用较多、效果较好的难降解有机废水预处理技术，对于含有硝基化合物、有机氯污染物的废水有很好的预处理作用，能提高废水的可生化性。

化学氧化是通过向废水中加入化学氧化剂，使废水中的难降解有机物降解为小分子有机物或矿化为无机物，从而提高废水的可生化性的技术。光催化氧化、芬顿氧化等高级氧化技术所产生的羟基自由基具有氧化效率高、无选择性地降解废水中的有机物等优点，可以作为难降解有机废水的预处理技术，提高废水的 BOD_5/COD 的值，改善废水的可生化性。

废水的生物预处理技术主要是厌氧生物预处理和高效优势菌生物处理，厌氧生物预处理具有使染料等难降解有机物降低毒性、提高生化性的效果。对于难降解有机废水，向废水中投加对难降解某些有机污染物有特殊效果的高效菌种，可以获得很好的处理效果，如采用白腐菌对酞菁染料废水进行预处理，可使脱色率达到 90%，总有机碳（TOC）去除率达到 80%。

零价铁在污染控制中具有很好的应用前景，其对于有机氯污染物的还原脱氯作用可以降低有机氯污染物的毒性，从而提高废水的生物可降解性。由零价铁和活性炭构建的渗透反应格栅在地下水原位修复等方面有很多应用。零价铁的还原作用可以将废水中的 Cr（Ⅵ）还原，然后通过沉淀法去除。纳米零价铁因具有更高的表面积和反应活性，因而有广阔的应用前景，是当前污染控制领域的研究前沿。但是，如何把纳米零价铁运用到常规水处理工艺中，用纳米零价铁对现有水处理滤料进行改性，针对水中某类特殊污染物进行处理，是零价铁在水处理中应用的研究方向。

2. 废水深度处理技术

由于节能减排、废水资源化利用等方面的需求，近年来深度处理技术的研究十分活跃。目前的深度处理技术主要有吸附法、膜技术、吹脱法、曝气生物滤池以及各种高级氧化技术。

　　吸附法是常用的一种废水深度处理技术，活性炭、硅藻土、沸石、离子交换树脂等为常用的吸附剂，其中活性炭是应用最广泛的吸附剂，其对弱极性的疏水性有机污染物，如农药、杀虫剂、合成染料、酚类污染物等有较好的去除效果。缺点是活性炭的价格高，吸附剂的再生处置较麻烦。

　　膜技术是一种新兴的分离、浓缩、提纯、净化技术，可以有效去除有机物、微生物等，具有运行可靠、设备紧凑、便于自动控制等优点。但是膜的价格高、容易堵塞，运行成本较高，浓缩物的处理和膜的清洗是使用中的主要问题。

　　吹脱法是去除废水中挥发性污染物的一种有效方法，对于废水中的苯、氯苯、二氯甲烷、甲醇等挥发性的小分子有机物的去除效果较好。某些挥发性无机污染物，如当 pH 值高于 11 时，对废水中的氨氮也可以进行吹脱处理。

　　曝气生物滤池集曝气、高滤速、截留悬浮物、降解有机物、定期反冲洗于一体，是近年来发展较快的一种废水深度生物处理技术，具有占地面积小、出水水质好、投入少、运行灵活、抗冲击负荷强等优点。曝气生物滤池对废水中的有机物、悬浮物和氨氮都有很好的去除作用，对生活污水中的氨氮和悬浮物的去除率均为 90% 以上。

　　高级氧化技术所产生的羟基自由基具有氧化效率高、无选择性地降解废水中的有机物的优点，还具有消毒灭菌的作用。高级氧化技术及其联用作为废水的深度处理技术有很好的应用前景，其主要的不足是运行费用较高。

　　3.氨氮废水处理技术

　　高浓度氨氮废水常见于化工废水、垃圾渗滤液中。高浓度氨氮废水常导致生物处理系统难以正常运行，而使废水中有机物的降解效率大大降低。例如，焦化废水中高浓度的氨氮是导致焦化废水 COD 和氨氮不达标的主要原因。由于水体富营养化日益加剧，我国对水中氨氮的控制要求也越来越严格，因此，近年来氨氮废水处理技术在水处理领域中也十分活跃。低浓度氨氮废水处理常用生物脱氮工艺或天然沸石离子交换法等。

　　生物脱氮工艺是当前废水生物处理的研究热点。天然沸石作为离子交换剂常用于低浓度氨氮废水的脱氮处理，每克天然沸石可以吸附 16 mg 左右的氨氮。天然沸石离子交换法操作方便、工艺简单、投入少、材料廉价易得，但是用于高浓度氨氮废水处理时，离子交换剂再生频繁，操作困难。

　　高浓度氨氮废水处理常用吹脱法、折点加氯法、化学沉淀法。吹脱法是将废水的 pH 值调到 11 左右，然后通入空气，将氨吹脱，水温和吹脱时间对去除率有较大影响。吹脱法的优点是设备简单易操作、脱氮效率高、技术成熟，缺点是能耗高、二次污染严重、设备易结垢等。

折点加氯法是向氨氮废水中加入氯气或次氯酸钠，将氨氮氧化为 N_2，此法投入少、操作方便、脱氮效果好。但是对于高浓度氨氮废水，使用这种方法成本很高，废水中的有机物可能会形成氯仿等次污染物。

化学沉淀法处理氨氮废水一般指在废水中加入适当剂量的镁盐和磷酸盐，通过生成磷酸铵镁沉淀去除废水中氨氮的方法。此法操作简单、安全可靠、氨氮去除率高，但是药剂成本高，如果回收磷酸铵镁沉淀作为化工原料或复合肥，则可以获得一定经济效益。

针对不同氨氮废水特征，可以选择适当的脱氮方法。由于生物处理工艺具有成本低的优点，因此在进行吹脱、加氯、化学沉淀等处理后，可再用生物处理工艺，进一步进行深度脱氮处理。

（二）大气污染控制技术现状

大气污染物有多种来源，燃料燃烧和工业生产等固定源的污染物主要是硫氧化物和氮氧化物，其污染控制的关键技术是高效的脱硫脱硝工艺。机动车、轮船等移动源的污染物主要是碳氢化合物和氮氧化物，其污染控制的关键技术是高效的催化转化技术。室内空气污染的主要污染物是挥发性有机物，如甲醛、苯系物等，其污染控制的关键技术是吸附和光触媒催化氧化技术。工业生产中产生的各种有毒有害的挥发性有机废气，如苯系物、卤代烷烃等，其污染控制的关键技术是吸附回收、催化氧化。

烟气脱硫技术可以分为干法、湿法和半干法三种。干法是用固体吸收剂去除烟气中二氧化硫的方法，主要有活性炭、活性氧化锰吸收、催化氧化、催化还原等。湿法是用液态吸收剂去除烟气中二氧化硫的方法，主要有石灰－石膏法、双碱法、氨法和海水法等。半干法是脱硫剂在湿态脱硫、在干态处理脱硫产物，主要包括喷雾干燥脱硫、炉内喷射吸收剂等方法。目前，湿法脱硫是主流的脱硫技术。固定源的烟气脱硝技术主要包括选择性催化还原法、固体吸附－再生法，其中 NH_3 选择性催化还原是目前研究应用较多的脱硝方法。

目前，脱硫脱硝一体化技术的研究是主要的发展趋势，研究的技术包括二氧化硫氧化结合选择性催化还原 NO 的一体化技术、再生式脱除 SO_2 和 NO_2 的化学技术、等离子体脱硫脱硝技术和烟气中 SO_2 和 NO_2 的催化去除技术等。

机动车等移动源的污染物主要是 CO、碳氢化合物、SO_x、NO_2、挥发性有机化合物（VOC）和细微颗粒物。目前广泛应用的是三效催化剂净化技术，即将尾气中的 CO、碳氢化合物和 NO 催化转化为 CO_2、N_2 和 H_2O。

在室内空气和工业生产中，VOC 是一种常见的污染物，其污染控制技术也是当前的研究热点之一。吸附 - 解吸、催化燃烧是目前处理 VOC 的比较成熟的方法，国内外均有应用，但是存在投入多、催化剂易中毒等缺点。吸附 - 解吸法是一种实现 VOC 回收和资源化利用的方法，采用活性炭纤维吸附回收工业气体中 VOC 的技术已经在我国有实际的工程应用，用该技术处理的 VOC 包括苯系物、卤代烷烃、醇、酮、酯等。

生物法处理 VOC 是近年来发展起来的一种新技术，国外的生物法以生物滤池的应用较多，我国的研究还处于起步阶段。脉冲电晕放电是很有发展前景的 VOC 处理技术，但是目前还处于实验室研究阶段。基于 TiO_2 的光催化氧化技术是一种处理 VOC 的很有前景的技术，目前相关研究也十分活跃，其研究的关键是催化剂的固定化、拓宽催化剂的使用范围和提高光催化剂的催化效率。

全球气候变暖问题使得对温室气体二氧化碳排放的控制技术研究也成为大气污染控制技术研究的重要内容。利用自然界的光合作用吸收储存二氧化碳的生物技术和燃料电池等新能源的开发可以有效控制和减少二氧化碳的排放。二氧化碳污染的控制技术主要包括二氧化碳的捕集和处置技术。二氧化碳的捕集是污染控制的第一步，目前已有化学吸收、冷冻分离、膜分离、分子筛吸附等捕集方法。二氧化碳的地质处置方法正受到越来越多的关注。将二氧化碳储存在废油气井、地下含水层和海洋中是储存二氧化碳的三种主要途径。

（三）土壤污染控制技术现状

发达国家在土壤污染修复方面已经有数十年的研究历史。我国在土壤污染修复技术方面的研究时间较短。随着社会经济的发展和国际环境公约的推动，我国在土壤污染修复方面做了大量研究工作。

土壤修复技术按处理方式分为原位修复和异位修复两种，按技术原理分为物理修复、化学修复和生物修复三类。物理修复技术有客土、热修复、蒸汽汽提、焚烧等，化学修复有化学氧化还原、化学洗脱等，生物修复有生物通风、生物反应器、植物修复等。固定化、热脱附、汽提、多相萃取、化学修复、生物修复等多种技术已经在国内外有成功应用。

（四）固体废物控制技术现状

固体废物的处理方法有卫生填埋、堆肥、焚烧、热解、资源化利用和辐射等。

卫生填埋是世界各国常用的一种固体废物处理方法。我国 80% 的固体废物采用卫生填埋方法，其优点是投资少、操作简便、处理量大、处理费用低，缺点是占地面积大，易产生地下水污染。

堆肥技术是利用自然菌种发酵降解有机物，实现无害化处理的方法。堆肥根据供氧情况又可分为耗氧堆肥和厌氧堆肥。我国城市垃圾处理中，堆肥技术占 10%—20%。堆肥技术的优点是投资少、操作简便，缺点是发酵时间长、占地面积大。

焚烧技术利用高温将垃圾中有机物氧化为二氧化碳和水，使废物有效减量和减重，同时可以杀灭细菌、病毒，是发达国家普遍采用的技术。该技术的优点是占地少、污染小、能回收热能。该技术的缺点是投资和运行成本高，可能产生二噁英等二次污染物。

热解是在无氧或缺氧条件下，使可燃性有机物高温分解，生成油、可燃气体和固态碳的化学分解过程。其优点是能源回收性好、污染小、无二次污染，缺点是技术复杂、成本高。

资源化利用是当前固体废物处理的研究热点，针对不同类型的固体废物，应采用不同的资源化利用的方法。如农业废物——畜禽粪便处理的主要发展方向是厌氧发酵产沼气；秸秆等固体废物处理的发展方向是作为生物质能源利用。我国生物质能源丰富，农作物秸秆和薪柴的年产量分别可以达到 6 亿吨和 1.3 亿吨，若全部用于生产乙醇和其他液体燃料，每年产量可达 2 亿吨。这些生物质能是可再生能源。又如某些固体废物经粉碎，加入适量配料后注模成型，可制成高强度的轻质建筑材料。

辐射技术是目前固体废物处理的新技术。辐射技术可使被照射的物质产生交联、裂解、固化等变化。如高能和电离辐射可以引起高分子共价键断裂和发生自由基反应，高能电子束还可使物质发生物理和化学变化，从而实现固化。微波、低温等离子体、高能电子束等辐射技术在固体废物处理方面有较多的应用研究，如美国某研究所研究含油污泥的脱油技术，结果表明微波辐射比常规的脱油技术快 30 倍，处理系统的体积比常规脱油处理系统的小 90%。含油污泥微波脱油的过程为先将污泥用微波辐射，然后以连续流动的方式离心分离，处理能力为 283 L/min，分离得到高质量的油料，油料回收率达 98%，再将处理后的固体废物进行填埋处理。辐射技术作为一种固体废物处理的新技术，具有节约能源、无公害、反应易控制的优点，具有很好的发展和应用前景。

第三章　现代水体污染及其控制

　　水是人类及一切生物赖以生存的物质基础，是维系地球生态环境可持续发展的首要条件，是工农业生产、经济发展和环境改善不可替代的极为宝贵的自然资源。目前人类面临着水资源短缺、水环境污染、水生态破坏等问题，其直接威胁人类的生存，制约现代社会的可持续发展，且已成为全球资源环境的首要问题。因此，只有采取积极措施保护水资源，防治水污染，才能使人类实现自身的可持续发展。本章包括水资源与水循环、水体污染及其危害、水体污染的控制等内容。

第一节　水资源与水循环

一、水的性质

　　天然水是常见的物质，它有许多与其他物质截然不同的特性，也正是这些特性，才使水在自然界和人类生活中起着巨大作用，成为影响自然环境的主要因素之一。

（一）水的异常特性

1. 水的三态变化

标准大气压下，水的冰点为 0 ℃，沸点为 100 ℃，水在常温下为液体。在自然环境中水也可以固态的形式存在，并有相当一部分成为蒸汽，从而可以实现水的自然循环，生产中也应用水的三态变化来转换能量。

2. 温度—体积效应

水在 3.98℃时有最大密度，为 1.000 g/cm^3。与一般物质不同，水在结冰时体积膨胀。

3. 热容量较大

在常见的物质中，水具有最大的比热容，同时水有很大的蒸发热和熔解热。这使天然水体可以调节气候温度，同时，在工业生产中水也成为冷却其他物体或者储存及传送热量的优良载体。

4. 溶解及反应能力极强

水作为一种溶剂，是其他物质都不能与之相比的。水的溶解能力极强，而且由于其介电常数很大，离解溶质的能力也极强。水中溶解的物质可以进行多种化学反应，而且水本身与许多金属氧化物、非金属氧化物以及活泼金属等都可发生化学反应，其生成物再进一步参加不同物质的各种反应。水有时还可作为一种催化剂，极微量的水有时会对化学反应的进行起促进作用。

5. 界面特性突出

在所有常温下的液体中，除汞以外，水具有最大的表面张力。水的各种界面特性如润湿、吸附等都是很突出的，这在各种物理化学作用以及自然界机体生命活动中具有较大影响。

6. 有机物和生命物质中氢元素的来源

生物从水分解中取得氢元素，花费的能量最少，生命与水是不可分开的。没有水及其异常特性也就没有现在的自然环境和人类社会。

（二）天然水中的杂质

水在自然界循环过程中混入各种各样的杂质，其中包括地球上各种化学过程和生物过程的产物，如岩石风化而形成的砂、易溶于水的盐类、动植物残骸和微生物等有机体腐败分解而形成的腐殖质；也包括人类在生产中形成的各种废弃物，如生活污水所含的大量废弃有机物和微生物，工业废水中的各种生产废料、残渣、原料等。生活污水和生产废水中所含的杂质进入天然水体，会引起各种污染，甚至完全改变天然水体原有的物质平衡状态，破坏人类周围的自然环境，给人类社会的生活和生产带来极其恶劣的影响。

水中的各种杂质按其存在状态，通常分为溶解物、胶体颗粒和悬浮物三类，如表 3-1 所示。

表 3-1　水中杂质

水中杂质	颗粒大小	外观	水中杂质	颗粒大小	外观
溶解物	0.1—1 nm	透明	悬浮物	100nm—10 μm	浑浊
胶体颗粒	1—100 nm	光照下浑浊	悬浮物	10μm—1 mm	肉眼可见

一般来说，地面水较浑浊，细菌较多，硬度较低。地下水则较清，细菌较少，特别是深层井水，细菌更少，但硬度较高。天然水中的杂质，如表 3-2 所示。

表 3-2　天然水中的杂质

悬浮物质及胶体物质	溶解物质
细菌（致病的和对人体无害的）	重碳酸（钙镁）盐（碱度、硬度）
藻类及原生动物（有臭味、色度和浑浊度）	碳酸（钙镁）盐（碱度、硬度）
泥沙、黏土（有浑浊度）	硫酸（钙镁）盐（硬度）
溶胶物（如硅酸胶体等）	氯化（钙镁）物（硬度、腐蚀锅炉）
高分子化合物胶体（如腐殖质胶体等）	重碳酸钠盐（碱度、有软水作用）
其他不溶性物质	碳酸钠盐（碱度、有软水作用）
	硫酸钠盐（锅炉内汽水共腾）
	氯化钠物（致病）
	氧化钠物（味）
	铁盐、锰盐（味、色、硬度、腐蚀金属）
	氧（腐蚀金属）
	二氧化碳（腐蚀金属、酸度）
	硫化氢（臭味、酸度、腐蚀金属）
	氯、其他溶解性物质

二、水资源

（一）水资源的概念

水是生命的摇篮，是人类文明的源泉。水既是自然界的重要组成部分，是一切生物生长、繁衍、进化的源泉，又是人类从事工农业生产、发展经济和改善环境不可替代的极为宝贵的自然资源。

水资源一词出现较早，随着时代的进步，其内涵也在不断丰富和发展。水资源的内涵既简单又复杂，其复杂的内涵通常表现在：水类型繁多，具有运动性，各种水体具有相互转化的特性；水的用途广泛，不同用途对其量和质均有不同的要求；水资源所包含的"量"和"质"在一定条件下可以改变；水资源的开发利用受经济、技术、社会和环境条件的制约。

地球上水很多，但可以利用的水资源很少。人们从不同角度理解，造成对水资源一词理解的不一致和认识的差异。联合国教科文组织和世界气象组织把水资源定义为"可利用或有可能利用的水源，具有足够的数量和可用的质量，并能在某一地点为满足某种用途而被利用"；我国则把水资源定义为"在当前经济技术条件下可被人类利用的那一部分水，如浅层地下水、湖泊水、土壤水、大气水及河川水等淡水"。

一般认为，水资源概念具有广义和狭义之分。广义上的水资源指能够直接或间接使用的各种水和水中物质，对人类活动具有使用价值和经济价值的水均可称为水资源。狭义上的水资源指在一定经济技术条件下，人类可以直接利用的淡水，主要包括河水、淡水湖泊水和浅层地下水。

（二）水资源的特征

1. 不可替代性

水资源是一种自然资源，它是人类生存和社会发展不可替代、不可缺少的资源。随着科学的发展、社会的进步、人口的增加，水资源在我国已属于稀缺的自然资源。水资源与石油资源一样具有重要的地位。从长远而言，水资源的重要性可能超过石油资源。石油资源固然重要，但它可以进口，也可以寻求其他替代品。而水资源虽然可以更新、再生，却不能进口，不可替代。故人类生存与社会发展对水资源的依赖程度远远大于其他资源，它是一种具有重要作用的不可替代的自然资源。

2. 双重性

水资源与其他矿产资源相比，最大区别之一就是其具有双重性：既有造福于人类的一面，也有造成洪涝灾害而使人类生命财产受到严重损失的一面。人类对江河采用水利工程，进行人工调控后，可以将其用于发电、灌溉、水运、养殖等。遇丰水年份或枯水年份，若没有采用水利工程加以调控，就会造成局部洪涝或旱灾。若水利工程设计不当、管理不善，可造成垮坝事故，也可引起土壤次生盐渍化。

水量过多或过少的地区，往往又会出现各种各样的自然灾害。水量过多容易造成洪水泛滥；水量过少容易出现干旱、盐渍化等自然灾害。适量开采地下水，可为国民经济各部门和居民生活提供水源，满足生产、生活的需求。无节制、不合理地抽取地下水，往往会引起水位持续下降、水质恶化、水量减少、地面沉降，不但影响生产发展，而且严重威胁人类生存。正是由于水资源利害的双重性质，在水资源的开发利用过程中尤其强调合理利用、有序开发，以达到兴利除害的目的。

3. 多用途性

水是一切生物不可缺少的资源。不仅如此，人类还广泛地利用水，使水有多种用途，比如工业生产、农业生产、水力发电、航运、水产养殖等。人们对水的多用途性的认识导致其对水资源的依赖日益加深，特别是在缺水地区，为水而引发的矛盾或冲突时有发生。水的多用途性是人类开发利用水资源的动力，也是水被看作一种极其珍贵资源的缘由，同时也是水矛盾产生的外在因素。

4. 循环性

水是自然界的重要组成物质，是环境中最活跃的要素。它不停地运动且积极参与自然环境中一系列物理的、化学的和生物的过程。水资源与其他固体资源的本质区别在于其具有流动性，是一种动态资源，具有循环性。水循环系统是一个庞大的自然水资源系统，水资源在开采利用后，能够得到大气降水的补给，水资源处在不断地开采、补给、消耗、恢复的循环之中，可以不断地供给人类利用和满足生态平衡的需要。

从某种意义上讲，水资源具有"取之不尽"的特点，恢复性强。可实际上全球淡水资源的蓄存量是十分有限的。从水量动态平衡的观点来看，某一期间的水消耗量应接近于该期的水补给量，否则将会破坏水平衡，造成一系列不良的环境问题。可见，水循环过程是无限的，水资源的蓄存量是有限的，并非取之不尽，用之不竭。在对地下水开采利用时，尤应注意。

5. 变化复杂性

水资源在地区上分布是极不均匀的，年内、年际变化较大。为了解决这些问题，人们修建了大量引蓄水工程，对水资源进行时空再分配，如南水北调工程。但蓄水、跨流域调水等传统措施，只能实现水资源的时空位移，解决部分地区缺水问题，而不能增加水资源总量，难以全面解决缺水这一根本问题。同时，修建各种水利工程受到自然、地理、地质、技术、经济等多方面的条件限制，所以水资源永远不可能被全部利用。由于大气水、地表水、地下水之间在不停地相互转化，所以对水资源的综合管理与合理开发利用是一项非常复杂的工作。

6. 有限性

虽然水资源具有流动性和可再生性,但它同时又具有有限性。这里所说的"有限性",指在一定区域、一定时段内,水资源是有限的,即不是无限可取的。从全球情况来看,地球水圈内全部水体总储存量为 13.86 亿 km^3,绝大多数储存在海洋、冰川、多年积雪、两极和多年冻土中,现有的技术条件很难将其利用。便于人类利用的水只有 0.106 5 亿 km^3,仅占地球总储存水量的 0.77%。也就是说,地球上可被人类利用的水资源是有限的。从我国情况来看,我国国土面积为 960 万 km^2,多年平均河川径流量为 27 115 亿 m^3。在河川径流总量上仅次于巴西、俄罗斯、加拿大、美国、印度尼西亚。再加上不重复计算的地下水资源,我国水资源总量大约为 28 124 亿 m^3。

总而言之,人类每年从自然界可获取的水资源是有限的。这一特性对我们认识水资源极其重要。以前,人们认为"世界上的水是无限的",从而导致人类无序开发利用水资源,并造成水资源短缺、水环境破坏。事实证明,人类必须保护有限的水资源。

7. 周期性

(1)必然性和偶然性

水资源的基本规律指水资源(包括大气水、地表水和地下水)在某一时段内的状况,它的形成具有其客观原因,都是一定条件下的必然现象。但是,从人们的认识能力来讲,和许多自然现象一样,由于影响因素复杂,人们对水文与水资源发生多种变化的前因后果的认识并非十分清楚,因此常把这些变化中能够做出解释或预测的部分称为必然性。例如,河流每年的洪水期和枯水期,年际间的丰水年和枯水年;地下水位的变化也具有类似的现象。由于这种必然性在时间上具有年的、月的甚至日的变化,故又称之为周期性,相应地分别称为多年期间,月或季节性周期等。而将那些还不能做出解释或难以预测的部分,称为水文现象或对水资源的偶然性的反映。任一河流不同年份的流量不会完全一致;地下水位在不同年份的变化不尽相同,泉水流量的变化也有一定差异。这种反映也可称为随机性,其规律要根据大量的统计资料或一系列观测数据分析。

(2)相似性

相似性主要指气候及地理条件相似的流域,其水文与水资源现象则具有一定的相似性。湿润地区河流径流的年内分布较均匀,而干旱地区的差异较大。水资源的形成、分布特征也具有这种规律。

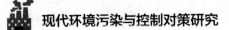

（3）特殊性

特殊性指不同下垫面条件形成不同的水文和水资源的变化规律。如同一气候区，山区河流与平原河流的洪水变化特点不同；同为半干旱条件下，河谷阶地和黄土塬区地下水赋存规律不同。

（三）水资源的类型

地球外侧空间部分赋存着较为丰富的水资源，依相对空间位置，水资源的类型可分为三大类：一是包含在大气（俗称空气）中的水，简称大气水；二是地球陆地表面暴露出来的水，称为地表水；三是赋存在包气带以下，岩土空隙介质中的水，叫作地下水。

1. 大气水

大气水是包含在大气中的水汽及其派生的液态和固态水。常见的天气现象如云、雾、雨、雪、霜等都是大气水的存在形式。从天空的云中降落到地面上的液态水或固态水，如雨、雪、雹等，总称降水。在一定温度下，空气不能再容纳更多的水汽时，就成了饱和空气。空气饱和时如果气温降低，空气中容纳不下的水汽就会附着在空气中以尘埃为主的凝结核上，形成微小水滴——云、雾。云中的小水滴互相碰撞合并，体积就会逐渐变大，成为雨、雪、冰雹等降落到地面。

2. 地表水

地表水有广义和狭义之分。广义的地表水指地球表面的一切水体，包括海洋、江河、湖泊、冰川、沼泽以及地下一定深度的水体，生物水和大气水不属于地表水。

狭义的地表水专指地球陆地表面暴露出来的水体，用以和地下水相区别，基本上指河流、冰川、湖泊和沼泽四种水体，不包括海洋。事实上，狭义的地表水与地下水很难严格区分，一部分地表水能够渗透形成地下水，同样，地下水也能够进入河流和沼泽，成为地表水。

3. 地下水

地下水，是贮存于包气带以下岩土空隙，包括岩土孔隙、裂隙和溶隙（洞）之中的水。如果只考虑水资源对人类的可利用性和有效性，地下水资源就不包括土壤水或生态水，土壤水通常指赋存在土壤包气带中的水，又称包气带水。包气带土层中没能全部充满液态水，而有大量气态水流动。包气带土层中上部主要是气态水和结合水，下部接近饱和带处充满毛细管水。而生态水通常指岩土空隙中植物生长所需的水，原则上这部分水需要保证植物生存，是不能被人类利用的。

地下水中真正能被人类利用的是地下水面以下扣除植被所需的那部分的自由重力水。

地下水是水资源的重要组成部分，由于水量稳定、水质好，是农业灌溉、工矿和城市的重要水源之一。但在一定条件下，地下水的变化也会引起沼泽化、盐渍化、滑坡、地面沉降等环境问题。

（四）水资源的主要用途

水资源利用，指的是通过水资源开发为各类用户提供符合质量要求的地表水和地下水可用水源，以及各个用户使用水的过程。地表水源包括河流、湖泊、水库等中的水；地下水源包括泉水、潜水、承压水等。

水资源利用涉及国民经济各部门，按利用方式可将其分为河道内用水和河道外用水两大类。河道内用水有水力发电、航运、渔业、水上娱乐和水生生态用水；河道外用水有农业、工业、城乡生活和植被生态用水。此外，根据用水消耗状况可将其分为消耗性用水和非消耗性用水两类；按用途又可分为生活用水、农业用水、工业用水、水力发电用水、生态用水，以及其他用水。

1. 生活用水

生活用水是人类日常生活及其相关活动用水的总称。生活用水分为城镇生活用水和农村生活用水。现行的城镇生活用水包括居民住宅用水、市政公共用水、环境卫生用水等，常称为城镇大生活用水。农村生活用水包括农村居民用水、牲畜用水。生活用水涉及千家万户，与人们的生活关系最为密切。《中华人民共和国水法》规定："开发、利用水资源，应当首先满足城乡居民生活用水。"因此，要把保障人民生活用水放在优先位置。这是生活用水的一个显著特征，即生活用水保证率要求高，放在所有供水先后顺序中的第一位。也就是说，在供水紧张的情况下优先保证生活用水。

2. 农业用水

农业用水是农、林、牧、渔、副业等各部门和乡镇、农场企事业单位以及农村居民生产用水的总称。在农业用水中，农田灌溉用水占主要地位。灌溉的主要任务，是在干旱缺水地区，或在旱季雨水稀少时，用人工措施向田间补充水分，以满足农作物生长需要。林业、牧业用水，也是由于土壤中水分不能满足树、草的用水之需，从而依靠人工灌溉的措施来补充树、草生长必需的水分。渔业中，水主要用于水域（如水库、湖泊、河道等）水面蒸发、水体循环、维持水体水质和最小水深等。在农村，养猪、养鸡、养鸭、食品加工、蔬菜加工等副业，以及乡镇、农场、企（事）业单位在从事生产经营活动时，也会使用一部分水。

3. 工业用水

工业用水是工矿企业在制造、加工、冷却、净化、洗涤等方面的用水。在工业生产过程中，一般需要有一定量的水参与，如用于冷凝、稀释、溶剂等方面。一方面，在水的利用过程中通过不同途径进行消耗（如蒸发、渗漏）；另一方面，以废水的形式排入自然界。

4. 水力发电用水

水力发电是利用河流中流动的水所蕴藏的水能，生产电能，为人类用电服务。河流从高处向低处流动，水流蕴藏着一定的势能和动能，即会产生一定能量。利用具有一定水能的水流去冲击和转动水轮发动机组，在机组转动过程中，水能转化为机械能，再转化为电能。在水力发电过程中，能量形式从水能转变成电能，而水流本身并没有消耗，仍能被下游用水部门利用。因此，仅从资源消耗的角度来说，水能是一种清洁能源，利用水能既不会消耗水资源也不会污染水资源。水力发电是目前各国大力推广的能源开发方式。

5. 生态用水

生态用水是生态系统维持自身需求所利用水的总称。在现实生活中，由于主观上对生态用水不够重视，在水资源分配上几乎将全部的可利用水资源用于工业、农业和生活，于是就出现了河流缩短、湖泊干涸、湿地萎缩、草场退化、森林破坏、土地荒漠化等生态退化问题，威胁着人类生存环境。

因此，要想从根本上保护生态系统，保护生态用水是至关重要的。因为缺水是很多情况下生态系统遭受威胁的主要因素，合理配置水资源，保护生态用水对保护生态系统、促进经济社会可持续发展具有重要的意义。

6. 其他用水

水资源除了在上述的生活、农业、工业、水力发电和生态方面具有重要使用价值而得到广泛应用外，水资源还可用于发展航运事业、渔业养殖和旅游事业等。在上述水资源的用途中，农业用水、工业用水和生活用水的比例称为用水结构，用水结构能够反映出一个国家的工农业发展水平和城市建设发展水平。

美国、日本和中国的农业用水量、工业用水量和生活用水量有显著差别。在美国，工业用水量最大，其次为农业用水量，最后为生活用水量；在日本，农业用水量最大，除个别年份，工业用水量和生活用水量相差不大；在中国，农业用水量最大，其次为工业用水量，最后为生活用水量。

水资源的使用用途不同时，对水资源本身产生的影响就不同，对水资源的要求也不尽相同。如水资源用于农业、生活和工业时，用水部门会把水资源当成物质加以消耗。

各用水部门对水资源的水质要求也不同，当水资源用于水力发电、航运和旅游时，被利用的水资源一般不会发生明显的变化。水资源具有多种用途，开发利用水资源时，要考虑水资源的综合利用，不同用水部门对水资源的要求不同，这使水资源的综合利用成为可能，但人们也要妥善解决不同用水部门对水资源要求不同而产生的矛盾。

（五）我国水资源问题

我国水资源并不丰富，人均占有量很低，特别是水量在地区分布上不平衡，在时程分配上不均匀，以及水土流失比较严重等特点，使某些地区水资源供需矛盾十分尖锐。随着工农业生产的发展和城市生活用水量的急剧增长，供需矛盾将日益突出。以资源水利为发展主题的我国水问题概括起来是八个字，即水多、水少、水脏、水浑。

1998年"三江"大水显示了"水多"带来的灾难，人们更多地关注洪涝灾害。但从对国民经济可持续发展的影响程度、涉及范围及其对社会经济发展构成的潜在威胁而言，目前尤其突出的水资源问题应是水资源短缺。

1. 水资源短缺

（1）水土资源组合不相称

水土资源组合不相称，降水概率变化大，是我国北方缺水的重要原因之一。在湿润多雨的南方（长江及其以南地区），耕地仅为全国的1/3多，人口占一半多，而水资源却占全国的82%；长江以北地区，耕地占全国近2/3，人口占将近一半，而水资源只占18%。尤以海滦河和淮河流域最为突出，人口和耕地均为全国的1/4多，而水量只占全国的4%，地多水少的矛盾十分突出。

（2）供需矛盾突出

工农业需水增长很快，其速度与水资源工程建设速度不相适应，这是供需矛盾突出的一个重要原因。我国水资源的调节程度不高，供水能力的保证程度较低，提供可靠水源的难度很大。

（3）用水浪费十分严重

对水的综合利用重视不够，缺乏科学的统一管理，这是人为地加剧水资源紧张的一个重要因素。农业用水方面，土地不平整，工程不配套，灌溉技术落后，渠道渗漏严重，渠系有效利用系数低等是造成水资源紧张的主要原因。工业用水方面，管理不善，节水措施不力，水的循环利用率低等是造成水资源紧张的主要原因。此外，应当看到，工农业用水水费标准过低也是造成水资源紧张的原因之一。

2. 洪涝灾害

洪涝灾害是某些地区的又一大水问题。由于水资源的时空分布不均匀，在世界上许多地区或某一地区的某一时期干旱缺水的同时，在世界上的另一些地区，又会出现突发性的降水过多而形成的洪涝灾害。全球气候变化加上人类活动对环境的影响加剧，致使世界上洪涝灾害频繁发生，强度也在提升，洪水类型也多种多样。

河流洪水是一种基本形式，每年都有暴雨引发洪涝灾害的报道。突发洪水也是一种常见的洪涝灾害形式。另外，随着城市化的迅速发展，城市洪涝灾害问题将成为某些地区经济社会发展的潜在威胁。

在我国洪涝灾害频繁，其对经济发展和社会稳定的威胁较大。目前存在的突出问题是防洪标准偏低。随着人口的增加，经济的快速发展，以及河道、湖泊淤积等，防洪问题会越来越突出。这对我国经济、社会的可持续发展构成了严重威胁。

三、水循环

地球上的水分布在海洋、湖泊、沼泽、河流、冰川、雪山、大气、生物体、土壤和地层中。水的总量约为 1.4×10^{18} m^3，其中 96.5% 在海洋中，海洋面积约占地球表面积的 70%。

（一）水的自然循环

自然界中的水并不是静止不动的，在太阳辐射及地球引力的作用下，水的形态不断发生液态—气态—液态的循环变化。水在海洋、大气和陆地之间不停息地运动，从而形成了水的自然循环。

海水蒸发为云，随气流迁移到内陆，与冷气流相遇，变为雨雪而降落，称为降水。一部分降水沿地表流动，汇于江河湖泊；另一部分渗入地下，形成地下水流。在流动过程中，两种水流不时地相互转化或补给，最后又复归大海。这种发生在海洋与陆地之间全球范围的水分运动，称为大循环或海陆循环，它是陆地水资源形成和赋存的基本条件，是海洋向陆地输送水分的主要途径。

那些仅发生在海洋或陆地范围内的水分运动，称为小循环。无论何种循环，使水蒸发的基本动力是太阳热能，使云运动的动力是密度差。自然界水分的循环和运动是陆地淡水资源形成、存在和永续利用的基本条件。地球上的水循环通过三条主要途径完成，即降水、蒸发和水蒸气输送。

海洋和陆地之间的水交换是这个循环的主线，意义重大。在太阳能的作用下，海洋表面的水蒸发到大气中形成水汽，水汽随大气环流运动，一部分进入陆地上空，在一定条件下形成雨雪等降水。大气降水到达地面后转化为地下水、土壤水和地表径流，地下径流和地表径流最终又回到海洋，由此形成淡水的动态循环。这部分水容易被人类社会利用，具有经济价值，正是我们所说的水资源。

水循环的主要作用表现在以下三个方面。

①水是所有营养物质的介质，营养物质的循环和水循环不可分割地联系在一起。

②水是很好的溶剂，在生态系统中起着能量传递和利用的作用。

③水是地质变化的动因之一，一个地方矿质元素的流失，而另一个地方矿质元素的沉积往往要通过水循环来完成。

由于水循环的存在，地球上的水不断地得到补充和更新，成为一种可再生资源。不同水体在循环过程中的更替周期不同，河流、湖泊的更替周期较短，海洋的更替周期较长，而极地冰川的更替周期则更长，其更新一次需要上万年。

水体的更替周期是反映水循环强度的重要指标，也是分析水资源可利用率的基本参数。从水资源持续利用的角度来看，水并不是都能利用的，只有其中积极参与水循环的那部分水，因利用后能恢复才能算作可利用的水资源，而这部分水的多少，主要取决于水的循环更新速度和循环周期的长短，循环速度越快、循环周期越短，可开发利用的水量就越大。

（二）水的社会循环

除了上述水的自然循环外，水还由于人类的活动而不断地迁移转化，形成了水的社会循环。水的社会循环指的是人类为了满足生活和生产的需求，不断取用天然水体中的水，经过使用，一部分天然水被消耗，但绝大部分变成生活污水和生产废水，排放后重新进入天然水体。

与水的自然循环不同，在水的社会循环中，水的性质在不断地发生变化。例如，在人类的生活用水中，只有很少一部分是作为饮用或食物加工以满足生命对水的需求的，其余大部分水是用于卫生目的，如洗涤、冲厕等。显然，这部分水经过使用会挟入大量污染物质。工业生产用水量很大，除了用一部分水作为工业原料外，大部分是用于冷却、洗涤，使用后水质也发生显著变化，其污染程度随工业性质、用水性质及方式等因素的不同而不同。在农业生产中，化肥、农药使用量的日益增加使得降雨后的农田径流挟带大量化学物质渗入地面或地下水体中，从而形成所谓的"面污染"。

水的社会循环可以分成给水系统和排水系统两大部分，这两部分是不可分割的统一有机体。给水系统是自然水的提取、加工、供应和使用过程，它好比是社会循环的动脉；而用后污水的收集、处理与排放这一排水系统则是水社会循环的静脉，两部分不可偏废任何一方。在这之中，人类使用后的污水若不经深度处理使污水得以再生，就直接排入水体，超出了水体自净的能力，则自然健康的水体将被破坏，水质遭受污染，也将进一步影响人类对水资源的利用。

在水的社会循环中，生活污水和工农业生产废水的排放，是自然界水污染的主要根源，也是水污染防治的主要对象。

第二节　水体污染及其危害

水体污染，简称水污染，指的是污染物进入河流、海洋、湖泊或地下水等水体后，使水体的水质和水体沉积物的物理、化学性质或生物群落组成发生变化，从而降低或丧失了使用价值和使用功能的现象。

水体污染是相对的概念。水体中含有环境污染物并不意味着一定受到了污染，天然水体中本身含有各类环境污染物，只有在环境污染物的含量达到或超过水体使用功能对应的环境标准条件下，水体的使用功能或价值降低时，我们才称水体受到了污染。不同的时期、不同的水域有不同的使用功能和价值，因此，水体污染是相对特定时间和空间的概念。

一、水污染的来源

（一）工业废水

发展工业就会产生工业污染，工厂类型多样，化学物质的种类也是繁杂多样的，特别是有毒物质。而在所有类似的工厂中，由于生产工艺的不同，污染物的种类和数量也不同。

1. 存在认识问题

保护环境要有积极进取的精神，不要哪里有污染治理哪里，要做到未雨绸缪，分析目前的水环境状况，及时避免严重污染情况的发生。有些地方仍把国内生产总值视为发展目标，领导层要国内生产总值与水环境治理两头抓，不能顾此失彼。

2. 发展阶段所致

要发展就会产生污染，不管是国内还是国外，都是如此，我国正处于高速发展阶段，能源的使用量会大大增加，废物的产生量也会剧增，这是由发展模式所导致的，故而是无法回避的。

3. 技术水平不高

随着时代的进步，各种高新科技得到快速发展，有些已经得到了广泛应用。但由于各种因素的影响，如资金短缺、运输费用高等，国内的工业生产技术水平不高，故而污染量也在增加。

4. 环保投入没有得到高效利用

与污染治理相同，对于环保的投入也要仔细分析，力求达到最大的投入效果。对环保的投入不苛求能使环境完全恢复，但污染要有明显的改善，要做到"投有所成"，在增加投入的同时，要斟酌如何才能更好地达到环保目的。

5. 企业社会责任缺失

环境是一种公共产品，具有外部性的特点，也是"市场失灵"的领域。环境的归属问题没有明确，人们往往忽视了自己对环境的依赖。例如，河流不属于任何人，这样一来河流会很容易成为化学废物的排放场所，从而造成较大范围的水污染。

（二）生活废水

近年来，我国积极推进新型城镇化，使得大量农村人口聚集于城镇，城镇建设规模不断扩大，人口不断增长，生活废水的排放量也不断增加。在城镇化规模不断扩大的情况下，由于缺少与之配套的生活废水的治理方案，许多城镇的生活废水只能直接排放，从而给水环境带来了严重的污染。另外，许多农村地区缺乏水环境保护意识，生活废水采取直接排放的方式，这也给水环境带来了严重的污染。

（三）农业污染

耕作或开垦造成的地表松动是农业污染的一个重要原因。土壤和地形不稳定导致水中的悬浮物增加，农药和化肥的使用量增加是农业污染的另一个极其重要的原因。大量的农药漂浮在大气中，溶解在雨水中，进而进入地表，从而污染了地下水。

1. 农药污染

农药是水环境的一大污染源。农药的挥发会随大气迁移至很远的地区，污染地表水与地下水，尤其对果园和经济作物会产生极大的负面影响，同时会危害害虫的天敌，导致害虫的抗药性增强，渔业产品的品质下降，对飞禽走兽也会产生极大的生命威胁，最为重要的是会引起人类慢性中毒。

2. 化肥污染

化肥中含有大量的氮、磷、钾等元素，会促进湖水中蓝藻的生长，导致水体富营养化。湖水或河流富营养化会降低水中的氧含量，威胁水生生物的生存。

3. 农业废弃物污染

农业废弃物的持续增长是生活水平提高过程中必然发生的事件，废弃物的增加与对其处理的不及时是导致污染的主要因素。大部分废弃物被投入环境中，从而污染了大气，进而对人体健康产生了威胁。

二、水体主要的污染物

（一）无毒无机物质

无毒无机物质主要指排入水体中的酸、碱及一般的无机盐类，如碳酸盐、氢化物、硫酸盐、钾、钠、钙、镁、铁、镁等，酸性或碱性污水造成的水体污染通常伴随着无机盐的污染。酸性和碱性废水破坏了水体的自然缓冲作用，抑制着细菌及微生物的生长，妨碍着水体自净，腐蚀着管道、水工建筑物和船舶。同时，还因其改变了水体的 pH 值，从而使得水的硬度改变。

（二）有毒无机物质

有毒无机物质主要指重金属（如汞、铜、铬、钢）、砷、锶、氟化物等，这类物质具有强烈的生物毒性，当将它们排入天然水体，常会影响水中生物，并可通过食物链危害人体健康。这类污染物都具有明显的累积性，可使污染影响持续和扩大。不同的有毒无机污染物有不同程度的毒性。

（三）无毒有机物质

无毒有机物质主要指耗氧有机物，天然水中的有机物质一般是水中生物生命活动的产物，人类排放的生活污水和大部分工业废水中都含有大量有机物质，其中主要是耗氧有机物，如碳水化合物、蛋白质、脂肪等。这些物质的共同特点是没有毒性，进入水体后，在微生物的作用下，最终分解为简单的无机物质，并在生物氧化分解过程中消耗水中的溶解氧。因此，这些物质过多地进入水体，会造成水体中溶解氧严重不足甚至耗尽，从而恶化水质，对水中生物的生存产生影响和危害。

碳水化合物、蛋白质、脂肪、酚、醇等有机物质可在微生物作用下进行分解，分解过程中需要消耗氧，因此它们被统称为需氧有机污染物或耗氧有机污染物。耗氧有机污染物种类繁多，组成复杂，在我国，反映水体耗氧有机污染物污染水平的主要指标为溶解氧（DO）、化学需氧量（COD）、生物需氧量（BOD）以及总有机碳（TOC）。

（四）有毒有机物质

有毒有机污染物质的种类很多，且不同的物质污染影响、作用也不同，包括酚类化合物、酯类、有机氯农药、有机磷农药、有机汞农药、聚氯联苯、多环芳烃类化合物等。

（五）放射性物质

放射性污染物，如铀-238、锶-90、铯-137、钴-60等，通过水体可影响生物，灌溉农作物也会使其受到污染，最后放射性物质由食物链进入人体。放射性污染物放出的 α、β 等射线可损害人体组织，放射性污染物可蓄积在人体内造成长期危害，引发贫血、白细胞增生、恶性肿瘤等各种放射性病症。

（六）生物污染物质

生物污染物质主要来自生活污水、医院污水、屠宰及肉类加工、制革等工业废水。动物和人排泄的粪便中含有的细菌、病毒及寄生虫等可污染水体，引起各种疾病。

三、水体污染的危害

（一）对农业的危害

水污染对农作物的损害，主要表现为造成农作物的枯萎或减产。水污染对土壤产生影响，导致土质恶化，间接导致农田废耕，毒物累积，农作物质量低劣，降低食用价值，影响人畜健康。同时水污染还会造成水利设施耗损、增加维护管理费用等。

1. 污水中氮过量和盐分的危害

农作物的正常生长发育必须吸收大量氮元素，但若灌溉水中含有的氮元素过量，则易造成农作物营养失调，导致植株倒伏、徒长，抗逆性差，易发生病害等。从而导致农作物减产，果实品质下降。

污水中的盐分也会对农作物生长造成影响。以水稻为例，用低浓度的含盐污水灌溉，水稻表现为叶色变浓，下部叶片枯萎，最后导致分蘖受到抑制；用高浓度的含盐污水灌溉，则会使水稻叶子在短时间内全部失水，最终干枯死亡。

2. 污水中有机物的危害

污水中的有机污染物易分解，且种类非常多。用污水灌溉农田，有机物迅速氧化分解，成为无机物并释放二氧化碳，这个过程中消耗大量氧气，且被氧化还原的物质在分解过程中生成丁酸、醋酸等有机酸和甲烷、氢等气体，以及醇类等中间产物，其中大部分物质对水稻生长都有毒害作用。同时在这个过程中生成了过量的硫化氢和亚铁等物质，它们对水稻体内的代谢和养分吸收具有抑制作用，从而导致水稻减产。

3. 污水中重金属的危害

各种工业生产（如冶炼厂生产、金属矿山开采等）过程产生的废水中，含有重金属元素，如镉、铜、锌、镍等。这些废水流入江河湖海，对农作物生长产生严重危害，从而间接对人体健康产生不利影响。重金属危害农作物时，农作物表现出的症状较为相似。

以水稻为例，主要表现在根部，重金属元素抑制新根生长，主根尖端出现枝根，根系最终呈现为带刺的铁丝网状。水中重金属浓度较高时，在从成熟初期到中期过程中，水稻叶片迅速卷曲，表现出明显的青枯症状，受害严重的植株甚至会枯死。这种青枯症状，受铜、镍的作用较为明显，而钴、锌、锰的作用程度依次降低。此外，还可见叶脉间黄白化现象，特别是新叶叶脉间易见缺绿，至叶片展开时全叶呈黄绿色，这种情况在钴浓度较高时较为明显。污水中的重金属元素会严重影响植株产量，据研究，重金属对水稻产量影响从大到小排序为：铜＞镍＞钴＞锌＞锰。

4. 污水中酸碱的危害

各种工业企业生产排出的废水，常常具有较强的酸性或碱性，如水坝、水泥施工现场排水，硫化物矿排水等均酸、碱性极强。在酸过强的情况下，由于铁、铝等元素的溶解度大幅降低，水田土壤表面呈赤褐色，导致水稻过量吸收铁、铝，最终影响植株的生长发育。水稻受碱性水危害时，表现为叶色浓绿，植株地上部分生长受到抑制，叶片出现斑点，发育停滞。

（二）对人体健康的危害

被污染的水会对人体健康产生有害影响，所以应引起人们的高度重视。脏水中的病菌会侵入人体，导致人体患病，如血吸虫病、钩端螺旋体病等。物理和化学污染可导致人类遗传物质发生突变，含有丙烯腈的污染水会对人类遗传物质产生不可逆转的影响。

（三）对生态系统的危害

被污染的水中存在大量的氮和磷元素时，会引起藻类以及其他浮游生物迅速繁殖，在水面形成一层"绿色浮渣"，使水中含氧量下降，鱼类以及其他水生物大量死亡。当水体中含氧量过低时，厌氧生物得以大量繁殖，而厌氧生物活动会分泌硫化氢等气体，这些气体具有臭味和毒性，会使水体彻底失去利用价值。

（四）对工业生产的危害

许多的工业生产环节中水是重要的原料，并且对水质的要求较高，而水质受到污染后，工业企业为保证产品质量需要耗费大量的经费对水进行处理。这就造成了资源的浪费，工业生产成本的增加，从而影响工业企业的经济效益。

（五）对水生生物的危害

鱼类等绝大部分水生生物，均需要适当的溶氧量才能够在水中生存，而水体在遭受污染后，水中的溶氧量往往会降低，造成缺氧，从而威胁水生生物的生存。在严重污染的情况下，还会造成水生生物死亡。

例如，城市内的河川常常因为有机工业废水和家庭污水的排入而消耗溶氧，最终造成鱼类迁徙，甚至死亡。在水中最适合鱼类生存的 pH 值为 6.5—8.4，若

pH 值太低或太高，均会威胁到鱼类的生长发育。此外，废水中的有毒物质，如煤气废水中的悬浮固体物、塑料废水中的氰化物以及电镀废水中的重金属和氰化物等，均会导致鱼类等水生生物窒息而亡。

水库、湖泊因污水排入导致水体富营养化，其中藻类大量繁殖，使水中溶氧量下降，最终导致鱼虾缺氧窒息而亡。大量直接被污染的海域，还使许多珍稀水生动物的数量急剧减少，如中华白海豚、玳瑁、斑海豹等。同时，海水污染物增多，使许多海产品品质下降，甚至增加了毒性，对人体健康造成影响。

其中石油造成的水污染对水生生物的危害比较大。从船上泄漏的石油，在海水中扩散，有些海鸟在表面有浮油的海水上降落，或在水中游泳时粘上满身油污，有些海鸟则被冲到岸上的石油弄脏。油污会破坏鸟类的保暖功能，所以身上粘上石油的鸟类会被冻死。海洋哺乳动物也是漏油的早期受害者，其中特别容易受伤害的是海獭。和其他动物不同的是，海獭没有自我保护的脂肪层，它们只靠身上皮毛中的空气保暖。而黏在身上的石油使皮毛不能发挥保暖的功效，从而使它们被冻死。

石油还会杀死靠近食物链底部的浮游生物，一些动物如鱼苗等是以浮游生物为食的，浮游生物减少，导致许多鱼苗饿死，能够活到成熟期的鱼减少，这样，以鱼苗及这些成熟鱼为食的更大型捕食者的食物缺乏，其数量也随之下降。与此同时，海洋哺乳动物的数目也将减少。一些鱼类和贝类会因石油中毒而立即死亡；而另一些虽然活下来，但其机体已带毒，其他动物食用后则会引发中毒。此外，石油还会沉入海底，杀死鱼类、螃蟹等海洋生物的卵和幼体。

第三节　水体污染的控制

一、水体污染控制的基本原则和技术

（一）水体污染控制的基本原则

水污染控制的主要任务是控制各种污染源排放的废水对环境的污染，防止水资源的破坏和环境质量的下降。做好水污染控制工作应坚持以防为主，防治结合，多管齐下。

1. 推行清洁生产

推行清洁生产就是要尽量不用水或少用水，尽量不用或少用易产生污染的原料、设备或生产工艺，采用能够最大限度地、综合地利用原料资源的工艺，推行无废、少废技术，将污染减少或消灭于生产过程中。

例如，采用无水印染工艺代替有水印染工艺，可消除印染废水的排放；采用无氰电镀工艺代替有氰电镀工艺，可使废水中不再含剧毒物质氰；支链烷基苯磺酸盐，简称 ABS 合成洗涤剂，在生物处理中难以降解，排入水体形成长期积累的污染物质，因此人们发展了新品种——直链烷基苯磺酸盐，简称 LAS 合成洗涤剂，它易被微生物分解，从而消除了污染。

目前，我国的水资源很紧张，但水资源浪费很严重。发展节水型工业是节约水资源、减少排污量、控制水污染的重要途径。

2. 清污分流与污水资源化

在一个组织内，清污分流指的是将过程中产生的净水排放和废水排放分开，加以收集，净水在组织内部再利用，废水则加以处理。把清污分流放在区域或流域的水污染控制和水资源保护、开发、利用的大系统加以运用，则指经过处理的再生水和自然界地表水环境的关系的处理。

在地表水资源缺乏、经济发达、人口密度比较高的地区，城市污水经二级处理放入天然水体，仍会使水体严重污染，水生生态环境恶化，次生地下水资源遭到破坏。特别是在广大缺水的农村地区，生活用水水源主要是地下水，地下水资源保护应更被重视。基于这种情况，在规划城市污水集中处理设施建设时，应充分考虑地区或流域水环境保护规划的要求，考虑地下水资源开发利用现状，恰当安排再生水的放流，把地表水体保护和再生水的利用结合起来，恰当安排"清污分流"工作，以地表水保护、地下水保护、再生水利用为目标，做好规划设计，使水环境保护和水资源开发利用相协调。

污水资源化指的是污水再生利用，还可以作为区域/流域水污染控制系统的一个污染控制环节来设计。一般来讲，污水再生利用可以起到节水减污的作用。如果按其不同利用途径来看，把污水资源化与可利用的自然净化结合起来，又起到了直接降低污染负荷的作用。①农业利用。恰当地进行再生水农田灌溉，利用农田生态系统可达到深度净化的目的。②生态恢复。城市淡污水在缺水地区是难得的资源，城镇生态建设应当充分考虑运用再生水资源，进行生态恢复建设。长期运行还将表明，随之引起的地下水环境和生态环境状况的变化，会大大改善本地区的整体环境状况。③土壤条件恢复。有的盐碱地区利用再生水辅以植被，达到改良土壤的效果。④水环境保护。把再生水生态利用作为深度净化环节，有利

于实现地表水体和海洋环境保护的目的。

3.完善水污染防治法规与依法加强监督管理

多年来，我国颁布了环境保护法、水污染防治法、水法等一系列环保标准，建立了一系列环境保护制度，主要有环境影响评价、建设项目环境保护"三同时"、排污收费、限期治理、排污申报登记、排污许可证、总量控制、污染集中控制等。进一步完善水污染防治措施，依法加强监督管理，严格落实上述环境政策和措施，是我国水污染控制与水环境质量改善的关键。

4.加快城市污水处理厂建设与综合防治面源污染

自20世纪90年代以来，我国在水污染控制方面实现了四大转变：从单纯点源治理向流域综合整治转变；从末端治理逐步向全过程控制转变；从浓度控制向浓度和总量控制相结合转变；从分散的点源治理向集中控制与分散治理相结合转变。这将对水污染防治和水环境质量的改善起到十分积极的作用。

水环境现状监测结果表明，我国地表水体污染主要来自工业和城镇，其中50%以上来自城市。城市水污染控制已成为我国水环境质量改善的关键因素。国家为有效地防治城市水污染，十分重视城市污水处理设施建设。为使我国水环境质量得到根本改善，提高城市污水处理技术水平是当务之急。城市污水处理厂建设应坚持污水收集系统先行原则、适度处理原则、成熟可靠和积极稳妥的原则。

目前，面源污染控制的重要性日趋提高。我国农田径流、畜禽粪尿、秸秆废渣、乡镇企业排污和水土流失等，是导致水环境质量降低的重要原因。面源氮磷污染控制对湖泊和近海海域的富营养化控制尤为重要。在大力控制工业污染和生活污染的同时，应加强农村环境保护宣传，积极促进面源污染的防治，与生态农业建设、农业结构调整相结合，综合防治面源污染。

（二）水体污染的控制技术

1.污水的微生物修复技术

广义的生物修复指利用特定的生物（植物、动物、微生物等）吸收、转化、清除或降解环境污染物，使污染物的浓度降低到可接受的水平，或将有毒有害的污染物转化为无害的物质，实现环境净化、生态效应恢复的生物措施。为此生物修复又可分为植物修复、动物修复和微生物修复。狭义的生物修复指的是利用微生物的作用将环境中的污染物降解、转化为无害物质的过程，即微生物修复。其主要方法包括接种高效菌种、投加酶制剂、添加表面活性剂、补充营养物质、提供电子受体及共代谢基质、应用各类的生物反应器等。

（1）微生物修复原理

城市污染水体通常是缓流型的，具有稳定塘的特性，且深度一般不超过2.5 m，属兼性塘，上层为好氧层，下层为厌氧层。在此类水体中存在着细菌、藻类、原生动物、后生动物等种类繁多的微型生物，污染水体的生物修复与天然水体的自净过程极其相似。污水排入水体后，一些可沉降的固体和可凝聚的胶体物质沉降到水体底部，形成底泥层，并在此进行厌氧分解。其余可溶性或悬浮有机物在表层被好氧菌或兼性厌氧菌氧化分解，释放出氮、磷和二氧化碳，而存在于水体表层的藻类又利用这些无机物，以阳光为能源，进行光合作用释放出氧气。溶解氧又被好氧菌利用，构成了藻菌共生体系。

①细菌在水体修复过程中的作用。在此类水体中对有机污染物降解起主要作用的是细菌，细菌优势种和其他好氧生物处理系统的优势种相似，绝大部分属兼性菌。这类细菌以有机化合物（如碳水化合物、有机酸等）作为碳源，并以这些物质分解过程中产生的能量维持其生理活动，而氮源既可以是含氮有机化合物，也可以是含氮无机化合物。

此外，还存在着好氧菌、厌氧菌以及自养菌。微生物降解有机物的方式：一是利用微生物分泌的胞外酶降解；二是污染物被微生物吸收到细胞内后，由胞内酶降解。微生物从细胞外环境中摄取物质的方式主要有主动运输、被动扩散、促进扩散、基团转位、胞饮作用等。微生物降解有机污染物的反应类型有氧化、还原、基团转移、水解、酯化、氨化、乙酰化、缩合、双键断裂等。

②藻类在水体修复过程中的作用。微型藻类是水体中另一类重要的微生物。藻类具有叶绿体，含有叶绿素或其他色素，能借助这些色素进行光合作用，产生并向水体提供氧气。其优势种的种类与季节、有机负荷有关。

藻类的另一个主要功能是去除氮和磷，有些藻类可吸收超过自身需求的营养盐，特别是磷，称为超量吸收。藻类的光合作用能够降低水中二氧化碳的浓度，引起水体的pH值上升，使一些营养盐沉淀下来。藻类在阳光和二氧化碳受限时，可直接吸收利用某些有机物。藻类还能吸收积累一些金属。

③微型动物在水体修复过程中的作用。原生动物的营养方式有多种，而绝大多数原生动物为动物性营养，以吞食其他生物如细菌、藻类或有机颗粒为生。水体中的原生动物与环境条件有关，有机物浓度较高时，可刺激鞭毛虫（如眼虫）的生长，雨后会逐步让位于游泳型纤毛虫，如豆形虫、草履虫、游仆虫等；当细菌群落数量下降时，有柄纤毛虫（如钟虫和累枝虫等）出现；当有机物浓度极低，

而溶解氧浓度又较高时，后生动物（如轮虫和甲壳类动物等）会出现。这些动物以藻类和细菌为食，能够降低水体中的藻菌含量，使水体变清。

此外，还存在着其他一些无脊椎动物，在底泥中底栖线虫、颤蚓、摇蚊幼虫、蠕虫等有稳定底泥的作用。蠕虫和蠓幼虫有提高底泥和水在固－液界面的物质交换速率的作用。原生动物和后生动物优势种的种类和数量与水体的溶解氧和有机负荷有关，因而它们也可作为水体水质变化的指示生物。

④水体的生态平衡。污染水体修复的最终目的是恢复并保持水体生态平衡。在水体中存在着多条食物链，这些食物链纵横交错构成食物链网。从食物链的角度考虑，光合细菌、藻类以及水生植物是生产者，原生动物则以细菌和藻类为食物大量繁殖，成为后生动物及甲壳类动物的食物，继而又被鱼类所吞食。在水体中鱼类处在最高营养级，藻类（主要是大型藻类）和水生植物也是鱼类的食物。

水体中动植物残体以及排入的各类污废水富含有机营养物质，可被异氧菌分解为简单有机物和无机物，同时其自身大量生长繁殖。如果各营养级之间保持适宜的数量关系，则能建立起良好的生态平衡，水体中的有机污染物就可得到降解转化，水质最终获得改善。

（2）微生物修复的影响因素

微生物生存的场所中，对微生物生长、发育、繁殖和分布具有直接或间接影响的环境要素，称为生态因子。从生态学角度看，所有生态因子构成生物的生态环境。对于一个特定的生态环境，必有一个或几个因子起主导作用，这种因子称为限制因子。被污染的环境的生物可修复性取决于内在的和外在的因素。内因即污染物本身特性和微生物自身特性，外因则是环境中存在的促进或抑制生物吸收、降解、转化的物理、化学和生物条件。两者相比，内因尤为重要。

然而，对于特定污染水体的修复，环境条件则起到决定性的作用。影响微生物生存、生长和活性的因子包括非生物（物理、化学）因子及生物因子。这些因子不仅影响微生物对污染物的降解转化速率，还影响生物降解的特征及持久性。环境条件的多样性对污染水体生物修复具有显著的影响。

①非生物因子。微生物对影响生长和代谢的非生物因子具有一定的耐受范围。如果某一环境中有多种微生物参与修复，则比只有一种微生物参与的耐受范围广。若环境条件超出了所有参与修复的微生物的耐受范围，则微生物的修复作用就会停止。影响微生物修复的主要非生物因子包括温度、pH值、电子受体、营养物质以及共存物质。

a.温度。温度不仅对生物个体的生长、繁殖等生理活动产生深刻的影响，而且对生物的分布及数量等起着决定性的作用。微生物可生长的温度范围较广，大多数微生物在最适宜的范围内，随着温度升高体内新陈代谢的速率加快，生长速率也加快，但容易老化。一般而言，在春秋季开展水体生物修复较为适宜，而冬季温度较低，微生物生长减缓或活性降低，修复效果不理想。

b. pH 值。环境中的 pH 值对微生物的生命活动有很大影响，其作用为引起细胞膜电荷的变化，影响微生物对营养物质的吸收；影响代谢过程中酶的活性；改变生长环境中营养物质的可供性及有害物质的毒性。自然环境的 pH 值一般在5—9 之间，这也是绝大多数微生物生长最适宜的 pH 值范围，碳酸平衡在天然水体中起缓冲作用。适宜的 pH 值只代表微生物生活的外部条件，细胞内部环境必须接近中性，以保持酶的活性。在最适宜的 pH 值范围内，酶表现出较高的活性；反之，酶的活性则会降低。胞外酶的最适宜 pH 值通常接近环境的 pH 值，而胞内酶的最适宜 pH 值一般是在接近中性的范围内。如在某些酸化水体的生物修复中，应先调节水体的 pH 值，再实施生物修复。

c. 电子受体。微生物氧化还原反应的最终电子受体分为三类，包括溶解氧、有机物分解的中间产物和无机酸根（如硝酸根、硫酸根、碳酸根等）。大量基质的降解需要电子受体的充分供应，氧气是优先的电子受体，即在好氧条件下才能发生迅速的转化作用。

当氧气扩散受到限制时，污染物的降解速率就受到影响，如水面上漂浮的油膜会限制氧气向水体内部的扩散，而在波浪和风力作用下，氧气的供应将得到改善。对天然水体而言，溶解氧至少要维持在 2 mg/L 以上，只有这样才能保证生物修复的进行。

d. 营养物质。对于微生物生长，碳的重要性是显而易见的。在污染水体中碳源一般充足，但因碳源以微生物不可利用或缓慢利用的络合形式存在，所以会出现碳源是微生物生长限制因子的情况。如果环境中有机污染物浓度较高，则碳源一般不会成为微生物生长限制因子，营养盐类可能成为微生物生长限制因子。矿物元素是微生物生长必不可少的一类营养物质，它们在细胞内的作用：细胞的组成成分；作为酶的组分维持酶的活性；维持细胞结构的稳定性，如维持和调节细胞渗透压平衡、细胞膜透性、原生质的胶体状态，以及控制细胞氧化还原电位；作为某些好氧菌的能源。微生物需要的无机盐有磷酸盐、硫酸盐、氯化物、碳酸盐、碳酸氢盐等。根据微生物对矿物元素的需求量，矿物元素可分为常量元素和微量元素两种。常量元素包括钾、钠、钙、镁、磷、硫等，参与细胞结构组成，并与能量转移、细胞透性调节功能有关，需求量较大（10^{-4}—10^{-3} mol/L）。微量元素包括铁、铜、锌、锰、硼、钴、钼等，一般是酶的辅助因子，需求量较小（10^{-8}—10^{-6} mol/L）。

除此之外，还有一些微生物不能只吸收普通碳源、氨源物质，而需少量满足自身生长需要的有机物，即生长因子，主要包括维生素、氨基酸、嘌呤和嘧啶碱基四种类型。微生物对生长因子的需求的量很小，但其在机体生长中是必不可少的，否则微生物不能正常生长。

对生长因子的需要而言，不同类群的微生物具有明显的差异，缺乏或丧失合成一种或几种生长因子能力的微生物，称为营养缺陷型微生物。自养型微生物具有自身合成生长因子的能力，而一些异养型微生物往往不能或只能部分合成所需的生长因子。

e. 共存物质。微生物在环境中还受到各种化学物质的影响，其中有些是有利于微生物生长的，即起促进作用，而另一些是不利于微生物生长的，即起抑制作用。在自然环境或污染环境中经常是多种基质混杂共存的，其浓度可以高到使微生物中毒，也可低到不能维持微生物生长。多种微生物和化学物质共存条件下的生物降解与一种微生物对一种化合物生物降解具有很大的差别。

所谓对微生物的促进作用或抑制作用也将随微生物类群或种类的不同而不同。对一种微生物生长不利的影响因素有可能对于另一种微生物是不可或缺的必要生长因素，这表现出环境微生物的多样性。共代谢机制就是促进作用的一种表现，如果一种基质是共代谢物，它会因为另一种基质的添加而明显受益。对环境微生物产生抑制作用的化学物质的种类繁多。重金属是一类对环境微生物影响广泛的化学物质，如铅、汞、铜、镉、铬等。一些有机物也会对多数微生物具有杀伤作用，如甲醛、酚及其衍生物、醇类等，此外还有杀虫剂类、除草剂类、染料类等。

②生物因子。在自然界中，各种微生物极少以纯种方式存在，总是较多种群聚集在一起并和动植物共同生活在某一生态环境中，构成生物群落的一个群体。生物群落中各个群体内部和群体之间相互作用形成非常复杂而多样性的关系。它们之间相互依存、相互影响、相互竞争、相互制约的关系，促进生物界的发展和进化。在生物修复中，也需要多种微生物的合作，这种合作无论是在污染物的最初的转化反应中，还是在以后的矿化作用中，都可能存在。

就个体微生物在某一生态环境中的生存而言，其由于存在的各种复杂的关系而受到其他微生物的强烈影响。通常可将微生物间的相互关系划分为三类：中立关系，指在两种微生物的生长中，彼此之间没有任何相互影响；正相关关系，指一种微生物的生长和代谢能够促进另一种微生物的生长，或相互有利，如互生、共生等；负相关关系，指一种微生物的生长和代谢有害于另一种微生物的生长，或相互有害，如竞争性拮抗、寄生、捕食等。

2.城市污水的自然处理技术

（1）污水氧化塘

利用氧化塘处理污水已有一百多年的历史。氧化塘主要利用水体的生物降解能力以及物理、化学等净化功能处理污水。污水中的有机污染物由好氧菌氧化分解，或经厌氧微生物分解，从而使其浓度降低或转化成其他物质，实现水体的净化。在该过程中好氧微生物所需溶解氧主要由藻类通过光合作用提供，也可以由人工作用提供。

氧化塘处理污水最初完全是自然状态的，即未经人工设计，如我国南方农村，通常都将生活污水排入养鱼塘，塘内繁殖藻类，既养鱼又使水得到净化。随着经济的不断发展，城市生活和工业污水量不断增加，人们开始研究和设计氧化塘处理污水。美国从 19 世纪 20 年代开始利用氧化塘处理污水，到 20 世纪 20 年代，氧化塘得到了大力发展。最初，氧化塘主要为一级和二级处理，目前，一些国家已利用氧化塘进行三级处理，杀死病原菌和去除污水处理厂很难去除的营养盐类。利用氧化塘处理城镇污水、工业污水已成为污水集中处理的主要工程之一。

氧化塘处理以生物处理为主，所以凡是可以进行生物处理的污水均可采用氧化塘处理。对于含有重金属和难于生物降解污染物及有毒有害污染物的废水，不能进行氧化塘处理。

氧化塘处理污水受自然环境和气候条件的影响较大，它更适用于气候温暖、干燥、阳光充足的地区。在寒冷地区也可利用氧化塘，但处理效率会受到一定影响。氧化塘占地面积较大，在有天然的洼地、湖泊、坑、塘、沟、河套等地区，可将其改造成氧化塘。氧化塘规模可大可小，小的每天可以处理几十吨废水，大的可以每天处理废水数十万吨，处理规模主要由地理条件所决定。氧化塘较适合含有低浓度污染物的废水的处理，尤其是在气候较为寒冷的地区，氧化塘污水负荷不宜太高，这时氧化塘处理废水主要靠自然净化，很少由人工控制。为提高污水处理效率，在氧化塘设计中可增加人工控制措施，污水处理逐步由自然净化发展到半控制污水净化或全控制污水净化。

氧化塘污水处理效率主要受水温、水深（塘深）、水面面积、停留时间、污染负荷、藻类类型及其数量、塘的底质等条件限制。不同地理环境、不同污水构成、不同污染负荷下氧化塘的处理效率不同。

氧化塘既可以处理污水，又可以通过人工措施，获取生物资源。利用氧化塘养鱼，处理后的污水用于农灌。这时则需要不同类型、不同功能的氧化塘系统组合，形成氧化塘污水处理系统或氧化塘生态系统。

氧化塘处理污水的基建投资、运转费用均低于具有同样处理效果的生物处理方法，同时其构造简单、维修和操作容易、管理方便，且可充分利用地理环境，净化后的废水可用于农灌以及养鱼等。利用氧化塘处理污水可取得环境、经济、社会效益的统一。

（2）污水土地处理系统

污水的土地处理指有控制地将污水排放到土地表面，通过土壤—农作物系统中自然的物理过程、化学过程、生物过程，实现污水的处理和利用。污水土地处理和氧化塘一样，是一种古老的污水处理方法。在污水通过土壤—植物—水分复合系统的过程中，污水中的污染物经过土壤过滤、吸附，土壤中生物的吸收分解，植物的吸收净化等物理、化学和生物的综合作用而得到降解、转化。这样既能使污水得到净化，防止环境污染，同时又利用了废水中的水肥资源，从而改善生态环境，取得较大的社会效益。

污水灌溉是最早的污水土地处理方法，最早的有文献记载的是德国本兹劳灌溉系统。美国的污水土地处理系统历史悠久，但由于人们对污水处理技术不能全面理解等一系列原因，土地处理系统发展并不顺利，到 20 世纪 60 年代末期，污水土地处理系统才受到人们的重视，人们才对该处理方法进行了大量的研究。俄罗斯也十分重视土地处理系统，并具体规定，只有当没有条件实现利用自然进行生物净化时才能考虑人工生物处理，在选择污水处理的方法和厂址时，首先考虑处理后出水用于农业灌溉。

我国污水污灌也有悠久的历史，对大部分地区来讲，污水灌溉的发展还处于自流或半盲目状态，部分污水未经适当处理。从全国各个主要污灌区的环境质量普查与评价结果来看，除个别污染较严重外，大部分灌区尚未发现严重污染问题。我国的污水灌溉取得了一定的经验和教训，国家在近年来加强了对该方面的研究，通过研究充分证实了土壤系统处理污水的有效性、实用性和可靠性。北京、天津、沈阳等地分别建立了快渗、漫流等实验工程。这对改善中国缺水干旱地区的生态环境，有很大的推广应用价值。

污水土地处理系统之所以受到广泛关注，并作为处理城市污水的主要措施之一，主要是因为该方法既能有效地净化污水，也能回收和利用污水，充分利用废水的水肥资源，同时还具有能耗低、易管理、投资少、处理费用低等优点。一般污水土地处理系统的基建投资可比常规处理方法节约30%—50%。

（3）污水排江排海工程

沿海和沿江大水体城市的特殊条件，使得人们有条件积极探索利用江河和海洋的稀释自净能力来处理城市污水。污水排江排海工程可节约能源、降低日常运转费用，管理也较简单。

目前不少城市的污水直接向江河湖海岸边集中排放，污水在岸边缓慢累积、回荡，形成岸边污染带，污染和破坏了水生生物栖息地和城市的水源地，而水体或强水流的净化能力并未得到利用。因而这些城市急需在集中控制规划的前提下，采取多孔、深水或能进行有效稀释扩散的，有严格控制和预处理措施的水下排放、河中心排放等方式，以合理利用自然净化能力处理污水。

我国有漫长的海岸线，且沿岸城市又都是工业发达、人口密集的，排污量极大，因此推广污水排江排海工程，对于加快城市污水治理，有十分重要的现实意义。但是污水排江排海工程必须严格控制，必须科学、合理、可行，必须在科学的研究论证基础上实施。

3.非点源水体污染控制技术

（1）农田径流污染控制技术

农田是湖泊流域内最主要的土地利用类型之一，通常分布于湖泊周围平原区和半山区，这些地区土壤状况良好，农业生产活动强烈，一般是流域内的粮食生产基地。由于农业生产活动，农田区径流污染普遍较严重，尤其在我国南方地区，强烈的农业开发活动，导致农田区成为湖泊的主要污染源，对湖泊富营养化、湖面萎缩、有毒有机物污染以及有机污染都有重要影响。分析我国湖泊流域农田污染的调查数据，其污染根源主要包括以下九点。

①化肥、农药的过量使用。

②化肥、农药的不合理使用方式，如喷洒等。

③有机肥使用比例下降，化肥使用比例上升，营养比例失调，土壤肥力下降导致化肥使用量上升，造成恶性循环。

④耕作强度大，土壤扰动强烈，地表土壤易受暴雨冲刷引起大量流失。

⑤粗放的生产活动引起水资源浪费和土壤肥料流失，加重了环境污染。

⑥土地防护措施少，易形成地表径流，造成水土流失。

⑦陡坡种植、竖起种植等不合理种植方式，加重了水土流失。

⑧土地利用规划不合理，污染重的农田区（如蔬菜区）往往靠近湖岸，而污染轻的农田区（如水田）往往靠近上游，加重了湖泊污染。

⑨管理落后，只重生产，不重农田环境管理，缺少管理措施。

农田径流污染问题已引起人们的极大关注，污染控制技术有几十种之多，包括免耕法、退田还林还草法、轮作法、等高种植法等，有一些技术虽然污染控制效果较好，但牺牲土地，在人多地少的地区难以实施。根据我国国情，总结吸收国内外多年来的实践经验，本书归纳出三种不同的技术方法，包括坡耕地改造技术、水土保持农业技术和农田田间控制技术。

①坡耕地改造技术。依据水土流失原理，减缓地面坡度和缩短坡长，可以有效地降低土壤流失和控制耕地污染。在耕地改造时，采取截流、导流以及生物防治措施，可以进一步地减轻耕地非点源污染。

坡耕地改造工程主要包括坡面水系整治和坡改梯两种类型。

第一种类型，坡面水系整治。在坡耕地上建立相互配套的防洪、灌溉系统和蓄水、排水系统，因地制宜开挖排洪沟，顺坡直沟改为截流横沟，减少冲刷。并且与坡改梯、田间工程相结合，能减少径流量，有效控制水土流失。

第二种类型，坡改梯。将坡耕地改造成梯地和梯田，能够减缓坡度和减小坡长，从而减轻水土流失。梯田可分为水平梯田、斜坡梯田和隔坡梯田等。

坡耕地改造主要包括改造蓄水横沟、导流沟和田坎等内容。

②水土保持农业技术。我国是传统的农业大国，人们在长期生产实践中摸索建立了一套水土保持农业技术，其对保护耕地资源发挥着十分重要的作用。同时，传统的水土保持农业技术对农田非点源污染控制也是适用的，无论过去、现在还是将来，水土保持农业技术对控制湖泊污染都起着十分重要的作用。

等高耕作，又称横坡耕作，即沿等高线、垂直坡向进行横向耕作，由于横向犁沟阻滞了径流，起到了拦蓄径流和增加入渗的作用。采取横坡垄作种植，沿等高线开挖成能走水，但不冲土的横行、横厢、横带进行耕作种植，起到较好的蓄水、保土和增产的作用。

沟垄耕作，即在坡耕地上，沿等高线将地面耕成有沟有垄的形式，这样可以阻滞、拦蓄径流和泥沙。我国已发展了十余种沟垄耕作形式。

间作就是将两种及两种以上的作物，按深、浅根，高、低杆，先、后熟，疏、密等特性配置起来，以一行间一行，或几行相间等形式种植。套种是先种某种作物，等其生长一段时间后，再在其行、株间套种上另外的作物，以充分利用地力和空间，从而获得较高的收成。混播是将两种及两种以上的作物混种在一起。间作、套种和混播，既是增产措施，又能延长植被覆盖时间，提高植被覆盖率，起到水土保持的作用。

为使水土保持与增产措施结合起来，人们可以采取改良轮作制度和草田轮作制度。此外，还有等高带状间（轮）作，即在坡耕地上沿等高线以适当的间距，划成若干等高条带，按条带实行间作和轮作，其中如加进牧草条带，增产和拦蓄效果会很明显。

深耕、中耕能增加地面土壤的疏松层，从而提高土壤的入渗率和入渗速度，减少坡面径流和面蚀。相反，国内外有些地区，却采用少耕和免耕的方式，减少疏松土壤层的形成，以控制水土流失，或采用收割留茬的方式，在收割时留下较高的根茬，以控制、减轻面蚀和风蚀。

增施肥料，改良土壤。增加有机肥料，可以促进土壤的发育，增加团粒结构，提高土壤的抗蚀能力。在同等条件下，在无团粒结构的土壤上，70% 的雨水形成坡面径流，而在团粒结构较好的土壤上，只有 20% 的雨水形成径流。

挑沙面土，即把流失到沙沟的泥沙，利用农闲季节清淤整治，再挑到地里，增厚土层，以维持和提高土地的再生产能力。

③农田田间控制技术。径流是农田污染物的载体，减少径流排放必将减轻农田对湖泊的污染。来自农田的污染物以溶解态和颗粒态两种形态存在，如果增加滞留时间，颗粒态污染物会沉降，从而使得径流得到净化。同时田间生长着大量植被，它们会吸收氮、磷等污染物，也可以使污染物去除。农田径流污染还来自径流的冲刷作用，一旦径流得到缓冲和控制，冲刷作用会减弱，污染也会减轻。

（2）农村村落污染控制技术

农村村落污染主要来自两方面，一是村落废水，包括生活污水和地表径流；二是农村固体废弃物，包括生活垃圾、农业生产废弃物。

①村落废水处理。在我国广大农村地区，村落废水收集系统不很完善，有的村落根本没有管网系统，污水四处流淌，有收集系统的村落，大部分是明渠，渠道淤积堵塞严重，雨季污水仍四处流淌。废水不能有效收集，就难以进行有效控制。根据我国农村经济状况，我们认为农村村落废水适合采用合流制暗渠收集，该系统具有投资少、易于管理、环境影响小等优点，对于经济较发达地区的农村，也可以采用合流制暗管，甚至分流制收集系统。村落废水以生活污水为主，可供选择的处理工艺较多，如活性污泥法、氧化沟以及土地处理等。

②固体废弃物处理。目前固体废弃物处理技术主要有四种：堆肥、厌氧发酵法、卫生填埋和焚烧。

第一种，堆肥。堆肥是利用微生物降解垃圾中有机物的代谢过程，垃圾中的有机物经高温分解后成为稳定的有机残渣。当垃圾中有机物的含量大于15%时，堆肥处理可达到无害化、减量化的目的。一般在堆肥过程中，垃圾经历55 ℃以上主高温一段时间后，便可实现无害化。同时，有机物经过生物氧化过程，可减容1/4—1/3而实现减量化。

垃圾堆肥可用于农业生产，以增加土壤有机质含量，因此垃圾堆肥法的资源化效益很显著。但堆肥要求垃圾中有机质含量高，重金属含量低，另外堆肥中氮、磷、钾等营养元素的含量远低于化肥，重量却很大。

第二种，厌氧发酵法。厌氧发酵法是使有机物在厌氧环境中，通过微生物发酵作用，产生可燃烧气体——沼气，将有机物转化为能源。沼气可用作生活燃料，同时沼水和沼渣是优质肥料，该方法使有机物充分资源化。发酵原料以人、畜、禽粪便为主。该方法具有废物资源化、管理方便、投资少、容易操作等优点，适用于广大农村地区。

第三种，卫生填埋。卫生填埋就是将垃圾放于封闭系统中，使之与周围环境隔离，从而避免对环境造成影响的一种方法。该方法具有处理费用低、处理量大、抗冲击能力强、技术设备简单等优点，而且处理适当还可产生沼气。另外，该方法是堆肥的最终处理途径，所以卫生填埋目前在世界各国被广泛采用，特别是在经济能力有限时，这种方法更为适用。卫生填埋要达到无害化要求，必须采用严格的操作程序和技术方法，使用不当时，很容易造成地下水污染。在目前土地资源紧缺的情况下，白白地占用土地也很可惜，所以在填埋结束后，要尽快进行生态恢复。

第四种，焚烧。焚烧指的是垃圾中热值较高时，其中的可燃成分在高温下历经燃烧反应，使垃圾中各可燃成分充分氧化的一种方法。该方法因燃烧温度高，固相物消耗大，所以燃后残渣的化学、生物稳定性极高，无害化较彻底，而且燃烧后残渣的重量为原生垃圾的10%左右，减量效果很好，因此该方法被许多发达国家采用。但焚烧法所需费用较高，一般地区难以承受，另外，焚烧易造成大气环境的二次污染。

农村固体废弃物不可能在收集后焚烧，一方面成本高，管理难，另一方面这不适合农村实际情况，会浪费宝贵的有机肥料。卫生填埋也不可行，集中填埋会造成运输困难和有机肥料浪费。长期以来农村地区一直把分散填埋作为处理固体废弃物的手段之一，随着土地资源日益缺乏，适当的填埋场地越来越难寻找，若简单堆存填埋，将造成严重的环境污染，这种处理方法产生的不利影响在我国广大农村已经存在，并且日益严重。农村固体废弃物中除含有渣土外，还含有大量的有机成分，如食品、蔬菜叶、植物残枝落叶等，可以回收处理，变废为宝，生产沼气和肥料，满足居民生活和生态农业对有机肥料日益增长的需求。因此，堆肥和沼气工程是处理农村固体废弃物的有效途径，并且技术成熟，市场前景好。堆肥目前多采用好氧工艺，根据出料周期的长短及机械化程度的高低等，好氧堆肥又分为短期机械化堆肥和简易堆肥两种，它们各具特点。

（3）强侵蚀区污染控制技术

强侵蚀区指土壤侵蚀度在中度（含中度）以上，侵蚀模数大于 2 500 t/(km^2·a)，侵蚀速率大于 2 mm/a 的区域。该区域通常表现为地表覆盖率低、裸露，甚至表现出土壤明显迁移的特征，如山体滑坡、泥石流频发等。除自然因素外，因人类活动形成的强侵蚀区也相当多，在许多湖泊流域，如滇池流域、洱海流域，人类开发活动已成为强侵蚀区产生的主要因素，并且人为造成的强侵蚀区的面积不断扩大。人为强侵蚀区通常与森林过度砍伐、矿山过度开发、工程过度建设、放牧过度、耕作过度等无度生产活动有关，也与管理不善等因素有关。无论自然因素还是人为因素，生态系统破坏都是导致强侵蚀区存在的根本原因。

①强侵蚀区污染控制的主要内容。

一是地表防护，减轻降雨击溅侵蚀污染。降雨产生的击溅侵蚀是土壤侵蚀的主要形式之一。降雨雨滴对地面有击溅作用，裸露的地表受较大雨滴打击时，土壤结构易遭破坏，土粒被溅散，溅起的土粒随机发生移动，其中部分土粒随径流而流失，发生所谓的雨滴击溅侵蚀，这种侵蚀除迁移走土粒外，对地表土壤物理性状也有破坏作用，使土壤表面形成泥沙浆薄膜，堵塞土壤孔隙。阻止雨击雨滴就不会直接击溅地表而产生击溅侵蚀，因此利用击溅侵蚀发生机理，采取地表防护措施，可以控制侵蚀污染。

二是控制径流冲刷侵蚀污染。降雨形成地表径流，最初水层薄，水流速慢，呈漫流状态，冲刷力弱，对土壤冲刷侵蚀作用弱，然而，随着径流坡长增加，水层加厚，水流速加快，受地表植被覆盖不同、地表不均、土壤结构不同等因素影响，逐渐形成线状侵蚀流，对土壤冲刷侵蚀作用逐渐增强，在径流流经区出现明显的土壤侵蚀现象，径流侵蚀作用是导致冲沟发育、泥石流以及滑坡等发生的直接原因。采取缩短径流坡长，疏导以及拦截等措施，可以减轻径流对下游地表的冲刷作用，进而控制径流侵蚀，利用这一原理，可以有效控制强侵蚀区污染。

三是恢复生态系统，控制污染。强侵蚀区产生的根源是区域生态系统受到破坏，只有采取工程的或非工程的生态恢复措施，才能从根本上控制强侵蚀区污染，

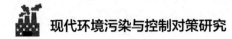

因此人们应利用生态学原理治理强侵蚀区污染。

②强侵蚀区污染控制基本原则。

强侵蚀区污染控制必须遵循"标本兼治"的原则，控制水土流失，减少非点源污染是治标，恢复区域生态系统良性循环是治本；必须坚持"生物防治与工程治理"相结合的原则，利用土石工程措施见效快的特点，稳定和控制侵蚀强度的增加，采取生物工程措施逐步控制污染，二者有时是密不可分的；必须坚持"治理与管理"相结合的原则，在治理的同时加强管理，加快生态恢复速度；必须坚持"治理与开发"相结合的原则，在强侵蚀区污染控制时制定长远开发规划，治理与开发相结合，提高治理效益，促进治理工作的开展。

③强侵蚀区污染控制工程技术。根据工程性质和工程对象不同，强侵蚀区污染控制工程技术主要有坡面工程技术、梯田工程技术和沟道工程技术。

一是坡面工程技术。坡面工程技术主要适用于山地和丘陵的坡地区，主要技术措施有梯田（地）、截流沟、拦沙坝、卧牛坑、蓄水池以及鱼鳞坑。坡面工程的主要作用是蓄水保土，增加土壤入渗时间，减少径流量和减小地表径流速度，有效防止和减少水流对土壤的冲刷。

二是梯田工程技术。梯田是治理山丘坡地水土流失的重要工程措施，也是防治强侵蚀区非点源污染的最主要技术手段之一。按垂直地面等高线方向的断面分，梯田有三种形式，即水平梯田、斜坡梯田和隔坡梯田。按田坎建筑材料划分，梯田有两种形式，即土坎梯田和石坎梯田。按所种植物种类划分，梯田有多种形式，如水稻梯田、旱作梯田和造林梯田等。无论梯田是何种形式，都具有切断坡面径流，降低流速，增加水分入渗量等保水保土作用。

三是沟道工程技术。强侵蚀区一般都不同程度地存在着冲沟，沟道治理是强侵蚀区污染控制的重要组成部分。沟道治理应从上游入手，通过截、蓄、导、排等工程措施，减少坡面径流，避免沟道冲宽和下切，必须坡、沟兼治。沟道治理时，首先合理安排坡面工程拦蓄径流，对于不能拦蓄的径流，通过截流沟导引至坑塘等处，治坡不能完全控制径流时，需进行治沟，在沟道上游修建沟头防护工程，防止沟头继续向上发展。在侵蚀沟内分段修建谷坊，逐级蓄水拦沙，固定沟床和坡脚，提高侵蚀基准面。在支沟汇集侵蚀区总出口，合理安排拦沙坝或淤地坝，控制径流对下游的冲击影响。沟道工程从上游至下游，可划分成三种类型，即沟头防护工程、谷坊工程和拦沙坝。

沟头防护工程包括撇水沟、天沟、跌水工程以及陡坡工程。

谷坊工程分为土谷坊、石谷坊、枝梢谷坊和混凝土（或钢筋混凝土）谷坊四种类型。也可分为过水谷坊和不过水谷坊两类。

拦沙坝由坝体、溢洪道和泄水工程等三部分组成，有土坝和砌石拱坝两种主要形式。

除一般侵蚀外，强侵蚀区还存在特殊的侵蚀形式，如崩岗、泥石流等。在治理时采用的工程技术有所不同，如崩岗整治时，除采取沟头防护、谷坊工程外，还需采取削坡、护岸固坡、固脚护坡以及内外绿化等技术；泥石流治理时需增加停淤场、拦挡坝（由坝体、消力池和截水墙组成）以及护坡等，同时对工程抗冲击强度有较高的技术要求。

因此，在进行强侵蚀区治理时，应掌握侵蚀特征，针对不同侵蚀状况采取不同的工程对策。

④强侵蚀区污染控制生物防治技术。生物防治是控制强侵蚀区污染的重要技术手段，也是区域生态系统恢复良性循环的基础。

工程治理和生物防治是密切相关的，有时是二者缺一不可的，在实施综合治理时，应很好掌握生物体系建立的时机，只有这样才能使工程治理和生物防治均发挥最佳效益。主要生物防治技术包括以下两种。

第一种，自然恢复。自然恢复指通过加强管理，实行封山措施，依靠生态系统的自然恢复能力来恢复强侵蚀区生态系统，进而控制污染。这种方法一般仅适用于过度放牧、过度砍伐森林、过度耕作等不合理人为活动形成的强侵蚀区，对于已经严重侵蚀，甚至出现冲沟、崩岗和泥石流等的侵蚀区是不适用的。

第二种，人工恢复。人工恢复指通过人工植树种草等措施来恢复强侵蚀区生态环境的方法。这种方法适用范围广、见效快，并且可使生态系统得到优化，也可以实现社会经济和生态效益的统一。

（4）生态工程技术

生态工程是根据生态系统中物种共生、物质循环再生等原理设计的多层分组利用的生产工艺，也是一种根据经济生态学原理和系统工程的优化方法而设计的能够使人类社会、自然环境均受益的新型的生产实践模式。费用低、污染少、资源能充分利用是生态工程的最大特点。

生态工程设计的指导思想：强化第一性生产者，生态学阐明第一性生产者是绿色植物，要发展生产，振兴经济，改善不良生态环境，必须首先种草种树，提升植被覆盖率，从根本上改变旧的、落后的生态系统模式；生态环境协调统一，生态学阐明环境适应性原理，根据各地地形、水土资源在三维空间的分布规律与二者的和谐性，坚持因地制宜，合理配置；生态系统总体最优，采用系统工程学中的优化方法，建立线性规划数学模型，保证方案总体最优。

生态系统是生物与环境的综合体，所以我们在进行生态工程系统设计时应注意生物物种的配置结构、时空结构和营养结构。

物种的配置结构指的是生态系统中不同物种、类型、品种以及它们之间不同的量比关系所构成的系统结构。

物种的时空结构指的是生物各个种群在空间和时间上的不同配置，包括水平分布上的镶嵌性和垂直分布上的成层性，以及时间上的演替性。

物种的营养结构指的是生态系统中生物与生物之间，生产者、消费者和分解者之间以食物营养为纽带所形成的食物链与食物网，其是物质循环与能量转化的重要途径。

在湖泊非点源污染中，来自湖泊防护带的农业非点源污染尤为严重。一方面，农业生产活动频繁，人口密集，污染物流失严重；另一方面，污染物输送过程短，直接对湖泊构成威胁。根据湖泊小流域生态系统的结构与功能，结合各地自然环境、生产技术和社会需要，可以设计出多种生态工程体系，以建立既适合我国国情、促进防护带农业持续发展，又能有效控制污染物流失的防护带农业模式，保护湖泊生态环境。下面简述四种根据生态学基本原理构建的较典型的生态农业模式，以便在具体运用时作参考。

①物质循环利用的生态农业系统。在农村居民生活区，污染物主要是居民生活垃圾及家禽、家畜产生的废物垃圾。根据这个具体情况，我们可以模拟生态系统中的食物链结构，设计出一种物质的良性循环多级利用结构，使一个系统的产出（废弃物）是另一个系统的投入，废弃物在生产过程中得到二次或多次利用，形成一种稳定的物质良性循环，充分地利用自然资源，以尽可能少的投入争取尽可能多的产出，同时又可以防止环境污染。在此思想指导下，可以建立以农户为单位的家庭生态系统小循环和以村落为单位的全村总体型生态系统大循环。

一是家庭生态系统小循环。以一家一户为单位，综合利用家庭内产生的有机废料，实现其循环利用。如沼气池建于屋前，与厕所和猪圈相邻，猪圈分为上下两层，上层养鸡或兔，下层养猪，猪圈和厕所均与沼气池相通，沼气池上盖有塑料棚，这样既可增加沼气池的温度，延长产气时间，又可在棚内养花种菜。鸡或兔粪作为猪饲料通过隔板进入猪圈，猪粪和厕所的粪便流入沼气池，并与农作物废料混合厌氧发酵，产生沼气，沼气又可供做饭、照明使用，节约能源，沼气渣与沼气液又是蔬菜和花草的肥料，花草草茎又可喂鸡或兔，这样就构成了一个"鸡（兔）—猪—沼气—蔬菜（花）"的循环多级利用系统。

　　二是全村总体型生态系统大循环。以全村农、林、牧、副、渔多种经营为基础，调整产业结构，改变过去以种植业为主的单一的生产结构和生态循环关系，形成多种物质的立体网络结构，使整个生态系统中的物质多次利用、循环利用，废物不废，变废为宝，各种生产相互依存、相互促进，形成一个良性循环的有机整体；粮食加工的米糠、麸皮及农作物秸秆，作为饲料送至畜牧场，牲畜粪便和一部分作物秸秆进入沼气池，产生的沼气作为农民的生活燃料，沼气渣和沼气液一部分送至鱼塘养鱼，一部分送至大棚作肥料，此外，沼气渣还可加工成鱼饲料，鱼塘的底泥又是农田、果园的肥料。对有机废料的综合循环利用，提高了能源的利用率，减少了对系统外部能源的需求，促进了系统内生产的发展，提升了经济效益，同时还为系统提供了大量有机肥料，大大节省了化肥施用量，这样不但节省了开支，而且有利于土壤的改良，降低了污染，净化了环境，也降低了发病率。

　　②生物立体共生的生态农业系统。在平原地区农业建设过程中，可以运用生物最佳空间组合的工程技术，即立体种植、养殖技术，进行生态农业的构建。

　　一是立体种植模式。模拟森林生态系统对光能多层次的利用，可以进行农作物的间作、套作和轮作技术，这也是我国的传统农业模式，应用较为普遍。下面着重谈一下林粮间作技术。

　　林粮间作技术主要指粮食作物和经济林木、果树之间的空间组合技术。如泡桐—旱粮作物间作，主要应用于我国北部的半干旱地区；水杉（或池杉）—水稻等作物间作，主要应用于南方水稻种植区；果树—旱粮、果树—蔬菜等作物间作，主要应用于平原果园地区。在具体操作时，也可采用农田林网模式，以渠道划区，以绿化分片，以果林防风，形成多树种、多层次的农田林网立体结构。

　　二是立体养殖模式。陆地立体圈养模式是一种能够充分利用空间和废弃物、节约围棚材料的空间共生立体养殖模式。如蜂桶（上层）—鸡舍（中层）—猪圈（下层）—蚯蚓池（底层），适用于家庭生态户；鸡舍（上层）—猪圈（中层）—池（底层），适用于家庭生态户或集体小农场。

　　水体立体养殖模式是一种为充分利用水体空间、营养、溶解氧等而设计的一种空间配置养殖模式。常见的组合有鲢鱼（上层）—草鱼（中层）—青鱼（下层），鸭（上层）—鱼（中层）—珠蚌（下层）。

　　三是种养结合的立体农业模式。这是一种以生物之间共生互利关系为基础，将植物栽培和动物养殖按一定的方式，在一定空间进行配置的生产结构，如在鱼池生态系统中，我们可以设计稻—萍—鱼、稻—鸭—鱼等模式。一般上层的植物为下层的动、植物提供较为隐蔽、适宜栖息的生存环境，下层放养的生物可以清除作物群落下层的杂草和害虫,促进上层植物的生长,同时下层的植物或动物粪便给底层水体中的鱼类提供了饵料,而鱼类的活动又增加了水体溶解氧,可促进作物根部的通透性。

③主要因子调控的生态农业系统。在一些山地、丘陵地带,水土流失已成为该地区影响农业生产的主要原因。生态平衡破坏,地表径流携带污染物流入湖泊,从而加重了湖泊污染。

目前,在我国部分农村适用于水土流失治理的技术不外乎两类:一种是采用工程技术,如修建梯田,在梯田上种树或种植农作物,此外,也可修建水平阶、水平沟和鱼鳞坑,有些地方还修建了谷坊,用来治理沟槽水土流失;另一种是采用生态工程技术,就是对主要生态因子进行调控以达到治理的目的,也就是采用种植技术,植树育草,利用多样性的乡土树种建立水源涵养林、护坡林、护堤林、护岸林等。在适种坡地实行林粮间作、粮草间作和林草间作。在坡度低于25°的山坡坡面,则宜采用草田带状轮作技术。重点建生态小区,根据区内自然环境状况,为保持水土,进行多种经营,走工、农、商一体化道路,科学规划,将种植与土壤改良、水土保持结合起来。以绿化分片,以果树防风,形成一个立体型、多样化、多功能、商品化的生态农业小区。

④区域整体性规划的生态农业系统。主要建立农、林、牧、渔联合生产系统,逐渐形成种植、养殖、加工配套,农、林、牧、渔各业合理规划、全面发展的综合生态环境。要求根据各地自然资源特点,发挥资源优势,以一个产业为主,带动其他产业发展,对农村环境进行综合治理,使生态环境的改善与社会经济的发展以及人口的增长等协调一致。这个体系中的四个亚系统进行物质和能量交换,互为一体。林区保护农田,为农田创造良好的小气候条件,同时招引益鸟,捕食农林害虫;作物籽粒及秸秆为禽畜提供精细饲料,而禽畜的粪便又为农田提供有机肥料,或为鱼池提供肥水;鱼池底泥上田作肥料。物质与能量得到充分利用,能够实现林茂粮丰、禽畜兴旺、水产丰收,从而得到较好的经济效益和生态效益。

(5)湖滨带生态恢复技术

湖滨带指的是湖泊水生生态系统和陆生生态系统结合的区域,通常由陆生植物带、湿生植物带和水生植物带组成,核心部分是湖岸区的湿生植物带,湖滨带是湖泊的天然保护屏障。湖滨带是湖泊水体和陆地进行物质交换的重要区域,进入水体的大量污染物均需要通过湖滨带,同时湖滨带降解了大量环境污染物,对保护湖泊环境起着十分重要的防护作用。

在众多湖泊流域中,湖滨带都是流域内人口聚居区和工农业、旅游等生产活动强烈区，污染物发生量大并且直接进入水体，对湖泊水体有直接影响，湖滨带的保护是湖泊生态环境保护的重要组成部分。

①湖滨带生态恢复工程模式。

按照湖滨带的类型，湖滨带的生态恢复工程可归纳为以下三种模式。

一是自然模式。这类模式的景观基质基本上处于自然状态，地形等物理环境改变较小，主要采用生物对策来恢复。采用自然模式进行恢复的湖滨带，一般情况下，人类对陆向辐射带的开发利用比较少，没有湖滨功能区。自然模式主要分为滩地模式、河口模式和陡岸模式。

a.滩地模式：采用滩地模式来恢复的湖滨带，一般地形坡度比较平缓，通常以沉积为主，物理基底稳定性好。这种模式是比较理想和健康的模式，土壤、地形、水力条件、气候等都比较适于植物生长，湖滨交错带结构比较完整，湖滨带功能也比较强。这种模式所面临的主要问题是人类围垦、侵占滩地的现象严重，滩地面积减少，滩地生物量减少，生物群落退化。

滩地湖滨带生态恢复的目标是建立一个无干扰的健康的自然湖滨带。恢复工程方案为以生物措施为主，适当引种土著物种或已消失的土著物种，根据干扰的强烈程度，从陆向辐射区到水向辐射区采用生物 K- 对策向 R- 对策过渡，湖滨带的宽度应使湖水的作用不超出其范围，以保证陆源污染物不直接入湖。

滩地模式恢复工程的主要任务是消除人为干扰，营建防护林和草地缓冲带，引种挺水植物，恢复沉水植物。生物量恢复到一定规模时，微生物沿着湖滨廊道迁移过来发挥重要的"上行效应"，为保持系统的平衡，应适量引进植食性鱼类和杂食性鱼类，利用其"下行效应"进行调节。

b.河口模式。入湖河流廊道是湖泊水生生态系统向陆地生态系统的枝状延伸，也是陆源污染物进入湖泊的主要通道，通常河口沉积物较多。河口模式面临的主要问题是河流廊道生态破坏严重，河流的截弯取直、河道的"两面光"工程、河堤植被的破坏等都造成河流自净能力下降，输送的污染物和泥沙的量增加。

河口模式恢复工程采取生物措施和物理工程措施相结合的方式，以生物措施为主，以物理措施为辅。建设河流生态廊道和河口湿地，以截留颗粒物和水体净化为主要功能，其他功能有改善河口景观，增加生物多样性，为鱼类产卵、育肥、觅食提供栖息地，促进沉积，防止冲刷，为人们提供生物资源等。

河流生态廊道恢复包括河流防护林建设和水边水生植被恢复。防护林可选种小叶杨、滇杨和池杉。水边水生植被恢复可选菱草为先锋种，岸边用防浪桩，并以护网连接，为菱草的恢复创造条件。水边水生植被恢复后，拆除防浪桩和护网。

河口湿地建设需要根据河口冲积扇形状和可利用的土地范围,建设配水工程,在河道上设置闸门,截流平、枯水期的河水和暴雨初期的污染峰,使其进入配水沟,均匀进入人工湿地,湿地植物可选择芦苇、香蒲和茭草。

c.陡岸模式。该模式的陆地生态系统向水生生态系统的过渡出现突变,一般侵蚀比较严重,风浪大,水生生物生存比较困难。该模式恢复工程措施:在陆地系统建设防护林或草林复合系统,改善陆地环境,防风固土,涵养水源;在水域系统采用人工介质护岸,同时营造适合微生物生存的局部静水环境,培育微生物,净化水质;建设人工浮岛,改善湖岸浪蚀状况,增加沉积,通过浮岛的生物改善底质状况,促进沉水植被的恢复。在湖浪影响的范围内,采用人工辅助措施恢复草被。

二是人工模式。人工模式是作为湖滨带生态恢复的一种过渡阶段或应急处理方法提出来的。由于长期以来人们为了某种经济利益,对湖滨带进行改造和开发利用,湖滨带的一些利用功能在短期内难以协调改变,作为一种应急措施,湖滨带生态恢复的人工模式被提出。

人工模式的景观基质受人为干扰比较严重。人工模式分为两个部分:功能区和过渡区。人工模式的功能区是在陆向辐射带的保护区内,功能区可以在宏观指导下进行有限度的开发利用,对功能区内的人类活动有一些比较严格的要求,人们应尽量减小由于人类活动给湖滨带和湖泊水生生态系统带来的压力,降低人为干扰和减少污染物排放;功能区以外的湖滨带为过渡区,过渡区的规模相对滩地模式而言,被功能区压缩较大,但在相对较小的过渡区内的保护与恢复措施基本上与滩地模式的相似,去除干扰,使生态环境基本保持自然状态,实行隔离保护。人工模式主要分为鱼塘模式、农田模式和堤防模式三类。

三是专有模式。自然模式和人工模式都是大尺度的湖滨带恢复模式,但是由于湖泊功能的多样性,人类为了充分利用湖泊多方面的功能,在湖滨带建设了各种各样的设施,这些设施具有一些特殊的专有功能,如码头、风景点、水边休闲地、湖滨公园、湖滨浴场、湖滨取水点、城市建成区等,这些具有特殊功能的湖滨带的生态恢复也具有一定的特殊性,其恢复模式称为专有模式。

专有模式要求人们在进行各自专业设计的同时,要考虑湖滨带的生态环境要求,以保证湖滨带的各项环境功能和生态功能的有效发挥。主要内容包括尽量保持湖滨带的自然状态或仿自然状态;湖滨带内的设施应不排污或少排污;人类活动多的地方应尽量设置缓冲隔离带;尽量减少运行过程中对岸边的扰动;考虑截污工程的建设;在不影响使用功能的前提下,尽量恢复水生植被。

②湖滨带生态恢复工程适用技术。

一是湖滨湿地工程技术。人们应充分利用湖滨湿地等地形条件，人工恢复或建设半自然的湿地系统，截留入湖地表径流中的颗粒物，净化入湖水体，为动植物提供栖息和生存环境，为鱼类产卵、孵化、育肥、过冬、觅食提供场所，为人们提供生物资源，改善湖滨景观。该技术适用于入湖河口的三角洲地带，要求必须提供足够的过流面积，保证行洪顺畅。工程的关键在于配水，主要工程量在于整理地形、引种培育湿地植被，采用的湿地植物主要是挺水植物，如芦苇、茭草等。

二是水生植被恢复工程技术。水生植被在湖滨带中占据统治地位，水生植被的恢复对湖滨带的恢复至关重要，湖滨带的所有功能都与水生植被有关，同时水生植被还能提高水体透明度，抑制藻类暴发。在湖滨带内应尽可能创造条件，按照健康湖滨带的结构，通过多种技术手段，适度恢复水生植被，优化水生植被的群落结构。该项技术适用于整个湖滨带。

三是人工浮岛工程技术。人工浮岛就是在离岸不远的水体中，人工建设浮于水中的植物床，植物可选用芦苇，种植可借鉴无土栽培技术。人工浮岛的作用类似于植物带，可以吸收水中营养物质，促进水中悬浮颗粒物的沉积，同时它可以防止湖浪直接冲击湖岸，在人工浮岛与湖岸之间营造一个相对平静的静水环境，有利于水生生物的生长、栖息，可减少湖泊水流对湖滨底泥的搅动。该项技术的难点在于浮岛基质的固定和植物的引种。此项技术适用于受风浪侵蚀比较严重的湖滨带。

四是仿自然型堤坝工程技术。仿自然型堤坝工程主要是依托现有大堤或湖堤公路，对堤坝进行改造，减缓湖坡的坡度，恢复植被，防止湖浪对湖岸的直接冲刷。这种堤防的主要优点是有利于减少湖岸侵蚀，促进湖滨带内植物的恢复，保护鱼类产卵和自然繁育的场所。为了增加景观异质性，湖坡应尽量保持自然状态，坑洼不平的基面有利于多种植物的生存，犬牙交错的水陆交接面有利于增加湖滨交错带的长度，这些都有利于对坡面径流污染物质的截留和净化。

另外，为了增强截污效果，堤防的背湖坡侧应设截污沟，截污沟可采用自然沟型，从而促进沟内植物生长，增强沟的自净和截污功能。收集的污水在进入湖泊之前，必须进行适当的处理。

五是人工介质岸边生态净化工程技术。人工介质岸边生态净化工程是在湖岸比较陡峭，侵蚀比较严重，基质贫瘠，植被难以恢复的湖滨带或者不宜采用其他恢复技术的特殊用途地带，把人工介质（如底泥烧结体、陶瓷碎块、大块毛石、多孔砼构件等）随意地或以某种方式堆放在岸边，一方面可减少湖浪冲刷，另一方面在人工介质体内和体间营造适于微生物和底栖附着生物生存的小环境，以达到净水和护岸的目的。

六是防护林或草林复合系统工程技术。在湖滨带的陆向辐射带内建立防护林或草林复合系统，是广泛采用的湖泊生态恢复技术之一，实践证明这一技术卓有成效。在整个湖滨带内应尽可能建造防护林，作为湖滨带状廊道的"防护神"。防护林可以有效地降低风速，减少湖面蒸发，截留污染物，减少径流量（将地表径流转为潜流），涵养水源，为野生植物特别是两栖动物提供合适的生活环境。但是，防护林的蒸腾作用也很强烈，对水量平衡有一定影响，因此，防护林应距水边有一定距离。如果水陆交错带内存在草本植物，其作为缓冲带或者湖滨带的水平植被结构比较完整时，可以直接营造防护林。林草间营的草林复合系统会更充分地发挥防护林的环境功能。防护林的宽度以 30—50 m 为宜。

七是河流廊道水边生物恢复技术。河流廊道水边生物的恢复对河流及其下游湖泊的重要性，与湖滨带的生物恢复对湖泊的重要性相似。河流两岸水边生物的恢复有利于截留河两岸进入河流的地表径流中的污染物，净化河水，防止河岸侵蚀，保护岸边鱼类产卵和繁殖的场所。

入湖河流的河岸基本上有两种：自然河岸和石砌河岸。自然河岸水边生物基本上也是湿生树木、挺水植物、沉水植物，在水流缓慢的河道还有一些浮叶植物，在水流急的河道则很少存在。石砌河岸，在岸上可以种植防护林，堤内有挺水植物，如茭草等。

八是湖滨带截污及污水处理工程技术。对湖滨带的生态恢复来说，消除压力和减少人为干扰是至关重要的前提条件。湖滨带的截污及污水处理工程主要是对未经处理的城市生活污水、工业废水和村落混合污水进行截流，并将其送到污水处理厂进行处理，达标后才能排放。

九是鱼塘系统工程技术。鱼塘是许多湖泊湖滨带内的主要土地利用形式之一，也是当地居民的主要生活来源之一。但是湖滨带内的鱼塘常由于运行不当，给湖泊造成严重的污染。如果将其取缔则不利于地区经济的发展和人民生活水平的提高，同时也会给湖泊的渔业生产造成更大的压力。对湖滨带内的鱼塘进行改造所采用的林基鱼塘系统工程技术，主要是将大块毛石、多孔砼构件等随意地或以某种方式堆放在岸边，这样一方面可减少湖浪冲刷，另一方面可在人工介质体内和体间营造适于微生物和底栖附着生物生存的环境，以达到净水和护岸的目的。

（6）前置库工程技术

前置库指的是在受保护的湖泊水体上游支流，利用天然或人工库（塘）拦截暴雨径流，通过物理、化学以及生物过程使径流中的污染物得到净化的工程措施。广义上讲，湖泊汇水区内的水库和坝塘都可看作湖泊的前置库，对入湖径流有不同程度的净化作用。前置库工程，是为了控制径流污染而新建或对原有库塘进行改造，强化污染控制作用的工程措施，通常采用人工调控方式。

20 世纪 70 年代，国外就开始开展前置库的研究工作，并且前置库在控制湖泊污染时得到应用，如德国利用前置库拦截净化暴雨径流，有较好的去除氮磷的效果；加拿大利用前置库深度处理二级污水处理厂的出水，同样有去除氮磷的效果；日本也利用前置库处理农田径流，收到较好的去除氮磷的效果。前置库的研究和应用正在发展中。1980 年以来，我国逐步开展了前置库工程技术研究，在工作原理、净化机制以及设计参数选取等方面都进行了深入研究，并且建成了前置库工程，取得了较好的效果。前置库工程技术作为一项适用性高的新技术，在我国水污染控制中将得到更为广泛的应用。

前置库是一个物化和生物综合反应器，污染物（泥沙、氮、磷以及有机物）的净化是物理沉降、化学沉降、化学转化，以及生物吸收、吸附和转化的综合过程，依据物化和生物反应原理，可以有效去除非点源中的主要污染物，如有机污染物、磷、氮和泥沙等。

①物理作用。暴雨径流进入前置库后，流速降低，大于临界沉降粒度的泥沙将在库区沉降下来，在泥沙表面吸附的氮、磷等污染物同时也沉降下来，径流得到净化。

②化学作用。物理仅能去除大颗粒泥沙及其吸附的污染物，净化作用往往不理想。径流中细颗粒泥沙以及胶体较难沉降，可以通过添加化学试剂破坏其稳定状态，使其沉陷，同时溶解态的磷污染物发生转化，形成固态物质沉降下来。通常使用的化学试剂有磷沉淀剂（铁盐）、稳定剂和絮凝剂。

③生物作用。水生生物系统是前置库不可缺少的组成部分，对去除氮磷污染物具有重要作用。氮磷是水生生物生长的必需元素，水生生物从水体和底质中吸收大量氮磷满足生长需要，成熟后水生生物从前置库中去除被利用，从而带走了大量氮磷。径流中氮磷污染物通过生物转化后可再利用。水生生物不仅能去除氮磷，对有机物和金属等污染物也有较好的净化作用。

二、水体污染的控制对策

（一）强化政府水环境质量负责制

政府对辖区的水环境质量负责，要采取有力措施确保水环境质量不下降。主要措施：加强水污染防治，对违法企业进行处罚；为水污染防治项目提供资金；保障公共环境服务设施的正常运行；开展环境法律法规宣传普及工作；加强环境监管机构和人员队伍建设，提高环境监管水平。

政府要实行党政一把手亲自抓、负总责，按照"明确责任、层层落实、责任到人、奖罚分明"的要求建立目标责任制，对水体达标任务进行分解，确保按期高质量完成规划任务。政府要主动邀请研究人员对水体达标工作进行调研，并对调研中发现的问题提出建议。

（二）构建统一的水环境监测体系

有效的环境监测是流域水污染防治的前提条件。在现有的监测站网基础上，充分利用现有资源，通过对监测断面的全面布局，构建统一的水环境监测体系。流域水环境监测体系建设，必须统筹规划、分级建设、分级管理，采用统一的水环境监测规范，做到统一标准、统一布点、统一方法和统一发布，实现信息共享。

（三）强化环境执法，依法问责

建立问责制，对因决策失误造成重大环境事故、严重干扰正常环境执法的人员，要追究责任。建立排污单位环境责任追究制度，排污单位要认真落实规划要求，明确本单位的水环境保护职责。政府明令关停的企业要按时执行，限期治理的企业要认真落实整改措施，进行清洁生产的单位要按同行业高标准严格执行，存在污染隐患的单位要及时采取防治措施。对造成环境危害的单位要依法追究责任，坚决遏制超标排放。涉案单位应依法进行环境损害赔偿。

（四）加强公众环境监督

大力推进环境信息公开，主动向公众公开除涉及国家秘密、商业秘密和个人隐私的环境信息，内容包含水环境质量、水污染物排放信息，以及与水环境有关的环境审批、环境决策等信息，做到尽早公开、有效公开、全面公开和易于理解。重点排污单位应依法向社会公开其产生的主要污染物名称、排放方式、排放浓度、排放总量、超标排放情况，以及污染防治设施的建设和运行情况，主动接受监督。新闻媒体应广泛开展环境保护法律法规和知识的宣传，对环境违法行为进行舆论监督，及时报道和表彰先进典型，对造成水体严重污染的一切单位和个人予以曝光。

第四章　现代大气污染及其控制

大气污染严重影响人们的生产生活，日益成为人们关注的焦点，大气污染不仅会对人们的健康造成重大的负面影响，同时影响生态的平衡性。控制大气污染对于社会健康发展具有现实性的意义。本章包括大气的结构及组成、大气污染及其危害、大气污染的控制等内容。

第一节　大气的结构及组成

一、大气圈及其结构

（一）大气圈

在地球表面以上的空间存在着随地球旋转的大气层，我们称之为大气圈，大气圈的厚度约为 10 000 km。大气圈内空气的分布是不均匀的，它的密度、温度和组成都会随高度的不同而不同。离地面越远，空气越稀薄，在地表上空 1 400 km 以外的区域，气体已非常稀薄，所以从污染气象学的角度来讲，这一区域就是宇宙空间。大气圈的总质量大约为 6×10^{15} t，为地球质量的百万分之一。

（二）大气圈的结构

从地表到 80—85 km 高度处，大气中氮气和氧气的组成比例基本没有变化，这一区域称为均质大气层，简称均质层。在这一层大气中，根据气温随高度变化的情况又可分为对流层、平流层和中间层。均质层以上的大气层，气体的组成随高度而变化，称为非均质层。在非均质层中又可分为暖层（电离层）和逸散层（外层）。

1. 对流层

大气圈最下面的一层，温度分布特点是下部气温高，上部气温低，大气易形成强烈的对流运动，故称为对流层。对流层的厚度随地球纬度不同而有所差别，平均厚度为 12 km 左右，整个大气圈质量的 75% 左右来自对流层，对流层对人类的影响最大，风、雨、雷、电、雾等自然现象都发生在这一层，大气污染也主要发生在这一层，特别是在离地面 1—2 km 的近地层。

2. 平流层

平流层在对流层的上面，平均厚度约为 38 km。平流层下部的气温几乎不随高度而变化，而平流层上部的气温则随高度的增加而增高。这是因为在这一区域内存在一厚度约为 20 km 的臭氧（O_3）层，其能强烈吸收太阳紫外线（波长为 200—300 mm）。进入平流层的污染物打散速度很慢，停留时间可达数十年之久。有些污染物如氮氧化物、氟利昂等还会与臭氧层中的臭氧发生光化学反应，使臭氧浓度降低，产生"臭氧空洞"，从而使地表接受的太阳紫外线增强，导致更多的人患皮肤癌，所以平流层与人类的关系是十分密切的。

3. 中间层

平流层的上面是中间层，中间层的平均厚度约为 35 km。在这一层里有强烈的垂直对流运动，所以气温又随高度的增加而下降。

4. 暖层

暖层位于中间层上部，厚度为 500—800 km，该层下部由分子氮组成，上部由原子氧组成。原子氧可吸收太阳辐射出的紫外光，因而该层气体温度随高度的增加而迅速上升。该层还有一个带电粒子（离子和电子）的稠密带，所以又称电离层。

5. 逸散层

逸散层是大气圈的最外层，也称为外层（外大气层）。层中主要是原子态的氧、氢、氦和分子态的氮、氧，1 000 km 以上则只有原子态的氦、氢和氧。

二、大气的组成

大气是多种气体的混合物，同时还含有少量水蒸气和尘粒。大气中主要的成分是氮和氧，其余组分的含量均很小。

除了自然化学成分之外，大气中还存在着多种不同来源的尘埃和微生物。例如，火山爆发产生的火山灰、土壤和岩石表层风化而形成的地面灰尘、森林或草原大火产生的灰尘，以及来自宇宙空间的宇宙尘埃，除此之外还含有细菌、真菌等微生物。

大气中的某些组分的含量并不是固定不变的。它会受到地区气象和人们的生活生产活动的影响而发生变化，我们称这些组分为可变组分。例如，大气中二氧化碳（CO_2）、硫氧化物（SO_2、SO_3）、氮氧化物（NO）的含量都会随人类活动中的排放而增加，当它们在大气中达到一定浓度时，便会对人类和其他生物造成危害。

第二节　大气污染及其危害

一、大气污染的主要来源

（一）燃煤

我国的煤产量位居世界首位，煤炭是我国能源利用结构的重要组成部分。与发达国家相比，我国的清洁能源利用率低，一次性能源消费水平高。在大气污染排放物中，煤炭燃烧所产生的二氧化碳、烟尘所占比重分别约为 85.6%、69.2%。我国经济快速发展离不开大量的煤炭资源，而煤炭资源在使用过程中所产生的废气对大气环境具有很大的影响。

（二）工业废气

近年来，我国经济快速发展，在经济发展过程中，人们对钢铁、陶瓷以及水泥的需求越来越大，导致建材行业迅速发展。而建材行业的主要特征是污染性强、耗能大，严重污染大气环境。

近年来，我国水泥的年均产量不断上升，而在水泥生产过程中，会排放大量的可吸入颗粒物，其对大气环境产生了不良影响。建材行业中的钢铁在生产过程中，会产生大量的有害气体、烟尘以及粉尘。在水泥、钢铁等建材生产过程中产生的工业废气没有经过有效处理，就直接进行排放，对大气环境产生了不良的影响。

（三）汽车尾气

随着经济的迅猛发展，人们生活水平的提高，人们对汽车的需求不断上升。而汽车排放的尾气未经有效处理，其中含有大量污染物，对我国大气环境造成了严重的破坏。随着雾霾天气的增多，人们开始反思。汽车尾气排放物中所含的一氧化碳会对大气环境产生不良影响。有研究表明，我国汽车尾气排放物中的颗粒物含量以及氮氧化合物含量均较高。

（四）土地沙化

人们环境保护意识薄弱，生态环境人为破坏越来越严重，导致土地沙漠化问题越来越严峻，沙尘暴发生概率不断增加。发生沙尘暴时，沙尘、污染气团、入侵气团会相互结合在一起，使得大气中污染物的含量急剧增加。在北方，土地沙漠化越来越严重，由此引发的沙尘天气也在不断增多，而且正逐步向长江流域蔓延。

（五）社会建设

在我国，城市和乡村基础设施越来越完善，社会建设速度不断加快。但是在建设过程中，因为管理不当会出现大量粉尘，较大颗粒在漂浮一段时间后就会落地，但是小颗粒会长期漂浮在大气中，最终导致大气污染。

二、典型的大气污染

（一）煤烟型污染

由煤炭燃烧排放出的烟尘、二氧化硫等一次污染物，以及再由这些污染物发生化学反应而生成的二次污染物所造成的污染，叫作煤烟型污染。此污染类型多发生在以燃煤为主要能源的国家与地区，历史上早期的大气污染多属于此种类型。

我国的大气污染以煤烟型污染为主，主要的污染物是烟尘和二氧化硫。此外，还有碳氧化物等。这些污染物主要通过呼吸道进入人体，不经过肝脏的解毒作用，直接由血液运输到全身。

（二）石油型污染

石油型污染的污染物来自石油化工产品，如汽车尾气，油田及石油化工厂的排放物。这些污染物在阳光照射下发生光化学反应，并形成光化学烟雾。石油型污染的一次污染物是烯烃、二氧化氮，以及烷、醇、羰基化合物等，二次污染物主要是臭氧、氢氧基、过氧氢基等自由基，以及醛、酮和过氧乙酰硝酸酯。

此类污染多发生在油田、石油化工企业和汽车较多的大城市，近代的大气污染，尤其是发达国家和地区的大气污染一般属于此种类型。随着汽车数量的增多，我国部分城市也开始出现石油型污染增多的趋势。

（三）复合型污染

复合型污染指的是以煤炭燃烧为主，还包括以石油为燃料的污染源造成的污染。此种污染类型是由煤炭型污染向石油型污染过渡的阶段，它取决于一个国家的能源发展结构和经济发展速度。

（四）特殊型污染

特殊型污染指的是某些工矿企业排放的特殊气体所造成的污染，如氯气、硫化氢等气体。

目前，我国大气污染十分严重，主要呈现为煤烟型污染特征。具体表现：城市大气环境中总悬浮颗粒物浓度普遍超标；二氧化硫污染保持在较高水平；机动车尾气污染物排放总量迅速增加；氮氧化物污染呈加重趋势；全国形成华中、西南、华东、华南多个酸雨区，其中华中地区酸雨最为严重。

三、大气中的主要污染物

（一）大气污染物的分类

大气污染物指的是通过人类活动或自然过程排入大气并对人和环境产生有害影响的那些物质。按照其存在状态可分为两大类：颗粒污染物和气态污染物。

1. 颗粒污染物

颗粒污染物指的是大气中的液体、固体状物质，按照来源和物理性质，颗粒污染物可分为粉尘、烟、飞灰、黑烟和雾，在泛指小固体颗粒时，统称粉尘。在我国的分类标准中，根据粉尘颗粒的大小，将其分为总悬浮颗粒物和可吸入颗粒物。总悬浮颗粒物是飘浮在空气中的固态和液态颗粒物的总称，其粒径为 0.1—100 μm。有些颗粒物因粒径大或颜色黑可以被肉眼看见，如烟尘；有些则小到使用电子显微镜才可观察到。通常把粒径大于 10 μm 的固体颗粒物称为降尘，又称落尘，它们在空气中沉降较快，不易被吸入呼吸道；把粒径在 10 μm 以下的颗粒物称为可吸入颗粒物或飘尘。可吸入颗粒物在空气中飘浮的时间很长，被人吸入后，会累积在呼吸系统中，引发许多疾病，对于老人、儿童和心肺病患者等敏感人群，风险是较大的。另外，环境空气中的颗粒物还是降低能见度的主要原因，并会损坏建筑物表面。

2. 气态污染物

气态污染物指的是以分子状态存在的污染物。气态污染物包括以二氧化硫为

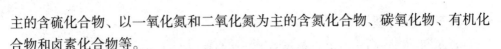

主的含硫化合物、以一氧化氮和二氧化氮为主的含氮化合物、碳氧化物、有机化合物和卤素化合物等。

气态污染物又可分为一次污染物和二次污染物。一次污染物指的是直接从污染源排到大气中的原始污染物；二次污染物指的是一次污染物与大气中已有组分或几种一次污染物之间，经过一系列化学或光化学反应而生成的与一次污染物性质不同的新污染物。受到普遍重视的一次污染物主要有硫氧化物、氮氧化物、碳氧化物及有机污染物等；二次污染物主要有硫酸烟雾和光化学烟雾。

（二）大气中几种主要气态污染物

1. 二氧化硫

在工业化进程中各种含硫物质的散发，如硫化氢、硫酸盐这些化学成分，使空气出现环境问题。在空中硫化物和水蒸气相遇后会导致酸雨的发生，以至于花草树木和建筑物受到一定程度的影响。在环境污染监测中二氧化硫的含量大部分是通过 pH 值监测出来的，只有对大气中含有的硫化物进行及时监测，并且采取有力的措施才能够及时减少酸雨的发生。

2. 悬浮颗粒物

悬浮颗粒物指的是飘浮在大气中，对空气环境质量造成影响的物质，由于其种类众多，化学成分相对繁杂，拥有各种各样的形状，所以它是大气环境污染监测的主要对象。其中，有些悬浮颗粒物具有毒性，粒径小于 10 μm 的悬浮颗粒物能通过呼吸进入人体，粒径小于 5 μm 的悬浮颗粒物会对人体肺部造成伤害。并且有些悬浮颗粒物会与空气中某些物质发生化学反应，产生其他有毒气体。

在大气环境污染监测过程中悬浮颗粒物监测是一项必不可少的内容，悬浮颗粒物的监测数据很重要。对悬浮颗粒物进行监测和计算的过程中，利用环境监测仪器为科研人员提供有效的数据信息，利用这些数据可以分析出悬浮颗粒物的悬浮位置、总降尘量、浓度等多个有效信息，了解这些信息就可以及时实施一些环境保护措施。

3. 氮氧化物

在这个科技越来越发达、经济水平逐步提升的社会中，私家车逐渐普及起来。大部分氮氧化物是通过汽车尾气排放的，这对空气产生了严重的影响，加重了空气环境净化的负担。

然而，随着工业化的发展，一些化工厂也会释放氮氧化物。在人体健康方面，氮氧化物通过呼吸进入身体，对肺部造成巨大伤害，因为氮氧化物能与人体细胞结合，从而危害人类的健康。在大气环境污染监测过程中氮氧化物监测也是一项必不可少的内容，氮氧化物的监测数值很重要。及时掌握监测数据有利于环境保护措施的有效实施。

4. 碳氧化物

碳氧化物主要是一氧化碳和二氧化碳。大气中的碳氧化物主要来自煤炭和石油的燃烧，它们在空气不充足的情况下燃烧，就会产生一氧化碳。一氧化碳是一种窒息性气体，1 t 锅炉工业用煤燃烧约产生 1.4 kg 一氧化碳；居民取暖用 1 t 煤燃烧约产生 20 kg 以上的一氧化碳；一辆行驶中的汽车，每小时产生 1—1.5 kg 一氧化碳。二氧化碳虽然不是有毒物质，但其在大气中含量过高就会造成温室效应，有可能导致全球性灾难。

5. 碳氢化合物

碳氢化合物属于有机化合物中最简单的一类，仅由碳、氢两种元素组成，又称为烃。碳氢化合物中包含多种烃类化合物，其进入人体后会使人体慢性中毒，有些化合物会直接刺激人的眼睛、鼻黏膜，使其功能减弱。更重要的是碳氢化合物和氮氧化物在阳光照射下会发生光化学反应，生成对人及生物有严重危害的光化学烟雾。

6. 硫酸烟雾

硫酸烟雾指大气中的二氧化硫等硫氧化物，在相对湿度比较高、气温比较低，并有颗粒气溶胶存在的条件下，发生一系列化学或光化学反应而生成的硫酸雾或硫酸盐气溶胶。硫酸烟雾对人的危害要比二氧化硫大得多。

7. 光化学烟雾

在阳光照射下，大气中的氮氧化物、碳氢化合物和氧化剂之间发生一系列光化学反应而生成的蓝色烟雾（有时带些紫色或黄褐色），其主要成分有臭氧、酮类和醛类等，其危害比一次污染物大得多。光化学烟雾发生时，大气能见度降低，人们的眼睛和喉黏膜有刺激感，呼吸困难，橡胶制品开裂，植物叶片受损、变黄甚至枯萎。

四、大气污染的危害

（一）大气污染物进入人体的途径

大气污染物入侵人体主要有三条途径：表面接触、摄入含污染物的食物和水、吸入被污染的空气。

1.毒物的侵入和吸收

空气中的气态毒物或悬浮的颗粒物质，经过呼吸道进入人体。从鼻咽腔至肺泡，由于整个呼吸道各部分结构不同，对毒物的吸收也不同。愈入深处，面积愈大，毒物停留时间愈长，吸收量愈大。肺部富有毛细血管，人的肺泡总面积达90 m^2。毒物由肺部吸收的速度极快，仅次于静脉注射，环境毒物能否随空气进入肺泡，这和它的颗粒大小及水溶性有关。能到达肺泡的颗粒物质，其直径一般不超过 3 μm，而直径大于 10 μm 的颗粒物质，大部分被黏附在呼吸道、气管和支气管黏膜上。水溶性较大的气态毒物，如氯气、二氧化硫，易被上呼吸道黏膜溶解而刺激上呼吸道，极少进入肺泡。而水溶性较小的气态毒物，如过氧化氢，则绝大部分能到达肺泡。

水和土壤中的有毒物质，主要是通过饮用水和食物经消化道被人体吸收的。整个消化道都有吸收作用，但以小肠更为重要。

2.毒物的分布和蓄积

毒物经上述途径被吸收后，由血液分布到人体各组织，不同的毒物在人体各组织的分布情况不同。毒物长期隐藏在组织内，其量又可逐渐积累，这种现象称作蓄积。如铅蓄积在骨内，滴滴涕蓄积在脂肪组织内。

除很少一部分水溶性强、分子量极小的毒物可以原形被排出外，绝大部分毒物都要经过某些酶的代谢（或转化），而改变毒性、增强水溶性以易于排泄。毒物在体内的这种代谢转化称为生物转化作用。肝脏、肾脏、胃肠等器官对各种毒物都有生物转化作用，其中以肝脏最为重要。毒物在体内的代谢过程可分为两步：第一步是氧化还原和水解，这一代谢过程主要与混合功能氧化酶系有关，它具有多种外源性物质（包括化学致癌物、药物杀虫剂）和内源性物质（激素、脂肪酸）的催化作用，能使这些物质羟化、去甲基化、脱氨基化、氧化等，所以又称其为非特异性药物代谢酶系；第二步是结合反应，一般通过一步或两步反应，原属活性的物质就可能转化为惰性物质而起解毒作用，但也有惰性物质转化为活性物质而增加毒性的，如农药 1605 在人体内氧化成农药乳化剂 1600，其毒性就增大了。

3.毒物的排泄

各种毒物在人体内经生物转化后排出体外。排泄途径主要有肾脏、消化道和呼吸道排出，少量可随汗液、乳汁、唾液等各种分泌物排出，有的在皮肤的新陈代谢过程中到达毛发而离开机体。能够通过胎盘进入胎儿血液的毒物，可以影响胎儿的发育和引起先天性中毒及畸胎。毒物在排出过程中，可在排出的器官造成继发性损害，成为中毒表现的一部分。

机体除了通过蓄积、代谢和排泄三种方式来改变毒物的毒性外，还有一系列的适应和耐受机制。一般来说，机体对毒物的反应，大致有四个阶段：机能失调的初期阶段、生理性适应阶段、有代偿机能的亚临床变化阶段和丧失代偿机能的病态阶段。如在接触高浓度有机磷农药时，如果血液胆碱酯酶活性稍低于机体的代偿功能，则机体可能不出现症状；如果血液胆碱酯酶活性下降到均值（在一般情况下，视健康人胆碱酯酶活性均值为100%），机体可很快出现轻度中毒症状，降到均值的30%—40%时，症状就相当严重了，甚至引起死亡。而长期少量接触有机磷农药所引起的慢性中毒，体内胆碱酯酶活性下降的程度与中毒症状间往往不成比例，有时胆碱酯酶活性虽仅为均值的5%，但无任何症状。而且当某毒物污染环境作用于人群时，并不是所有的人都同样地出现毒性反应、发病或者死亡，而是出现一种"金字塔"式的分布。这主要是因为个体对有害因素的敏感性不同。环境医学的一项重要任务就是早发现亚临床期人生理、生化的变化和保护敏感人群。

（二）大气污染物对人体健康的危害

由于大气中的烟尘、二氧化硫、碳氢化合物、臭氧、氮氧化物等污染物浓度高，加上地形、气候等因素的影响，世界上发生过多次大气污染事件，对当地居民造成不良影响。长期生活在大气污染地区，居民呼吸系统发病（如慢性鼻炎、慢性咽炎等）率提高。

大气污染对健康的影响，取决于大气中有害物质的种类、性质、浓度和持续时间，也取决于个体的敏感性。例如，飘尘对人体的危害作用就取决于飘尘的粒径、硬度、溶解度和化学成分，以及吸附在尘粒表面的各种有害气体和微生物等。有害气体在化学性质、毒性和水溶性等方面的差异，也会造成危害程度的差异。另外，呼吸道各部分的结构不同，对毒物的阻留和吸收也不尽相同。一般来说，进入越深，面积越大；停留时间越长，吸收量也越多。大气污染物主要通过呼吸道进入人体内，不经过肝脏的作用，直接由血液运输到全身，所以，对人体健康的危害很大。

大气中有害的化学物质可以引起人的慢性中毒、急性中毒和致癌。

①慢性中毒。大气中化学性污染物的浓度一般比较低，对人体主要产生慢性毒害。科学研究表明，城市大气的化学性污染是慢性支气管炎、肺气肿和支气管哮喘等疾病的重要诱因。

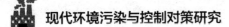

②急性中毒。在工厂大量排放有害气体并且无风、多雾时，大气中的化学污染物不易散开，就会使人急性中毒。例如，1961 年，日本四日市的三家石油化工企业，由于不断地大量排放二氧化硫等化学性污染物，再加上无风的天气，致使当地许多居民患上哮喘病。后来，当地的这种大气污染得到了治理，哮喘病的发病率也随之降低了。

③致癌。大气化学性污染物中具有致癌作用的有多环芳烃类和含铅的化合物等，其中 3，4-苯并芘与肺癌有明显的相关性。燃烧的煤炭、行驶的汽车和香烟的烟雾中都含有很多的 3，4-苯并芘。大气中的化学性污染物还可以降落到水体、土壤中以及农作物上，被农作物吸收和富集后，进而危害人体健康。

此外，大气中一些有害化学物质对眼睛、皮肤也有刺激作用，有的有臭味，还可以引起感官的不良反应。大气污染物还会降低能见度，减弱到达地面的太阳辐射强度，影响绿色植物的生长，腐蚀建筑物，恶化居民生活环境，间接影响人类健康。除了大气化学性污染的影响外，大气的生物性污染和大气的放射性污染也不容忽视。大气的生物性污染物主要有病原菌、霉菌孢子和花粉，病原菌能使人患肺结核等传染病，霉菌孢子和花粉能使一些人产生过敏反应。大气的放射性污染物，主要来自原子能工业的放射性废弃物和医用 X 射线源等，这些污染物容易使人患皮肤癌和白血病。

（三）全球大气环境问题

随着地球上人口的急剧增加，经济的急速发展，地球上的大气污染日趋严重，其影响也日趋深刻。例如，一些有害气体的大量排放，不仅造成局部地区的大气污染，而且影响全球性的气候变化以及大气成分的组成，即出现所谓的全球环境问题。目前，全球性大气污染主要表现在温室效应、酸雨和臭氧三个方面。

1.温室效应

温室效应是指投射阳光的密闭空间由于与外界缺乏热交换而形成的保温效应，即太阳短波辐射可以透过大气射入地面，而地面增暖后放出的长波辐射却被大气中的二氧化碳等物质吸收，从而产生大气变暖的效应。大气中的二氧化碳就像一层厚厚的玻璃，使地球变成了一个大暖房。

除二氧化碳以外，对产生温室效应有重要作用的气体还有甲烷、臭氧、氯氟烃以及水汽等。随着人口的急剧增加，工业的迅速发展，排入大气中的二氧化碳相应增多；又由于森林被大量砍伐，大气中本应被森林吸收的二氧化碳没有被吸收，二氧化碳逐渐增加，温室效应也不断增强。据分析，在过去 200 年中，二氧化碳浓度增加 25%，地球平均气温上升 0.5 ℃。

空气中含有二氧化碳，而且在过去很长一段时间中，其含量基本上恒定。这是由于大气中的二氧化碳始终处于"边增长、边消耗"的动态平衡状态，大气中的二氧化碳有 80% 来自人和动植物的呼吸，20% 来自燃料的燃烧。散布在大气中的二氧化碳有 75% 被海洋、湖泊、河流等的水及空中降水吸收溶解于其中。还有 5% 的二氧化碳通过植物光合作用，转化为有机物质储存起来。这就是多年来二氧化碳占空气成分的 0.03%（体积分数）并始终保持不变的原因。

近几十年来，一方面，由于人口急剧增加，工业迅猛发展，人们呼吸产生的二氧化碳及煤炭、石油、天然气燃烧产生的二氧化碳，远远超过了过去的水平。另一方面，由于人们对森林乱砍滥伐，大量农田被建成城市和工厂，破坏了植被，减少了将二氧化碳转化为有机物的条件。再加上地表水域逐渐缩小，降水量大大降低，减少了吸收溶解二氧化碳的条件，破坏了二氧化碳生成与转化的动态平衡，就使大气中的二氧化碳含量逐年增加。空气中二氧化碳含量的增长，就使地球的气温发生了改变。

在空气中，氮和氧所占的比例是最高的，它们都可以透过可见光与红外辐射。但二氧化碳不行，它不能透过红外辐射。所以，二氧化碳可以防止地表热量辐射到太空中，具有调节地球气温的功能。如果没有二氧化碳，地球的年平均气温会比目前降低 20 ℃。若二氧化碳含量过高，就会使地球仿佛置于一口锅内，温度逐渐升高，就形成温室效应。形成温室效应的气体，除二氧化碳外，还有其他气体。其中，二氧化碳约占 75%、氯氟代烷占 15%—20%，此外，还有甲烷、一氧化氮等 30 多种气体。

科学家预测，大气中的二氧化碳每增加 1 倍，全球平均气温将上升 1.5—4.5 ℃，而两极地区的气温升幅要比平均值高 3 倍左右。因此，气温升高不可避免地使极地冰层部分溶解，引起海平面上升。海平面上升对人类社会的影响是十分严重的。如果海平面升高 1 m，直接受影响的土地面积约为 $5 \times 10^6 \ km^2$，人口约为 10 亿。如果考虑特大风暴潮和盐水侵入，沿海海拔 5 m 以下的地区都将受到影响，这些地区的人口和粮食产量约占世界的 1/2。一部分沿海城市可能要迁入内地，大部分沿海平原将发生盐渍化或沼泽化，不适于粮食生产。同时，江河中下游地带也将出现灾害。海水入侵后，会造成江水水位抬高，泥沙淤积加速，洪水威胁加剧，使江河下游的环境急剧恶化。温室效应和全球气候变暖已经引起了世界各国的普遍关注，目前正在推进制定国际气候变化公约，减少二氧化碳的排放已经成为大势所趋。

受到温室效应和周期性潮涨的双重影响，科学家预测，如果地球表面温度的升高按现在的速度继续发展，到 2050 年全球温度将上升 2—4 ℃。南北极地冰山将大幅度融化，导致海平面大大上升，一些岛屿国家和沿海城市将淹没于水中，其中包括一些著名的国际大都市，如纽约、上海、东京和悉尼。

为将大气中的温室气体含量稳定在一个适当的水平，进而防止剧烈的气候改变对人类造成伤害，1997 年 12 月，联合国气候变化框架公约参加国制定了《京都议定书》。截至 2009 年 2 月，一共有 183 个国家通过了该条约。

2005 年 2 月 16 日，《京都议定书》正式生效。这是人类历史上首次以法规的形式限制温室气体的排放。为了促进各国完成温室气体减排目标，该议定书允许采取以下四种减排方式。

①两个发达国家之间可以进行排放额度买卖的"排放权交易"，即难以完成削减任务的国家，可以花钱从超额完成任务的国家买进超出的额度。

②以"净排放量"计算温室气体排放量，即从本国实际排放量中扣除森林所吸收的二氧化碳的量。

③可以采用绿色开发机制，促使发达国家和发展中国家共同减排温室气体。

④可以采用"集团方式"，即欧盟内部的许多国家可视为一个整体，采取有的国家削减，有的国家增加的方法，在总体上完成减排任务。

2. 酸雨

酸雨是指 pH 值小于 5.6 的雨雪或其他形式的降水。雨水被大气中存在的酸性气体污染。酸雨主要是人为地向大气中排放大量酸性物质造成的。我国的酸雨主要是大量燃烧含硫量高的煤而形成的，多为硫酸雨，少为硝酸雨。此外，各种机动车排放的尾气也是形成酸雨的重要原因。近年来，我国一些地区已经成为酸雨多发区，酸雨污染的范围和程度已经引起人们的密切关注。

由于人类大量使用煤、石油、天然气等化石燃料，它们燃烧后产生的硫氧化物或氮氧化物在大气中经过复杂的化学反应，形成硫酸或硝酸气溶胶，被云、雨、雪捕捉吸收，降到地面成为酸雨。如果形成酸性物质时没有云、雨，则酸性物质会以重力沉降等形式逐渐降落在地面上，称作干性沉降，以区别于酸雨等湿性沉降。干性沉降物在地面遇水时复合成酸。酸雨的危害包括以下两个方面。

一是酸雨可导致土壤酸化。我国南方土壤本来多呈酸性，再经酸雨冲刷，加快了酸化过程，土壤中含有大量铝的氢氧化物，土壤酸化后，可加速土壤中含铝的原生和次生矿物风化而释放大量铝离子，形成植物可吸收的形态铝化合物。植物长期和过量地吸收铝，会中毒，甚至死亡。酸雨能加速土壤矿物质营养元素的流失；改变土壤结构，导致土壤贫瘠化，影响植物正常发育；酸雨还能诱发植物病虫害，使农作物大幅减产，特别是小麦，在酸雨影响下，可减产13%—34%。大豆、菠菜也容易受酸雨影响，导致蛋白质含量和产量下降。酸雨对森林的影响在很大程度上是通过对土壤的物理化学性质的恶化作用造成的。在酸雨的作用下，土壤中的营养元素钾、钠、钙、镁会释放出来，并随着雨水被淋溶掉。所以，长期的酸雨会使土壤中大量的营养元素被淋失，造成土壤中营养元素的严重不足，从而使土壤变得贫瘠。此外，酸雨能使土壤中的铝从稳定状态中释放出来，这样活性铝增加，而有机络合态铝减少。土壤中活性铝的增加能严重地抑制林木的生长。酸雨可抑制某些土壤微生物的繁殖，降低酶活性，土壤中的固氮菌、细菌和放线菌的生长均会明显受到酸雨的抑制。酸雨可对森林植物产生很大危害。

二是酸雨能使非金属建筑材料（混凝土、砂浆和灰砂砖）表面硬化，水泥溶解，出现空洞和裂缝，导致强度降低，从而损坏建筑物。导致建筑材料变脏、变黑，影响城市市容质量和城市景观，被人们称为"黑壳"效应。我国酸雨正呈蔓延之势，是全球三大酸雨区之一。

我国三大酸雨区：①西南酸雨区，是仅次于华中酸雨区的降水污染严重区域；②华中酸雨区，目前它已成为全国酸雨污染范围最大、中心强度最高的酸雨污染区；③华东沿海酸雨区，它的污染强度低于华中、西南酸雨区。

目前，世界上减少二氧化硫排放量的主要措施有以下五种。

①原煤脱硫技术，可以除去燃煤中40%—60%的无机硫。

②优先使用低硫燃料，如含硫较低的低硫煤和天然气等。

③改进燃煤技术，减少燃煤过程中二氧化硫和氮氧化物的排放量。

④对煤燃烧后形成的烟气进行烟气脱硫。

⑤开发新能源，如太阳能、风能、核能、可燃冰等。

3. 臭氧空洞

臭氧空洞是人类生产生活中向大气排放的氯氟烃等化学物质在扩散至平流层后与臭氧发生化学反应，导致臭氧层反应区产生臭氧含量降低的现象。

1984年，英国科学家首次发现南极上空出现臭氧空洞。大气臭氧层的损耗是当前世界上又一个人们普遍关注的全球性大气环境问题，它同样直接关系到生物圈的安危和人类的生存。由于臭氧层中臭氧的减少，照射到地面的太阳光紫外线增强，其中波长为240—329 nm的紫外线对生物细胞具有很强的杀伤作用，对生物圈中的生态系统和各种生物，包括人类，都会产生不利的影响。

大气中的臭氧吸收了大部分对生命有破坏作用的太阳紫外线，对地球生命具有天然的保护作用。太阳紫外线中波长小于 290 nm 的部分被平流层臭氧分子全部吸收，波长为 290—320 nm 的紫外线也有 90% 被臭氧分子吸收，从而大大减弱了它到达地面的强度。如果平流层臭氧的含量减少，则地面受到紫外辐射的强度将会增加。可以毫不夸张地说，地球上的一切生命就像离不开水和氧气一样离不开大气臭氧层，大气臭氧层是地球上一切生灵的保护伞。

臭氧具有吸收太阳紫外辐射的特性，臭氧层会保护我们不受太阳紫外线的伤害，所以对地球生物来说臭氧层是很重要的保护层。不过，随着人类活动，特别是氟氯碳化物等人造化学物质被大量使用，就会破坏臭氧层，使大气中的臭氧总量明显减少。在南北两极上空臭氧含量下降的幅度最大。北极上空 2011 年春天臭氧减少状况超出先前观测记录，首次像南极上空那样出现臭氧空洞。

臭氧是一种温室气体，它的存在可以使全球气候变暖。但是，臭氧与其他温室气体不同，它是自然界中受自然因子（太阳辐射中紫外线对高层大气氧分子进行光化作用而生成）影响而产生的，并不是人类活动排放产生的。臭氧除了能够对气候变化产生影响，从而影响环境和生态外，还对人类健康产生强烈的直接影响。

第三节　大气污染的控制

大气污染已经成为全球极为关注的环境热点问题。大气污染物的主要来源是工业活动。控制这些污染物的产生量和排放量是大气污染控制的主要任务。废气或烟尘的处理与净化过程中，广泛使用物理方法（如扩散稀释、沉淀、离心、阻隔、吸收）、化学方法（如燃烧、催化氧化）、物理化学方法（如吸附）和生化方法（如生物滤池）等。

一、大气污染的控制技术

（一）消烟除尘技术

粉尘与烟气主要来源于燃烧设备和工业生产工艺。从废气中回收颗粒污染物的过程称为除尘。实现上述过程的设备装置称为除尘器。对烟粉尘的净化控制，主要有四类技术，如表 4-1 所示。

表 4-1　烟粉尘的净化控制技术

技术名称	技术机理	典型装置	除尘效率	广泛应用领域
机械除尘	包括重力、惯性力和离心力等质量力原理	重力沉降室、惯性除尘器、旋风除尘器等	≤90%	小型设备、低烟气量的粉尘处理或预处理
过滤除尘	捕集原理	布袋除尘器、过滤除尘器	≥95%	工业生产有害粉尘的处理
吸收除尘	吸收原理	吸收洗涤塔	≥95%	工业生产有害粉尘的处理
静电除尘	电场原理	静电除尘器	≥98%	大型燃煤设备、其他工业设备

（二）脱硫技术

二氧化硫是造成酸雨的主要污染物，它来源于矿物燃料（如煤、石油）的燃烧和工业生产工艺（如炼铝、炼油等），其中主要是由工业燃煤过程排放的。

1. 燃煤脱硫

燃煤脱硫大致可分为煤燃烧前脱硫、煤燃烧中脱硫和烟气脱硫三类技术，表 4-2 列出了有关燃煤的主要脱硫技术。

表 4-2　燃煤的主要脱硫技术

		技术名称	脱硫效率
燃烧前脱硫		煤炭洗选技术	40%—60%
		煤气化技术	85%以上
		水煤浆技术	50%
燃烧中脱硫		型煤加工技术	50%
		流化床燃烧技术	70%
烟气脱硫	湿法	石灰石（石灰）—石膏法	95%以上
		简易石灰石（石灰）—石膏法	70%—80%
		海水脱硫工艺	60%—70%
		烟气磷铵复肥法	50%—80%
		碳酸钠、碳酸镁和氨作为吸收剂的工艺	60%—80%
	半干法	喷雾干燥法	70%—95%
	干法	吸收剂喷射法	50%—70%
	电子法	电子束辐照技术	50%—70%
	其他	脱硫除尘一体化技术	40%—70%

煤炭洗选技术是一种比较成熟的燃烧前脱硫技术。它是一种采用物理、化学或生物方法除去或减少煤中所含的硫分、灰分的洁净煤技术。煤炭经洗选后不仅可以脱除一定的灰分和硫分，同时热值也有所提高，平均而言，其热值将提高10%以上，洗后煤与原煤相比，节煤率约为10%。我国高硫煤产区中，煤中有机硫成分含量都较高，很难用煤炭洗选的方法达到有效控制二氧化硫排放的目的。

目前，由于技术水平和发展速度的限制，燃用煤洗选只能作为削减二氧化硫排放的一个手段，单靠它尚不能满足火电厂环境保护的需要。我国煤炭的入洗量约为 2.80×10^4 t，占全国原煤产量的 1/5。城镇民用煤基本上是采用型煤加工技术制成的型煤，工业用型煤只占工业总用煤量的 0.05%。

烟气脱硫是目前大型燃煤燃油设备广泛使用的脱硫方式。石灰石（石灰）—石膏法工艺是目前使用最广泛的烟气脱硫技术。

2. 燃油和生产工艺脱硫

燃油和生产工艺脱硫主要包括废气净化和回收利用两种技术。废气净化技术是用洗涤塔或反应器使含硫气体与吸收剂进行混合，发生化学反应，达到除硫的目的。回收利用技术是用回收装置将气体中达到一定浓度的硫分离回收，制成工业产品。

目前，硫或二氧化硫的控制技术主要还是后处理技术。显然，解决问题的根本途径是改变能源的结构，大量采用清洁能源，如太阳能、地热能、风能等。由于这些能源受气候、科技发展水平和经济状况的影响极大，因此在全球范围内广泛应用清洁能源，在相当长的一段时间内还不可能实现。我国的能源主要是煤，在今后相当长的时间内，我国的能源仍将以煤为主。燃煤脱硫技术的开发研究，对我国具有很重要的意义。

（三）气态污染物控制技术

1. 常用的净化方法

气态污染物种类繁多，需根据它们不同的物理、化学性质，采用不同的技术进行处理。常用的方法有吸收法、吸附法、催化法、燃烧法、冷凝法等，还有新发展的生物法等。

（1）吸收法

吸收法是利用气体混合物中不同组分在吸收剂中溶解度的不同，或者与吸收剂发生选择性化学反应，从而将有害组分从气流中分离出来的过程。吸收过程是在吸收塔内进行的，常用的吸收设备有喷淋塔、填料塔、泡沫塔、文丘里洗涤器等。

吸收法技术成熟，几乎可以处理各种有害气体，也可回收有价值的产品。因此，该法在气态污染物处理方面得到了广泛应用。

（2）吸附法

吸附法是利用某些多孔性固体吸附剂来吸附废气中的有害物质的方法。在吸附过程中，借助分子引力或静电力进行的吸附称为物理吸附；借助化学键力进行的吸附称为化学吸附。常用的吸附剂有活性炭、分子筛、氧化铝、硅胶和离子交换树脂等，其中应用最广泛的是活性炭。

吸附进行到一定程度时，吸附剂达到饱和，此时要对吸附剂进行再生。因此，采用吸附法时，工艺流程上通常包含两个过程，吸附和再生交替操作。

吸附法设备简单，净化效率高，适合净化浓度较低、气体量较少的有害气体，常作为深度净化措施。但是由于吸附剂需要再生，因此吸附流程复杂，运行费用大大增加，操作变得麻烦。

（3）催化法

催化法净化气态污染物是利用催化剂的作用，将废气中的气体有害物质转变为无害物质或者易于去除物质的一种废气治理技术。催化法净化效率较高，可直接将主气流中的有害物质转化为无害物，不仅可以避免二次污染，而且可以简化操作过程。催化法最大的缺点是催化剂价格高，且催化剂易中毒失效。目前催化法已得到广泛应用，如利用催化法使废气中的碳氢化合物转化为二氧化碳和水，氮氧化物转化为氮，二氧化硫转化为三氧化硫后加以回收利用。

（4）燃烧法

燃烧法是通过热氧化作用将废气中的可燃有害成分转化为无害物质的方法，分为直接燃烧法和催化燃烧法。例如，含烃废气在燃烧中被氧化成无害的 CO_2 和 H_2O_2，此外燃烧法可以消烟、除臭。燃烧法工艺简单、操作方便，但处理可燃组分含量低的废气时，需预热耗能，应注意热能回收。

（5）冷凝法

冷凝法是利用物质在不同温度下具有不同饱和蒸气压的性质，降低系统温度或者提高系统压力，使处于蒸气状态的污染物冷凝并从废气中分离出来的方法。该法适合处理高浓度的有机废气，不适宜净化低浓度的有害气体，因此，冷凝法常作为吸附、燃烧等净化高浓度废气的预处理，或者用于预先除去影响操作、腐蚀设备的有害组分，以及用于预先回收某些可以利用的物质。

（6）生物法

生物法通常用于净化有机废气，即各种碳氢化合物的气体，如烃、醛、醇、酮、酯、胺等。生物法净化有机废气就是利用微生物，以废气中的有机组分作为自身生命活动的能源或养分，经代谢降解，将有机物转化为简单的无机物（水和二氧化碳）或细胞组成物质。

生物法是一种新型的废气净化方法，主要的处理方法有吸收法和过滤法两种。主要的净化装置有生物涤气塔、生物滤池、生物滴滤池等。

2. 二氧化硫的净化技术

目前，防治 SO_2 污染的方法有很多，如采用低硫燃料、燃料脱硫、高烟囱排放等。但从技术、经济等方面综合考虑，在今后相当长的时间内，对大气中 SO_2 的防治仍会以烟气脱硫的方法为主。因此，烟气脱硫技术是各国研究的重点。我国目前已基本上肯定了利用烟气脱硫装置控制大气质量的必要性。但由于烟气脱硫装置成本高，因此大规模的烟气脱硫发展受到限制。

选择和使用技术上先进、经济上合理，适合我国国情的烟气脱硫技术，是今后防治 SO_2 污染的重点。目前真正能应用于工业生产的烟气脱硫方法有十余种，大致可以分为两类，即干法脱硫和湿法脱硫。干法脱硫使用粉状、粒状吸收剂、吸附剂或催化剂去除废气中的 SO_2。干法脱硫的最大优点是治理中无废水、废酸排出，减少了二次污染；缺点是脱硫效率较低，设备庞大，操作要求高。而湿法脱硫是采用液体吸收剂（如水或碱溶液）洗涤含 SO_2 的烟气，去除其中的 SO_2。湿法脱硫所用的设备较简单，操作容易，脱硫效率较高。但脱硫后烟气温度较低，对烟囱排烟扩散不利。由于使用不同的吸收剂可获得不同的副产品而加以利用，因此湿法脱硫是最受重视的方法。

根据对脱硫生成物是否利用，脱硫方法还可分为抛弃法和回收法两种。抛弃法是将脱硫生成物当作固体废物排出，该法简单，处理成本低。但抛弃法不仅浪费了可利用的硫资源，也不能彻底解决环境污染问题，只是将污染物从大气中转移到固体废物中，不可避免地会引起二次污染，还需占用大量的场地以处置所产生的固体废物。因此，抛弃法不适合我国国情，不宜大量使用。

回收法则是将废气中的硫加以回收，转变为有实际应用价值的副产品。该法可以综合利用硫资源，避免了固体废物的二次污染，同时大大减少了处置场地，并且回收的副产品还可以创造一定的经济效益，使脱硫费用有所降低。因此，我国主要采用回收法来进行烟气脱硫。但是，迄今为止，回收法脱硫费用大多高于抛弃法脱硫费用，而且所得副产品的应用及销路也受到很大限制。

（1）氨法

氨法是利用氨水洗涤吸收烟气中的 SO_2，其中间产物为亚硫酸铵和亚硫酸氢铵。采用不同方法处理中间产物可回收不同的副产品。如在中间产物（吸收液）中加入氨水可使亚硫酸氢铵转化为亚硫酸铵，然后经空气氧化、浓缩、结晶等过程即可回收硫酸铵。如再添加石灰或石灰石乳浊液，经反应后得到石膏。反应后生成的氨被水吸收，重新返回作为吸收剂。

氨法工艺成熟，流程设备简单，操作方便，副产品可作为氮肥，有较高的利用价值。但由于氨易挥发，吸收剂消耗量大，且易造成空气污染，在缺乏氨源的地方不宜采用。

（2）石灰、石灰石法

本法采用石灰、石灰石或白云石等作为脱硫吸收剂，脱除废气中的 SO_2。其中，石灰石应用最多且最早作为烟气脱硫的吸收剂之一。石灰石料源广泛，原料易得，且价格低廉。

应用石灰、石灰石法进行脱硫时，可以采用干法，如将石灰石直接喷入锅炉炉膛内进行脱硫，还可应用循环流化床燃烧技术的脱硫方法，即煤炭在循环流化床锅炉中燃烧时，在燃料中加入石灰石或白云石来脱硫。直接喷射法的不足是脱硫效率低，反应产物可能形成污垢，沉积在管束里，增大系统阻力，降低电除尘器的效率，因此应用范围有限。与直接喷射法相比，循环流化床技术更具优势，目前应用越来越广泛。采用湿法时，将石灰石等制成浆液洗涤含硫废气，此即石灰／石膏法。石灰／石膏法的主要缺点是装置容易结垢堵塞。

（3）双碱法

由于石灰／石膏法容易结垢，造成吸收系统堵塞，为了克服此缺点，人们发展了双碱法。石灰／石膏法易造成结垢的原因是整个工艺过程都采用了含有固体颗粒的浆状物料，而双碱法则是先用可溶性的碱性清液作为吸收剂吸收 SO_2，然后用石灰乳或石灰吸收液进行再生，由于在吸收和再生处理中，使用了不同类型的碱，故称为双碱法。双碱法的优点是，由于采用液相吸收，因此不存在结垢和浆料堵塞等问题，且副产品纯度较高，应用范围更广。

3. 氮氧化物废气的净化技术

氮氧化物的种类很多，主要为一氧化氮、二氧化氮。脱除烟气中的氮氧化物称为烟气脱氮，或烟气脱硝。用于净化氮氧化物废气的方法有很多，根据作用原理的不同可分为催化还原、吸收和吸附三类，按工作介质的不同可分为干法和湿法两类。

（1）非选择性催化还原法

含 NO_x 的气体，在一定的温度与催化剂的作用下，与还原剂发生反应，其中的 NO_x 被还原成氮气，同时还原剂还与气体中的氧反应，生成水和二氧化碳。常用的还原剂有氢气、甲烷、一氧化碳和低浓度碳氢化合物等。

由于本法中氧参与了反应，故放热量大，应设有余热回收装置。同时在反应中应避免还原剂过量，并严格控制废气中的氧含量。

（2）选择性催化还原法

本法通常采用氨作为选择性催化还原剂，氨在铂等催化剂的作用下，将废气中的氮氧化物还原，而不与废气中的氧气发生反应。

（3）液体吸收法

液体吸收法是利用水或酸、碱、盐的水溶液来吸收废气中的氮氧化物，使废气得以净化的方法。由于吸收剂种类多、来源广、适应性强，可因地制宜、综合利用，因此吸收法被中小型企业广泛采用。

例如，碱吸收法常采用的碱液为氢氧化钠溶液、碳酸钠溶液等，吸收设备简单，操作容易，投资少。但吸收效率较低，对 NO 的吸收效果较差，只能消除 NO_2 形成的黄烟。

（4）吸附法

目前，吸附法常用的吸附剂有活性炭、分子筛、硅胶、泥煤等。吸附法既能较彻底地消除氮氧化物的污染，又能回收有用的物质。但其吸附容量较小，且设备庞大。当以活性炭作为吸附剂时，由于温度高时活性炭在氧气存在的情况下有燃烧的可能，因此给吸附和再生造成困难，限制了该法的使用。

4. 其他气态污染物的控制技术

自然界中硫化氢的产生主要与火山活动有关，在工业生产中，也经常会产生硫化氢，虽然其总量较小，但浓度往往很高，对环境污染比较严重，危害人们身体健康。对其治理主要是依据其弱酸性和强还原性，进行脱硫。主要有干法脱硫和湿法脱硫两种。

（1）干法脱硫

干法脱硫主要是利用硫化氢的还原性和可燃性，以固体氧化剂或吸附剂来脱硫，或者直接使其燃烧。干法脱硫是以氧气使硫化氢氧化成硫或硫氧化物的方法，也可称为干式氧化法。常用的有改进的方法包括克劳斯法、氧化铁法、活性炭吸附法和氧化锌法。所用的脱硫剂、催化剂有活性炭、氧化铁、氧化锌、二氧化锰及铝矾土，此外还有分子筛、离子交换树脂等。

（2）湿法脱硫

与干法脱硫相比，湿法脱硫具有占地面积小、设备简单、操作方便、投资少等优点，因此湿法脱硫是目前常用的方法。按脱硫剂的不同，湿法脱硫又可以分为液体吸收法和吸收氧化法两类。液体吸收法中有利用碱性溶液的化学吸收法、利用有机溶剂的物理吸收法，以及同时利用物理和化学方法的物理化学吸收法。吸收氧化法则主要采用各种氧化剂、催化剂进行脱硫。

①弱碱溶液的化学吸收法。目前工业上采用的主要是乙醇胺法。一般认为乙醇胺溶液是一种较好的吸收硫化氢的溶剂，因为它价格低廉、反应能力强、稳定性好、且易回收。但它有两个缺点，一是其溶液的蒸气压相当高，溶液的损失量比较大，该缺点可以用简单的水洗方法解决；二是它与氧硫化碳（COS，是裂化气中的常见成分）反应而不能再生，所以乙醇胺法一般只能净化天然气和其他不含 COS 的气体。

②碱性溶液的化学吸收法。常用的主要为碳酸钠溶液。主要优点是设备简单、经济；主要缺点是一部分碳酸钠变成了碳酸氢钠而使吸收效率降低，一部分碳酸钠变成硫酸盐而被消耗。

③有机溶液的物理吸收法。这种处理方法吸收的硫化氢在分压后即可解吸，克服了化学吸收法需在加热条件下才能解吸的不经济的缺点。常用的有冷甲醇法、N- 甲基 -2- 吡咯烷酮法、碳酸丙烯酯法等。

④环丁砜溶液的物理化学吸收法。环丁砜的特点是兼有物理溶剂和醇胺化学吸收溶剂的特性。采用环丁砜脱硫，吸收力强、净化率高。不仅可以脱除硫化氢等酸性气体，还可以脱除有机硫。由于其吸收能力强，所以溶液循环率低。溶液不易发泡，稳定性好，使用过程中胺变质损耗少、腐蚀性小，溶液加热再生较容易，耗热量低。

（四）汽车废气净化技术

汽车排放的污染物主要来自发动机，主要的有害物质为一氧化碳、氮氧化物、酚、醛、过氧化物、硫、铅等。一般可通过下述三个途径进行净化。

1.燃料的改进与替代

以无铅汽油代替含铅汽油，不仅提高了汽油的品位，有利于发动机工作，而

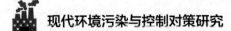

且能够降低一氧化碳等的排放浓度。同时无铅汽油避免了添加剧毒的四乙基铅而生成的氧化铅所造成的污染。此外，各种替代燃料如甲醇、乙醇、氢气、液化石油气、天然气等均有良好的发展前景。

2.机内净化

在汽车设计与制造过程中，充分考虑消除汽油蒸发以及蒸气的回收利用，减少曲轴箱废气的泄漏；采用新的供油方式，提供符合发动机各种工况下所需浓度的燃料气，以降低排气量及有害物质的含量。

3.机外净化

机外净化也称尾气净化。由于多采用催化方法，所以习惯称其为尾气催化净化。目前我国主要应用的方法为一段净化法，又称为"氧化—催化燃烧法"，是利用装在汽车排气管尾部的氧化催化燃烧装置，将汽车发动机排出的一氧化碳和碳氢化合物在反应装置中与排气中残留的氧或另外供给的空气中的氧发生反应，生成无害的二氧化碳和水。这种方法只能去除一氧化碳和碳氢化合物，对氮氧化物没有去除作用。此外还有二段净化法，需要两个催化反应器分别完成对氮氧化物的还原反应和对 CO 及碳氢化合物的氧化反应。目前，国际上通用的是三元催化净化装置，将三种有害物质一起净化。采用此法可以节省燃料，减少催化反应器的数量，是一种技术层次高，治污效果明显的净化方法。

4.柴油车的排烟净化

柴油车及车用柴油机的排气污染物主要是黑烟，尤其是在特殊工况下，当柴油车加速、爬坡、超载时冒黑烟更为严重，这是发动机燃烧室里的燃料和空气混合不够均匀，燃料在高温缺氧的条件下发生裂解反应，形成大量的高碳化合物所引起的。影响黑烟浓度的因素较多，而且柴油车排气中颗粒物、一氧化碳、碳氢化合物、氮氧化合物等对大气的污染也很严重，为此可对机前、机内、机外分别采取防治措施，以便实现环保目标。

机前的净化首先考虑燃料的改进和替代，开发新的能源；其次可在燃料中添加含钡消烟剂。机内净化可以从改进进气系统、改变喷油时间、改进供油系统三个方面着手。机后处理主要有两种方法，一是除尘法，二是过滤法。除尘法是将排气中的固体碳粒通过静电、过饱和水蒸气凝聚或超声波等方法，将极细小的粒子聚合成较大的粒子，然后经旋风除尘器除去。过滤法是将排气通过水层，使水蒸发，经冷却达到过饱和状态，形成以碳尘为核心的水滴，该水滴被过滤后，使排气得到净化，此方法可消除碳烟中 90% 的碳尘。该方法装置笨重，且水耗与油耗大致相同。

（五）颗粒污染物控制技术

1. 电除尘技术

（1）技术原理及特点

电除尘器利用静电吸引的原理，含尘气体流经不均匀电场，尘粒或雾滴在电场力的驱动下被正负极捕集，而从气体中分离。

（2）结构及分类

电除尘器由电源设备、除尘室（包括电场、清灰装置）、输灰装置和控制系统组成。电除尘器有多种分类方式，按不同分类依据，可归纳为 11 种分类方式，如表 4-3 所示。

表 4-3　电除尘的分类

序号	分类依据	基本形式
1	按收尘极板类型	分为管式、板式和桅杆式
2	按收尘极板间距	分为常规型（300 mm）和宽间距型（≥ 400 mm）
3	按极板安装类型	分为竖装吊挂型和横装旋转型
4	按极板极线清灰方式	分为干式（振打、括刷清灰）和湿式（水雾、水流清灰）
5	按电场串联数量	分为单室和多室（2—8 室）
6	按电晕区与除尘区布置	分为单区和多复双区（电晕区、除尘区前后分布）
7	按末电场清灰时是否关气断电	分为在线清灰、离线清灰（关断烟气）、离线断电清灰（关断烟气，停供电源）
8	按电源设备配置	分为交流或直流、高频或工频、脉冲或恒流
9	按气流走向	分为卧式（端进端出水平流）和立式（上进下出垂直流）
10	按电场形状	分为方箱体和圆筒体
11	按入口烟气温度	分为高温型（≥ 130 ℃）、低温型（110 ℃）和低低温型（90 ℃）

（3）技术发展

世界上第一台电除尘器于 1885 年由英国的敖立志在北威尔斯熔铅厂建造，用静电感应器作为高压电源，因电源选型不当而失败。1907 年美国的科特雷尔

109

改用机械整流电源，在加利福尼亚州一个火药厂安装一台电除尘器捕集硫酸雾获得成功，之后电除尘器开始工业应用。

直至 20 世纪 40 年代，出现硅整流电源，促使电除尘器在各工业领域推广应用。20 世纪 60 年代我国在引进项目中成套引进电除尘设备，20 世纪 80 年代，第一台国产化样机在拱北电厂 300 MW 机组成功投运，揭开了电除尘技术在我国快速发展的序幕。经过数十年的努力，我国已成为世界公认的电除尘器生产和应用大国。近些年为满足不断修订提高的排放标准，适应节能减排的需求，我国成功研发多项电除尘新技术，大大提高了电除尘技术水平。

2. 袋式除尘技术

（1）技术原理及特点

袋式除尘器是利用过滤元件将含尘气体中固态、液态颗粒或有害气体阻留、分离或吸附的高效除尘设备。过滤元件分柔性体（如滤袋）和刚性体（如滤筒、塑烧板等）两大类。滤袋由滤料缝制，是应用最广泛的过滤元件，起过滤作用的是一层按一定组织结构排列的纤维集合体。其过滤机理是惯性效应、拦截效应、扩散效应、静电效应的协同作用。除尘工况是一个过滤除尘和清灰再生交替进行的非稳态过程。

袋式除尘器的过滤效率取决于烟尘条件（如温度、浓度、粒径、比重）、滤料性状（如纤维规格、滤网结构、表面处理）、清灰机构（如类型）、设计选型（如过滤速度、清灰参数）等众多因素，难以用纯理论公式推导计算。人们通常利用实验手段进行标定评价，或提出半经验计算公式。

袋式除尘器具有除尘、脱气双重功能。它对各种工艺烟尘的适应能力强，除尘效率高而稳定，便于单元组合，在线维护检修，特别适用于对微尘有严格控制要求、工艺不能间断运行的场合。

（2）结构及分类

袋式除尘器由滤袋室、清灰机构、卸灰输灰装置及控制系统组成。按清灰方式可分为机械振动、分室反吹、喷嘴反吹、脉冲喷吹四大类，每一大类又细分为若干小类。

（3）技术发展

世界上第一台振动清灰袋式除尘器于 1881 年在德国奔特工厂诞生。20 世纪 20 年代出现反吹清灰袋式除尘器，1957 年美国粉碎机公司的设计人员发明了脉冲清灰袋式除尘器，1962 年日本栗本铁工厂开发了回转反吹扁袋除尘器。

我国于 20 世纪 50 年代从苏联引进振动类、反吹风类袋式除尘器。1966 年北京市农药厂引进一台英国脉冲袋滤器，20 世纪 70 年代开始国产化研发与推广应用。20 世纪 80 年代宝钢工程和有色金属行业从国外成套引进各种类型的袋式除尘器，其中分室反吹风类和脉冲喷吹类为两大主流产品，在应用中人们组织改进研发，制定相关标准，取得了重大技术进步。

（六）工业有害气体控制技术

工业有害气体控制技术主要有三种，即洗涤吸收技术、催化燃烧技术和回收再利用技术。

洗涤吸收技术的机理是用特定的洗涤液对有害气体进行洗涤，使气体中的有害物质被吸收在洗涤液中，或与洗涤液中的特定物质进行化学反应，然后再对洗涤液进行相应的处理，达到收集、转化有害物质的目的。应用装置主要是废气洗涤塔。

催化燃烧技术的机理是让有害废气通过催化装置，在高温下，有害物质被燃烧、热解、转化。其典型装置有催化燃烧器、催化热解炉。

回收再利用技术的机理是让有害气体通过特定的装置，将其中的可再生利用的物质进行分离、提纯或化学转化，使之成为原料或产品，同时使废气得到净化。典型的应用装置有冷凝塔（器）、吸附富集器等。

（七）氯氟烃和卤族化合物类物质的控制技术

氯氟烃和卤族化合物类物质是一种无色、无味、在常温下即气化的物质。它的广泛使用，已经破坏了大气中的臭氧层。目前，尚没有良好的技术来修复由它的排放所造成的破坏。主要措施是削减氯氟烃的使用量，直至停止使用。为此，各国都在进行积极的工作，在替代品的研究开发上已取得了很大的进展。

我国实施削减氯氟烃并最终停止生产与使用消耗臭氧层物质的技术手段，主要有以下四种。

①氯氟烃生产结构的调整，即在不增加氯氟烃总生产能力的基础上，将氯氟烃的分散生产变成集中生产，为最终转产创造有利条件。

②建立替代品生产体系。几年来，在这方面我国已经取得了积极的进展，如无氟冰箱的生产。在发泡材料生产领域，用丁烷、戊烷和二氧化碳与氟利昂 -22 混合物替代氯氟烃。

③停止非必要场所消耗臭氧层物质的使用。例如，消防中，在一些不必要使用哈龙灭火器的场所，用干粉灭火器等代替。

④回收循环使用技术。在停止生产与使用消耗臭氧层物质期限前，采用回收循环使用技术，从而减少消耗臭氧层物质的生产量。

二、大气污染综合防治对策

（一）大气污染综合防治的概念

一般区域大气污染综合防治，是相对于单个污染源治理而言的。此处所指的区域就是某一个特定的区域（包括某一地区或城市，或更广大的特定区域），人们应把区域大气环境看作一个统一的整体，经调查评价、统一规划，综合运用各种防治措施，改善大气环境质量。

（二）大气污染综合防治的原则

1. 分散治理与综合防治相结合

分散治理措施必须和综合防治结合起来，只有这样才能提高污染治理效益，有效改善区域环境质量。

2. 技术措施与管理措施相结合

在当前我国财力有限、技术条件有限的情况下，我们更要通过加强管理来解决环境问题。另外，利用管理手段，可以促进污染治理，而且污染治理工程建成后，必须建立严格的管理制度，这样才能保证污染治理设施持续正常地运行。

3. 以源头控制为主，推行清洁生产

20世纪70年代以前，人们处理公害事件采取的主要措施：对污染源进行调查，研究污染事件发生的过程及规律，对污染进行管理，运用法律、经济手段限制污染物的排放等。总之是等污染物产生后再通过回收、净化等措施进行管理，减少排放，而法律、经济等管理手段主要是以管促治。这些措施都属于尾部控制的范畴。环境科学家认为等环境问题产生了再去解决，是与结果作斗争，而不是从根本上采取措施与原因作斗争，这是舍本求末。

20世纪70年代中期到20世纪80年代中期，人们对控制污染的认识已经提高到要从合理开发利用资源、调整经济发展战略着手，从根本上解决环境污染和破坏问题，与产生环境问题的原因作斗争。

20世纪80年代末、90年代初，实施可持续发展战略已成为世界各国的共识，对污染的控制和管理也从尾部控制转为源头控制，从末端环境管理转变到全过程环境管理。因此，以源头控制为主，推行清洁生产成为大气污染综合防治的重要原则。

4.合理利用环境自净能力与人为措施相结合

只有全面规划、合理布局，才能合理利用环境的自净能力。在环境调查研究和环境预测的基础上，要编制环境经济规划和区域环境规划，进行环境区划和环境功能分区，按环境功能分区的要求，对工业企业按类型进行合理布局。了解和掌握区域环境特征（如风向、风频、逆温、热岛效应等）、污染物的稀释扩散等自净规律，使污染源合理分布，并控制污染源密度。人们不仅应该从单个污染源的治理来考虑，还要对环境自净能力和人工治理措施进行综合考虑，使其组合成不同的方案，然后选取最优（或较优）的方案。

5.按功能区进行总量控制

按功能区进行总量控制指在保持功能区环境目标值（环境质量符合功能区要求）的前提下，控制允许排放的某种污染物的最大排污总量。控制污染的着眼点，不是单个污染物的排污是否达到排污标准，而是从功能区的环境容量出发，控制进入功能区的污染物总量。

（三）国外大气污染防治的经验

1.建立区域合作机制

美国大气污染治理区域合作机制是比较成功的污染治理机制。美国南海岸空气质量管理局有效地统一了各个区域大气污染治理体系，明确了各行政区域政府部门的职责，实现了区域法律政策的协调一致，区域联防联控工作取得了较大成效。

国内大气污染治理区域合作机制在长三角地区可以实施。建立区域合作机制是制定大气污染治理措施的重要参考。我们可以成立区域大气污染治理的专职机构，实现地方政府间的政策协调，颁布统一适用的法律法规，使各行政区域政府部门的职责与权限更加明确和清晰，将分散的单个区域性治理转变为整体性治理，从而总体优化我国空气质量。

2.坚持政府、企业、公众共治

伦敦市在大气治理中高度重视社会共治。政府通过加强大气污染防治宣传，强化环保氛围，引导公众建立大气污染防治意识，在生产生活中养成减污减排的习惯，构建政府、市场、社会等共同治理的大气污染防治体系，同心协力，相互配合，形成社会共治局面。

我国在大气污染防治方面依然任重道远，企业生产、煤炭燃烧、市政建设等方面的问题突出，具有明显的处于发展阶段的污染特征。有学者分析得出 PM 2.5

为主要大气污染物，治理形势严峻，其不仅破坏自然环境，而且对社会的稳定和经济的平稳运行有较大影响。我们要充分调动媒体、社会力量深入宣传环保理念，让社会各阶层都能意识到，每一个人真正参与大气污染防治是关键和根本。

相关部门积极落实公众环保参与方案，有效公开环境治理信息，有序推进包括政府、企业、公众等在内的社会共治。确保让全社会都意识到大气污染防治是需要大家共同面对的，激发每个人的积极性，营造环保的浓厚氛围，推动政府主导，企业、公众等参与的共治体系的建立。

在大气污染防治过程中，要落实环保责任清单，建立健全各级环境保护议事协调机构，突出各环保相关部门的法律职责。明确企业排污的主体责任以及防治污染的义务，鼓励企业科学治污，承担治理责任，不但要求企业引入新科研成果，更新生产处理工艺，升级改造配套治污设施，不断减少排放，而且要求企业完善排污监管机制，提高减排效率。

大型企业要起到带头作用，率先开展符合自身的大气污染防治技术研发工作。我国的大型企业中，除少数具备环保治理单独研发实力，其他大部分企业在处理污染减排问题的时候，常借助社会第三方环保科技公司，在精细程度和更新效率上无法满足环境保护要求。这导致我国的大气污染防治虽然不缺乏市场，但是存在技术水平不一、标准混乱的现象，企业无法根据自身的特点来选择适合的污染防治技术和方案。因此，涉及大气环境问题的企业应选择长期聘任环保技术专业人员或者建立大气污染防治环保技术部门，加强污染防治和技术研发。

3. 建立健全多元协作治理模式

一些国家的多元协作治理模式发展较早且内容丰富，社会组织、企业以及社会民众的积极参与是其大气污染治理的一大特色，起到了不可或缺的作用。如日本植树造林活动中，社会组织、企业和民众拧成了一股绳，自发地投身于绿化建设中，保护大气净化功能，营造美好生态环境。

国内近些年也逐渐提倡将多元协作治理运用到大气污染治理中，但是总体看，仍有社会组织参与制度不完善、公众参与渠道不畅通、企业环保意识低下等问题存在。在大气污染治理中，多元协作治理模式还需大力发展，使社会、政府、企业三者达到平衡，打破社会组织参与制度的障碍，拓宽公众参与渠道，引导企业改变发展战略，将多元协作治理模式切实运用到大气污染治理实践中。

4. 完善大气污染治理的法治体系

完善的法律法规支撑着大气污染治理措施的贯彻落实，无论是美国、英国还是日本，在进行大气污染治理时均强调法律法规的制定以及不断修改和完善。法律法规是需要在治理过程中不断进行修改的，发现问题和漏洞，要进行补充和完善，真正做到治理措施有法可依。因此，完善大气污染治理的法治体系，最大限度地发挥法律效应，使治理工作更加合理和顺畅，是我国要加强和改进的地方。

第五章　现代土壤污染及其控制

土壤是万物之基，不管是农业作物、工业生产还是日常生活，都离不开土壤。目前，随着工业化和城镇化进程的不断推进，土壤污染日益严重，土壤污染会造成一系列的恶劣影响。土壤污染会影响农作物的生产和质量，同样也会影响居民的生活用水。这些问题都会对人们的生命财产和整个社会发展造成不可估量的影响，因此它们已经得到了政府和有关部门的高度重视。本章包括土壤的结构及特性、土壤污染及其危害、土壤污染的控制等内容。

第一节　土壤的结构及特性

一、土壤的结构与组成

（一）土壤的剖面构型

自然界的土壤是一个在时间上处于动态、在空间上具有垂直和水平方向变异的三维连续体。土壤环境自地面垂直向下，是由一些不同形态特征的层次（如土壤发生层）构成的。土壤垂直断面称为土壤剖面构型。它是土壤最重要的形态特征，不同的土壤类型有着不同的剖面构型。

依据土壤剖面中物质迁移、转化和累积的特点，一个发育完整的典型土壤剖面自上而下由 A、B、C 等层位构成，其中，A 层（表土层，又称腐殖质表层）是有机质的积聚层和物质淋溶层；B 层（心土层，或称淀积层）是由 A 层向下淋溶物质所形成的淀积层或聚积层，淀积物质随气候和地形条件的不同而不同，如在热带、亚热带湿润条件下淀积物以氧化铁和氧化铝为主，在温带湿润区以黏粒为主，在温带半干旱区则以碳酸钙、石膏为主，在地下水较浅的区域则以铁锰氧化物为主。A 层、B 层合称为土体层。土体层的下部逐渐过渡到轻微风化的地质沉积层，土壤学上称之为母质层（即 C 层）。上述各土层的物质组成及性质均存在很大差异，在垂直方向上构成了一个复杂的非均匀物质体系。

（二）土壤的组成

土壤是一个复杂的多相物质体系，包括固、液、气三相，且疏松多孔。土壤的固相部分包括土壤矿物质和土壤有机质。其中，矿物质占土壤固体总重的 90% 以上，一般可耕性土壤中有机质占土壤固体总重的 5% 左右，且绝大部分集中在土壤表层（即 A 层）。土壤的液相部分指土壤中的水分及水溶物。土壤的气相部分指土壤孔隙中存在的多种气体的混合物。

按容积计，较理想的土壤中矿物质成分占 38%—45%，有机质占 2%—5%，土壤孔隙约占 50%，土壤溶液和空气存在于土壤孔隙内，三相之间经常变动而相互消长。此外，土壤中还有数量众多的微生物和土壤动物等。

1. 土壤矿物质

土壤矿物质又称土壤无机物，主要来自成土母质，是土壤的主要组成物质。土壤矿物质构成了土壤的"骨骼"，它对土壤的矿质元素含量、结构、性质和功能影响甚大。

按照成因可将土壤矿物质分为原生矿物质和次生矿物质两大类。原生矿物质是各种岩石受到不同程度的物理风化而未经化学风化的碎屑物，是土壤中各种化学元素的最初来源。原生矿物质可向土壤中的水分供给可溶性成分，并为植物生长发育提供矿质营养元素，如磷、钾、硫、钙、镁和其他微量元素。原生矿物质主要包括硅酸盐和铝硅酸盐类、氧化物类、磷酸盐类等。次生矿物质指岩石化学风化和成土过程中新形成的矿物质。次生矿物质颗粒细小，具有胶体特性，是土壤颗粒中性质最为活跃的部分，土壤的膨胀性、吸收性、保蓄性等性质都与其关系密切。土壤中次生矿物质主要包括各种矿物盐类、铁铝氧化物类以及次生黏土矿物类。次生黏土矿物如伊利石类、蒙脱石类、高岭石类等都是土壤环境矿物质组成中重要的成分。

2. 土壤有机质

土壤有机质是土壤中有机化合物的总称，它是土壤重要的组成成分和土壤肥力的物质基础，也是土壤形成发育的主要标志。土壤有机质主要包括腐殖质、糖类、木质素、有机氮、脂肪、有机磷等，其中腐殖质是土壤有机质的主要成分，约占有机质总量的 50%—65%（质量分数），是土壤微生物利用动植物残体及其分解产物重新合成的一类高分子有机化合物，也是土壤特有的有机物。

3.土壤的液相部分

土壤中的液相（溶液）部分主要来自大气降水和灌溉。在地下水位较浅的情况下，地下水也是上层土壤水分的重要来源。此外，空气中水蒸气冷凝也会成为土壤水分。土壤水分并非纯水，而是土壤中各种成分溶解形成的复杂溶液，含有K^+、Ca^{2+}、Mg^{2+}、Na^+、Cl^-、NO_3^-、SO_4^{2-}、HCO^{3-} 等离子以及其他有机物，同时各种有机、无机污染物也可能存在于土壤液相中。土壤液相既是植物养分的主要媒介，也是进入土壤中的污染物向其他环境要素（大气、水、生物）迁移的媒介。

4.土壤的气相部分

土壤液相和气相均存在于土壤孔隙中，土壤气相（空气）只有不足10%的充气毛细孔是与大气隔绝的，其余的均与大气相连通。因此，土壤气相成分主要来自大气，组成与大气基本相似，但又存在着明显的差异。土壤气相中 CO_2 含量远比大气中的含量高。大气中 CO_2 含量为 0.02%—0.03%（体积分数），而土壤中一般为 0.15%—0.65%（体积分数），甚至高达 5%（体积分数），这主要是来自生物呼吸及各种有机质分解。土壤气相中的 O_2 含量则低于大气中的，这是由于土壤中耗氧细菌的代谢、植物根系的呼吸及种子发芽等因素导致的。

另外，土壤气相中的水蒸气含量一般比大气中的高得多，而且土壤气相中含有少量的还原性气体，如 H_2S、H_2、NH_3、CH_4 等，这是土壤中生物化学作用的结果。一些醇类、酸类以及其他挥发性物质也通过挥发进入土壤。如果是被污染的土壤，土壤气相中还可能存在某些污染物。土壤气相是不连续的，存在相互隔离的孔隙，这导致土壤气相的成分在土壤各处一般不相同。

二、土壤的基本性质

（一）土壤的物理性质

1.土壤水分

土壤水分是土壤重要的组成部分，主要来源于大气降水、灌溉和地下水。水进入土壤以后，土壤颗粒表面的吸附力和微细孔隙的毛细管力，可将一部分水保持住，但不同土壤保持水分的能力不同。砂土由于土质疏松、孔隙大，水分容易渗漏流失；黏土土质细密、孔隙小，水分不容易渗漏流失。气候条件对土壤水分含量的影响也很大。

（1）吸湿水

单位体积土壤具有的土壤颗粒表面积很大，因而土壤具有很强的吸附力，能将周围环境中的水汽分子吸附于自身表面，这种束缚在土粒表面的水分即吸湿水。

（2）毛管水

土壤颗粒间细小的空隙可视为毛管，土壤中薄膜水达到最大后，多余的水分由毛管力吸持在土壤的细小孔隙中，称为毛管水。

（3）重力水

毛管力随着毛管直径的增大而减小。土壤中较大直径的孔隙为非毛管孔隙。若土壤的含水量超过了土壤的田间持水量，多余的水分不能被毛管力吸持，在重力作用下水将沿着非毛管孔隙下渗，这部分土壤水称为重力水。

（4）膜状水

当吸湿水达到最大数量后，土粒已无足够力量吸附空气中活动力较强的水汽分子，只能吸持周围环境中处于液态的水分子。这种吸着力吸持的水分使吸湿水外面的薄膜逐渐加厚，形成连续的水膜，故称为膜状水。

土壤水分并非纯水，其实际上是土壤中各种成分和污染物溶解形成的溶液，即土壤溶液。土壤溶液是土壤与环境间物质交换的载体，是物质迁移与运动的基础，也是植物根系获取养分最基本的途径。由于土壤溶液与土壤固相构成了一个动态平衡体系，因此土壤溶液的组成在一定程度上反映了发生在土壤中的各种反应。

2. 土壤空气

土壤空气组成与大气组成基本相似，主要成分都是氮气、氧气和二氧化碳。其差异主要表现在以下三点。

①土壤空气存在于相互隔离的土壤孔隙中，是一个不连续的体系。

②在氧气和二氧化碳含量上有很大的差异。

③土壤空气中还含有少量还原性气体，如甲烷、硫化氢等。如果是被污染的土壤，其空气中还可能存在污染物。

（二）土壤的化学性质

1. 土壤酸碱度

土壤酸碱度也称为土壤反应，即土壤呈酸性或碱性的反应，它影响所有土壤的化学反应过程，对物质的迁移和转化（如沉淀、堆积）起着重要作用。土壤酸碱度的直接决定因素是土壤溶液中的 H^+ 或 OH^- 的浓度。但它受多种因素影响，主要是土壤溶液中的二氧化碳、各种有机酸（如胡敏酸等）和部分离解的酸性盐与碱性盐的含量，以及碳酸盐的数量和种类。土壤的酸碱度决定了化学元素的迁移能力，大多数化学元素在强酸环境中形成易溶化合物，如方解石、白云石等在酸性环境中强烈地溶解，Fe^{3+}、Al_2O_3在强酸溶液中易溶解。

土壤溶液的 pH 值对于控制氢氧化物在溶液中的沉淀有重要意义。从金属氢氧化物沉淀规律看，Co^{3+}、Cr^{3+}、Bi^{3+}、Sn^{4+}、Th^{4+}、Zr^{4+}、Ti^{4+}、Sb^{3+}、Sc^{3+} 仅出现于强酸性溶液中，这些阳离子很容易因 pH 值稍微增高而从溶液中沉淀出来，故其迁移能力很弱，而 Ni^{2+}、Co^{2+}、Zn^{2+}、Mn^{2+}、Ag^{2+}、Cd^{2+}、Pb^{2+}、V^{3+}、La^{3+} 则在 pH 值等于 8 的弱碱性溶液中也能大量存在，加之它们本身在溶液中的含量很少，即使 pH 值明显变化或加入沉淀剂后，其氢氧化物也不沉淀，因此 pH 值对其影响不大。

氢氧化物的沉淀作用发生在一定的 pH 值范围内，如三价铁的氢氧化物在 pH 值为 3—5 时产生沉淀，二价铁的氢氧化物在 pH 值等于 5.5—7.5 时沉淀，而铅、锌、锰、镁的氢氧化物产生沉淀的 pH 值分别为 4—6、6—7、8.5—10、10.5—11。

以土壤 pH 值作为金属迁移因素来评价时，必须结合元素的氢氧化物溶解度、克拉克值及其在溶液中的含量。土壤的酸碱度对物质的迁移，即化学流动性的影响是很复杂的，它取决于许多因素的结合。

2. 土壤的缓冲性

土壤具有一定的抵抗（缓冲）土壤溶液中 H^+ 或 OH^- 浓度改变的能力，称为土壤的缓冲性。土壤的缓冲性，是土壤的重要性质之一，它对土壤中物质的迁移起间接作用。由于缓冲性使土壤环境的酸碱度变化不大，因此物质的迁移转化也处于相对稳定的状态。土壤具有缓冲性的原因包括以下两个方面。

（1）土壤含有多种弱酸及弱酸强碱的盐类

它们在土壤中构成一个良好的缓冲系统，故对酸碱具有缓冲作用。例如，碳酸和碳酸钠即为一个缓冲系统。

$$Na_2CO_3 \rightleftharpoons 2Na^+ + CO_3^{2-} \qquad ①$$

$$H_2CO_3 \rightleftharpoons H^+ + HCO_3^- \qquad ②$$

当加入少量酸时，H^+ 增加，可与①式中的 CO_3^{2-} 生成碳酸，使土壤酸度不会发生急剧变化。同样，加入少量碱时，OH^-增多，可与②式中的H^+作用生成水，这样土壤的碱度也不会发生急剧变化。

（2）土壤中存在两性物质

无论是液态的两性物质还是胶体态的两性物质，它们都具有缓冲性，如液态的氨基酸等分子中同时存在羧基和氨基。土壤的胶粒几乎都具有两电性，较显著的是三氧化物的胶体。

土壤吸收性复合体吸收了很多代换性阳离子，对酸能起缓冲作用，代换性H^+、Al^{3+}则对碱能起缓冲作用。

酸性土壤中存在的Al^{3+}有缓冲作用。由于Al^{3+}周围有六个水分子围绕，当加入碱时，OH^-增多，Al^{3+}周围的水分子会离解H^+而中和OH^-，从而使pH值不致发生迅速变化。

3. 土壤的氧化还原性质

土壤的氧化还原作用在土壤化学反应和生物化学反应中占极其重要的地位。在土壤溶液中存在许多氧化还原系统，其中主要是溶解的氧和微生物分泌的氧化态和还原态物质，还有各种金属的氧化与还原态盐（包括铁、锰、钛和铜）以及有机物质分解产物等。在土壤溶液的众多氧化还原体系中，氧化还原电位取决于存在量最多的系统，通常条件下土壤中的氧化还原电位取决于土壤的通气状况，只有在通气不良、缺氧的情况下才取决于上述各种氧化还原系统。氧化还原反应的实质是原子的电子得失。

$$氧化剂 + ne \rightleftharpoons 还原剂$$

其氧化还原电位E_h同样可采用能斯特方程进行计算：

$$E_h = E_0 + \frac{0.0591}{n} \lg \frac{[H^+]}{[H_2]}$$

故土壤的氧化还原电位在不同的pH值下是有变化的，E_h随pH值的增大而降低。氧化还原反应是元素迁移过程中一类重要的化学反应。氧化还原电位变化，将使土壤溶液中水溶性重金属形态发生变化，从而影响重金属在土壤中的迁移能力和有效性。

例如，土壤的pH值及氧化还原电位对镉的存在形态有影响，水溶性镉随土壤的氧化还原电位的增大和pH值的减小而增多。在低氧化还原电位下镉形成难溶的硫化镉，而在较高的氧化还原电位时，镉可以形成硫酸镉，此时镉对于植物的有效性增大。

4. 土壤的吸收性

土壤的吸收性指土壤具有吸收和截留一些物质的能力。根据盖德洛伊茨的意见，将土壤吸收作用的方式分为五种：机械吸收作用、物理吸收作用、化学吸收作用、物理化学吸收作用和生物吸收作用。由于土壤的吸收性涉及许多的化学、生物化学过程及胶体的许多性质，因此将其都概括到"吸收性"这一命题中难以说明，比较牵强，但土壤的吸收性无疑对元素的迁移、保存等有重要意义。

5. 土壤胶体性质

土壤胶体是指土壤中颗粒直径小于 1 μm，具有胶体性质的微粒。土壤是多种胶体微粒共存的分散体系。土壤胶体是土壤形成过程中的产物，它包括各类黏土矿物微粒（如铝硅酸盐类），也包含腐殖质、蛋白质等有机高分子，还包含铝、铁、锰、硅等水合氧化物等无机高分子。土壤中也有形形色色的天然产物及人为污染物综合构成的复杂的胶体分散体系。一个胶体分散体系具有很多性质，如表面性质、电学性质、光学性质及动力学性质等，其中表面性质和电学性质对土壤的吸收性影响最大，它们影响物质在土壤中的迁移和转化。

第二节　土壤污染及其危害

一、土壤污染的概念

土壤污染指人类活动所产生的污染物质通过各种途径进入土壤，其数量超过了土壤的容纳和同化能力，而使土壤的性质、组成及性状等发生变化，并导致土壤的自然功能失调，土壤质量恶化的现象。

天然土壤具有纯粹的自然属性。人类最初开垦土地，主要是从中索取更多的生物资源。已开垦的土地逐渐变得贫瘠，人们就向农田补充一些物质——肥料，农田获得了肥力，同时也受到了污染。

20 世纪 50 年代以来，现代工农业飞速发展，大气烟尘和废水对农田的不断侵袭，农药、化肥的大量施用，都严重地影响了土壤的生产性能和利用价值，以至于造成公害，直接危害着人类的健康。

二、土壤污染的特征

（一）土壤污染的隐蔽性

对于产生的土壤污染，我们凭肉眼是不能直接看见的。在土壤中各种有害物质经常与土壤结合，然后有些有害物质被土壤生物分解或吸收，这就改变了土壤原有的性质和特点。土壤里面的有害物质可输送到农作物中，再通过食物链，对人类和家畜的健康造成危害，因此土壤污染具有一定的隐蔽性。

（二）土壤污染的累积性与地域性

1. 土壤污染的累积性

土壤污染的累积性表现为土壤吸附性强，人类生活中产生的污染物通常被吸附在土壤中，特别是那些金属污染物，以及很难去除的污染物。它们也常常吸附在植物的根茎上，其中土壤中的有机物还可能和某些放射性元素结合，这样放射性元素在土壤中长期存在，无论怎么转化都很难离开土壤，所以这成了我们解决污染问题的难题。

2. 土壤污染的地域性

这种特性一般表现为污染物不会像水或者气体那样容易蒸发消散。如果污染物在土壤中积累了很多，造成了很大污染，就更不容易除掉它们了。

（三）土壤污染的不可逆转性

长期积累在土壤中的污染物很难去除，普通的稀释和降解往往是不能够达到要求的。例如重金属污染等，基本上是不可逆转的。对这些污染物进行降解，是一个长期而又艰巨的过程。同样，不能排除某些污染物降解后，有危害人类生活与环境的有机物产生。因为降解可能会产生有毒的中间产物，这也是到目前为止有很多污染物都不能够被降解的原因之一。只有采用新型的提取方法，才能够有效地解决掉土壤中存留的污染物。

（四）土壤污染的治理周期长

土壤环境受到污染时，人们要采取合理有效的解决方案。解决土壤中的污染物，不是一时半会儿就能够完成的，这是一个循序渐进的过程。例如，某些污染严重的地区，可能需要几十年或者几百年的时间来恢复。因此，选择先进的污染处理技术是非常重要的。

三、土壤污染的类型

根据土壤主要污染物的来源和土壤污染的途径，我们可把土壤污染的发生归纳为下列五种类型。

（一）水质污染型

此种土壤污染的污染源主要是工业废水、城市生活污水和受污染的地面水体。利用经过预处理的城市生活污水或某些工业废水进行农田灌溉，如果使用得当，一般可有增产效果，因为这些污水中含有许多植物生长所需的营养元素。同时又节省了灌溉用水，并且使污水得到了土壤的净化，减少了治理污水的费用等。但因为城市生活污水和工矿企业废水中还含有许多有毒、有害的物质，成分相当复杂，若这些污水、废水直接输入农田，可造成土壤环境的严重污染。

由水体污染所造成的土壤环境污染，由于污染物质大多以污水灌溉的形式从地表进入土体，所以污染物一般集中于土壤表层。但是，随着污灌时间的延续，某些污染物质可随水自土体上部向土体下部迁移，以至于到达地下水层。这是土壤环境污染的最主要发生类型，它的特点是沿已被污染的河流或干渠呈树枝状或片状分布。

（二）大气污染型

此种类型土壤污染的污染物质来自被污染的大气。由大气污染而造成的土壤环境污染，主要表现在以下四个方面。

①工业或民用煤的燃烧所排放出的废气中含有大量的酸性气体，如 SO_2、NO_2 等，汽车尾气中的铅化合物、NO_x 等，经降雨、降尘而输入土壤。

②工业废气中的粒状浮游物质（包括飘尘），如含铅、镉、锌、铁、锰等的微粒，经降尘而落入土壤。

③炼铝厂、磷肥厂、砖瓦窑厂、氰化物生产厂等排放的含氟废气，一方面可直接影响周围农作物，另一方面可造成土壤的氟污染。

④原子能工业、核武器的大气层试验产生的放射性物质，随降雨、降尘而进入土壤，造成土壤环境的放射性污染。

由大气污染造成的土壤环境污染，其特点是以大气污染源为中心呈椭圆状或条带状分布，长轴沿主风向延长。污染面积和扩散距离取决于污染物质的性质、排放量以及排放形式。例如，西欧和中欧工业区采用高烟囱排放，SO₂等酸性物质可扩散到北欧的斯堪的纳维亚半岛，使该地区土壤酸化。而汽车尾气是低空排放，只对公路两旁的土壤产生污染危害。

大气污染型土壤污染的污染物质主要集中于土壤表层（0—5 cm），耕作土壤则集中于耕层（0—20 cm）。

（三）固体废弃物污染型

固体废弃物指被丢弃的固体状物质和泥状物质，包括工矿业废渣、污泥和城市垃圾等。在土壤表面堆放或处理、处置固体废物、废渣，不仅占用大量耕地，而且其可通过大气扩散或降水淋滤，使周围地区的土壤受到污染，所以此种污染称为固体废弃物污染。这种污染属点源污染，主要是造成土壤环境变化的重金属污染，以及油类、病原菌和某些有毒有害有机物的污染。

（四）农业污染型

所谓农业污染型就是由于农业生产的需要而不断地施用化肥、农药、城市垃圾堆肥、厩肥、污泥等所引起的土壤环境污染。其中主要污染物质是化学农药和污泥中的重金属。而化肥既是植物生长发育的必需营养元素的来源，又是日益增长的环境污染因子。

农业污染型的土壤污染轻重与污染物质的种类、主要成分，以及施药、施肥制度等有关。污染物质主要集中于土壤表层，其分布比较广泛，属面源污染。

（五）综合污染型

必须指出，土壤环境污染的发生往往是多源性质的。对于同一区域受污染的土壤，其污染源可能同时包括受污染的地面水体和大气，以及固体废弃物。因此，土壤污染往往是综合污染型的。但对于一个地区或区域的土壤来说，可能是以某一污染类型或某两种污染类型为主。

四、土壤污染的原因

在人们生活水平不断提升的基础上，人们对食品安全更加关注。土地污染及粮食安全与人们的日常生活有直接的关系，如果土壤污染问题得不到有效解决，土壤污染将会对耕地和粮食安全造成严重的威胁，导致我国农业无法稳定发展。我国现有耕地面积在世界总耕地面积中虽然占比较小，但满足了我国对粮食的需求。只有保证土地安全，才能对人类的生命健康与安全给予维护，才能使整个社会稳定发展。

（一）不合理使用农药

在种植农作物的过程中，种植人员为了保证农作物的生长质量，会采取相应措施，如喷洒农药。相关研究发现，我国农业每年要消耗 50 万—60 万吨的农药，所涉及的土地面积高达 200 万公顷。这些农药大部分会被直接投放到自然环境中，导致农药在消除病虫害的同时污染土壤环境，破坏生态系统。另外，农业种植人员在施用农药时，部分农药会残留在空气中，导致空气质量下降。

在农业生产中，过量使用农药会影响土壤整体结构，导致农业生态系统出现混乱，若不及时调整，会导致整个地区出现严重的生态问题。农业土壤污染会导致农作物生长率降低，品质下降，从而影响农民的经济利益。

（二）不合理使用化肥

化肥可以帮助农作物健康、稳定生长，因此其被多数农业种植人员应用到日常生产过程中，以提高农作物的生长速度，保证农作物品质。但是由于化肥中含有大量化学物质，如硝酸盐、磷硝酸等，如果种植人员不合理使用化肥，不仅不能提高农产品的生产效率和质量，还会导致农业环境恶化，农业土地质量下降。同时，化肥还会污染水资源，化肥中的磷硝酸长期在土地中累积，一旦下雨或者灌溉，其就会随着雨水以及灌溉水进入流域，进而对社会大众的身体健康产生严重危害。

（三）气体溶液和雨水污染

从我国农业环境发展现状来看，大气污染也是导致我国大部分耕地环境恶化的主要因素之一，被大气污染所影响的土地面积高达 50 万公顷。这主要是因为被污染后的空气中含有大量有害物质，如有害颗粒物、重金属物质，这些污染物质会随着降雨、风霜落入土地，导致土壤出现污染。大气中的二氧化硫、氮氧化物会和雨水发生化学反映，从而形成酸雨，落到地面上，引起土壤污染。

（四）农民环保意识有待强化

农民是农村土地的直接使用者，部分农民尚不具备良好的环保意识，比较看重经济效益。另外，很多地区并没有定期调查农村土地污染状况，对具体污染没有明确的认知，导致在防治污染时所制定的措施不符合农村土地污染的实际情况。相关的法律法规也不够完善，无法全面监督农村环保工作的落实，导致企业将生产废水随意排放的问题无法得到有效解决，对水体和土地造成了严重的污染。

（五）农村污染防治投资有限

目前，对农村污染治理所投入的资金有限，在环境建设和环境管理的过程中很少有专门的资金。即使相关人员已经意识到农村污染治理的紧迫性，在申请专项治理排污费时也会面临诸多的问题。

同时，由于相关政策不完善，在治理农村各类环境污染时缺乏准确的依据，无法保证各类环境污染都能够得到有效治理，治理普遍缺乏规范性。正是这些因素的存在，导致农村污染控制工作很难落到实处。

另外，也没有建立完善的收费机制，在政策方面给予的支持较少，使得农村污染治理基础设施匮乏，无法及时处理农村污染问题，目前农村地区存在的环境污染问题已经非常严峻。

（六）生活污水、工业用水排放不达标

造成土地污染的因素比较多，其中污水灌溉在众多污染因素中占据很大比重。虽然工业污水和生活污水中含有部分对农业生产有利的成分，如氮、磷、钾等，但是农业种植人员利用污水灌溉时都是直接进行灌溉的，并未对污水进行处理，导致污水中的有害物质滞留在土壤中，如有机盐、重金属、病原菌等，随着时间的推移，土壤中有害物质逐渐积累，影响农作物整体种植质量。

（七）空气污染对土地造成间接污染

目前，工业企业已经成为我国社会经济发展的主体，虽然它们有效带动了整体经济的发展，但是长时间燃烧煤炭会使大量废气排放到空气中，且这些废气中所含的有毒气体会利用空气大范围传播，继而出现酸雨。酸雨会严重污染环境，对土地的使用形成制约。而土壤中的矿物质混合酸雨中的酸性物质时，所发生的化学反应更是会对土壤结构造成严重的破坏，使得土壤无法为农作物生长提供良好的条件。

五、污染物在土壤中的迁移和转化

（一）农药在土壤中的迁移转化

1.农药的主要类型

根据人工合成有机农药的化学组成，可以将其分为不同的类型，如有机氯、有机磷、氨基甲酸酯、除草剂等。下面简要介绍四种主要农药类型。

127

（1）有机氯类农药

这类农药指含氯的有机化合物,其中大部分是含一个或几个苯环的氯衍生物。例如,滴滴涕（双对氯苯基三氯乙烷）、六六六（六氯环己烷）、毒杀芬（八氯莰烯）、艾氏剂、氯丹、七氯、狄氏剂和异狄氏剂等。有机氯农药具有化学性质稳定,易溶于脂肪,在脂肪中易积累以及在环境中残留期长等特点。这种农药是造成环境污染的最主要的农药类型。目前,许多国家已停止生产和使用这类农药。

（2）有机磷类农药

这类农药指含磷的有机化合物,其化学结构中常含有硫、氮构成的链,如C-S-P 链、C-N-P 链等。大部分有机磷类农药是磷酸酯类或酰胺类化合物。这类农药的特点是毒性剧烈、较易分解、残留期短,在生物体内可被分解而不易蓄积,故被视为一种较安全的农药。但是,近年来许多研究报告认为,有机磷农药所具有的烷基化作用,可能对动物具有致癌、致突变作用。

不同种类的有机磷类农药的毒性差异很大,按其对人体和哺乳动物毒性的大小可分为三类。

①剧毒类,如对硫磷,其难溶于水,对人、畜有剧毒,甲基对硫磷的毒性仅为对硫磷的 1/3,但杀虫效果大致相同;内吸磷,其难溶于水,有恶臭,可进入植物组织而维持较长时间的药效,较易分解,但具有较大的毒性。

②中毒类,如敌敌畏等。敌敌畏是一种油状液体,稍溶于水,具有挥发性和较好的杀虫效果,易分解,残留期短。

③低毒类,如乐果、敌百虫等。乐果微溶于水,有恶臭,为一种内吸杀虫剂,其毒性较低;敌百虫应用广泛并具有较高的杀虫效力,易于分解,残留期短,因而对动物的毒性较小。

（3）氨基甲酸酯类农药

作为杀虫剂的氨基甲酸酯类农药都具有苯基-N-烷基氨基甲酸酯的结构和抗胆碱酯酶作用,它的中毒机理是对胆碱酯酶分子总体的弱可逆结合的抑制而引起虫害的消亡。这类农药属于低残留农药,因其在环境中易于分解,进入动物机体内也能很快被代谢,且大多数代谢产物的毒性要低于其自身的毒性。

（4）除草剂类农药

除草剂（或称除莠剂）应用广泛,品种繁多,其大多数属于选择性的,即只杀伤杂草而不伤害作物。最常用的除草剂如 2,4-D（2,4- 二氯苯氧基乙酸）和2,4,5-T（2,4,5- 三氯苯氧基乙酸）及其脂类,是一种调解物质,其只杀伤许多阔叶草，而不伤害狭叶草。非选择性的除草剂如五氯酚钠，其对接触到它的所有植物都具有杀伤作用。大多数除草剂在环境中会被逐渐分解，对人和哺乳动物的影响不大，还未发现它们在人畜体内积累。

2. 农药在土壤中的吸附与降解

（1）农药在土壤中行为的影响因素

农药在土壤中的迁移转化过程受诸多因素影响，如农药本身的物理化学性质、土壤性质以及环境因素等的影响，这就决定了农药在土壤中的行为极其复杂。

（2）农药在土壤中的蒸发与迁移

存在于土壤中的各类农药，可以通过挥发、移动、扩散等途径在土壤中运行或排出土体，也可被作物吸收。

农药在土壤中的蒸发速度，主要取决于农药本身的溶解度和蒸气压，也与土壤的温度、湿度等有关。例如，有机磷和某些氨基甲酸酯类农药的蒸气压高于滴滴涕、狄氏剂和氯丹的蒸气压，所以前者的蒸发速度要快于后者的。农药在土壤中的移动形式以蒸气扩散为主，其扩散速度远远高于它在水中的扩散速度。如六六六在耕层土壤中因蒸发而损失的量高达 50%，当气温增高或物质挥发性较高时，农药的蒸发量将更大。

农药在土壤中的移动性与农药的溶解度和土壤的吸附性能有关，一些水溶性好的农药可随水移动，如敌草隆、灭草隆等；而一些难溶性农药如滴滴涕，则吸附在土壤颗粒表面，并随地面径流、泥沙等一起移动。一般来说，农药在吸附性能小的砂性土壤中容易移动，而在黏粒含量高或有机质含量高的土壤中则不易移动。

（3）土壤对农药的吸附作用

土壤是一个由无机胶体（黏土矿物）、有机胶体（腐殖酸类）以及有机－无机胶体所组成的胶体体系，具有较强的吸附性能。在酸性条件下，土壤胶体带正电荷；在碱性条件下，则带负电荷。进入土壤的农药，可以通过物理吸附、物理化学吸附以及氢键结合和配价键结合等形式吸附到土壤颗粒表面。各种农药在土壤中吸附能力的大小，主要取决于土壤和农药的性质及相互作用的条件。

农药在土壤中吸附力的强弱与黏土矿物及有机胶体的种类和数量密切相关，也与土壤的代换量及其影响因素有关。据研究，土壤胶体对农药的吸附能力大小的顺序为有机胶体＞蛭石＞蒙脱石＞伊利石＞绿泥石＞高岭石。氯丹和 2，4，5-T 等大部分吸附在有机胶体上，土壤有机胶体对马拉硫磷的吸附力比对蒙脱石的大

70 倍。但一些农药对土壤的吸附具有选择性，如高岭土对除草剂 2，4-D 的吸附力要高于对蒙脱石的，杀草快和百草枯可被黏土矿物强烈吸附，而有机胶体吸附它们的能力却较弱。

农药本身的性质可直接影响土壤对它的吸附作用。在各种农药的分子结构中，凡带—OH、—$CONH_2$、—NH_2COR、—NHR、—NH_2、—OCOR 等功能团的农药，都容易被土壤胶体吸附，特别是带 -NH_2 的农药被土壤吸附更为强烈。

土壤的 pH 值对农药的吸附有很大影响，在不同酸碱条件下，农药离解成有机阳离子或有机阴离子，而被带负电荷或正电荷的土壤胶体吸附。例如，2，4-D 在酸性土壤中离解成有机阳离子，而被带负电荷的土壤胶体吸附；在近中性条件下则离解为有机阴离子，被带正电荷的土壤胶体吸附。

（4）农药在土壤中的降解

农药降解是农药从土壤环境中得以净化的主要途径，包括光化学降解、化学降解和微生物降解等。

①光化学降解，指农药受土壤表面接收的太阳辐射能和紫外线等能流的作用而出现的分解现象，是农药非生物降解的途径之一。进入土壤中的农药，因吸收了波长大于 0.285 μm 的光而产生光化学反应。据研究，大多数农药都能发生光化学反应而生成新的降解产物。例如，杀草快光化学降解生成盐酸甲胺，对硫磷光化学降解形成对氧磷、对硝基酚和乙基对硫磷等。光化学降解对落到土壤表面而未与土壤结合的农药的作用可能是相当重要的，而对土壤表面以下的农药的作用较小。

②化学降解，指农药参与水解和氧化等化学反应过程。某些有机磷农药的化学降解作用就是酯键上的水解作用，其降解速率与土壤 pH 值、有机质含量有关。如二嗪农在土壤中具有较强的水解作用。有些农药降解是通过化学氧化作用进行的，如艾氏剂经过环氧化作用而成为狄氏剂，对硫磷氧化为对氧磷等。

③微生物降解，指农药在土壤中微生物的参与下所发生的各种生物化学分解反应。这些反应对有机农药的降解起着极为重要的作用。由于土壤微生物群受土壤的 pH 值、有机质含量、湿度、温度、通气状况、代换吸附能力等诸多因素的影响，因此农药在土壤中的微生物降解过程相当复杂。在土壤微生物的作用下，农药的生化反应主要包括脱氯作用、烷基化作用、氧化还原作用、水解作用、脱氨基作用、环裂解作用等。三氯苯类农药在微生物作用下易发生脱烷基作用，但该过程并不伴随去毒作用的发挥。

（二）重金属在土壤中的迁移转化

重金属在土壤中的迁移转化决定着它在土壤中的化学行为，如重金属的溶解和富集、植物吸收和利用等。

从土壤环境化学的角度看，土壤种类、土壤利用方式（水田、旱地、牧场、林地等）以及土壤理化性状（pH 值、氧化还原电位、无机和有机胶体含量等）都能引起土壤中重金属的赋存状态发生变化，从而影响重金属的迁移转化和作物对重金属的吸收。土壤对重金属具有吸附和解吸作用，其中土壤吸附是重金属离子从液相转移到固相的重要途径之一，它在很大程度上决定着土壤中重金属的分布和富集。土壤的 pH 值对重金属的溶解度有重要影响，如在碱性条件下，土壤中重金属多呈难溶的氢氧化物，也可能以碳酸盐和磷酸盐的形态存在。土壤中存在着多种无机和有机配位体，它们能与重金属生成稳定的络合物和螯合物，从而严重影响着重金属在土壤中的迁移。

从重金属的化学性质看，其大多属于过渡元素，因而它在土壤中的价态变化和反应深受土壤氧化还原电位的影响。氧化还原反应改变了金属元素和化合物的溶解度，从而使各种重金属在不同的氧化或还原条件下的迁移能力差异很大。

总之，重金属在土壤中一般不易随水移动，也不能被微生物分解。重金属常在土壤中累积，甚至有些可能转化为毒性更强的化合物（如甲基汞），并可通过植物吸收而在植物体内富集转化，给人类带来潜在的危害。

六、土壤污染的危害

人们对土壤污染不够重视的主要原因是对土壤污染的危害性认识不足。土壤污染直接使土壤的组成和理化性质发生变化，破坏土壤的正常功能，并可通过植物的吸收过程，影响作物生长，并使有害物质在作物内残留或积累。当进入土壤的污染物不断增加而超过一定限度时，土壤污染物会使土壤结构严重破坏，土壤微生物和动物减少或死亡。这时，农作物的产量会明显降低，收获的作物体内的毒物残留量很高，农产品的质量受到影响。

另外，土壤被污染后，其污染物还会因雨水冲刷淋溶渗漏而进入地下水体和地表水体中，从而污染水源。土壤中的污染物还可能破坏土壤生态系统平衡，影响土壤微生物种群结构，使有害微生物大量繁殖和传播，造成疾病蔓延。当然，土壤污染物也会通过扬尘进入大气，使空气质量下降。总之，土壤污染对人类以

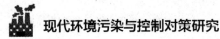

及周围环境的危害是极其严重的，也是不容忽视的。

（一）影响土壤理化性质

1.破坏土壤结构

铅、铜、砷、汞等重金属元素在农田土壤中富集，达到一定浓度后会深刻影响土壤结构。土壤污染可能改变土壤结构及其有效成分，破坏农田土壤内部平衡，导致土壤出现板结现象、孔隙度降低等，进而影响农田土壤的通透性及含水量，使农田土壤更为贫瘠。

2.影响物质转化

农田土壤中的重金属元素会影响土壤中的生物与非生物之间的反复运转及交换，既包括无机物质的有机质化，也包括有机物质的无机质化。重金属也会影响土壤的结构组成及营养成分，如土壤的碳、氮及磷循环，最终影响农田土壤的质地、pH值、孔隙度等，破坏土壤物质循环，造成土壤中的生物营养不良等。

（二）导致巨大的经济损失

污染土壤中的有毒、有害物质直接影响农作物的生长和质量，造成农产品的污染和减产，导致严重的直接经济损失。对于各种土壤污染造成的经济损失，目前尚缺乏系统的调查资料。对于农药和有机物污染、放射性污染、病原菌污染等其他类型的土壤污染所导致的经济损失，目前尚难以估计。但是，这些类型的污染问题在国内确实存在，甚至比较严重。

（三）严重危害人们的身体健康

土壤污染造成有害物质在农作物中积累，并通过食物链进入人体，从而引发各种疾病，最终危害人体健康，引发癌症和其他疾病等。我国对这方面的情况仍缺乏全面的调查和研究，对土壤污染导致疾病的总体情况并不清楚。但是，从个别城市的重点调查结果来看，情况并不乐观。目前，我国土壤污染主要包括重金属污染、残留农药污染和放射性物质污染三种类型。

1.重金属对人体健康的影响

目前，我国大多数城市近郊土壤遭受不同程度的重金属污染，有许多地方的粮食、蔬菜、水果等食物中镉、铬、铅等重金属含量超标或接近临界值。土壤污染中的重金属污染不同于有机污染，它不能被生物降解，只有通过生物的吸收得以从土壤中去除。因此，土壤中的这些重金属被植物吸收后，可以通过食物链危害人体健康。

2. 残留农药对人体健康的影响

喷施于作物体表的农药，除部分被植物吸收或逸入大气外，有一半左右散落于农田，这部分农药与直接施用于田间的农药是农田土壤中农药的基本来源。农作物从土壤中吸收农药，在根、茎、叶、果实和种子中积累，通过食物危害人体的健康。其危害主要有五个方面：①对神经的影响；②致癌作用；③对肝脏的影响；④诱发突变；⑤慢性中毒。

3. 放射性物质对人体健康的影响

近年来，随着核技术在工农业、医疗、地质、科研等各领域的广泛应用，越来越多的放射性污染物进入土壤中，土壤被放射性物质污染。放射性物质通过放射性衰变能产生 α、β 射线。这些射线能穿透人体组织，使机体的一些组织细胞死亡。这些射线对机体既可造成外照射损伤，又可造成内照射损伤，使受害者头晕、疲乏无力、脱发、白细胞减少或增多，以及细胞发生癌变等。科学研究表明，氡气体的辐射危害占人体所受的全部辐射危害的 55% 以上，诱发肺癌的潜伏期大多在 15 年以上，我国每年因氡致癌约 5 万例。

（四）导致其他环境问题

土壤受到污染后，污染物浓度较高的污染表土容易在风力和水力的作用下分别进入大气和水体中，导致大气污染、地表水污染、地下水污染和生态系统退化等其他次生生态环境问题产生。

我国北方部分地区曾经经常出现不同强度的"沙尘暴"天气，这种现象就是土壤的退化和污染直接导致的。譬如，城市的大气扬尘中，有一半来源于地表。表土的污染物质可能在风的作用下，作为扬尘进入大气中，并进一步通过呼吸作用进入人体。这一过程对人体健康的影响可能有些类似于人们食用受污染的食物。

大气污染、水体污染和土壤污染三者之间是互相影响的，并可能形成恶性循环，任何一种资源受到污染都会直接影响另外两种资源，从而诱发一系列的环境问题，打破已有的生态平衡。

第三节　土壤污染的控制

　　土壤是人类和动植物生活、生产的重要物质基础之一，也是微生物活动及进行物质分解的重要场所。在当前经济飞速发展的时代，伴随工业废水、废气、废渣的排放，农业化肥、农药大量施用以及矿产资源开发过程中环保措施不完善等行为，导致大量优质土地资源被污染。土壤污染具有地域性、长期性、滞后性、隐蔽性等特点，大量进入土壤的有害物质不能在第一时间被发现，一部分有害物质通过降雨淋溶进入地下水，污染水生生物环境和饮用水水源；还有一部分污染物通过作物根系吸收进入作物体内，进而通过生物循环系统进入人体，严重危害人体健康。

　　土地污染面积的不断增多，既造成土地资源无法利用，又严重影响粮食生产安全和建设用地需求，对工农业以及其他产业的发展均造成极大的不良影响。引起土壤污染的因素多样，仅重金属污染一项引发的土地问题就对我国经济发展造成了极大的危害。部分污染物造成的危害甚至是不可逆的，污损土地在未来很长一段时间内都无法继续利用，既造成了土地资源闲置引发的人地矛盾、资源浪费，又无法顺应新时代的发展要求。土壤污染带来的巨大危害，要求我们必须立刻采取必要的手段和措施，开展污染土壤修复工作。

一、土壤污染的控制技术

（一）通风去污技术

　　通风去污技术主要是在受污染的地区打上几口井，一部分的井用于通风，一部分的井用于抽气，在抽气的井口上安装净化装置，这样做既可以把地下的脏气排出去，又可以把地上的新鲜空气抽入地下。抽气的井口安装净化装置，还可以防止二次污染。通风去污技术被认为是最有效的去污技术。

　　通风去污技术的使用成本较低，安全性又极高，对环境的要求也比较低。在各个受污染的地区都可以利用此项技术进行土壤净化。它简单方便，还不会对空气造成污染。通风去污技术可把土壤中的有害气体通通排出去，把外面新鲜的空气吸入地下，这样一呼一吸之间，土壤进行了充分的呼吸，土壤自身得到了更好的修复，人类需要呼吸，土壤同人类一样也需要呼吸。充分的呼吸有利于排污气、吸新气，让土壤进行自身改良。

（二）植物提取技术

植物提取技术是利用超积累植物将土壤中的毒素转接出来，使毒素累积于植物的根部和地上部位，等这种植物的果实成熟之后，再将它的果实继续播种在其他地方。这样做看似将污染转移到更多的地方，实则是利用土壤中的堵塞将毒素分解。植物本身就有一定的修复功能，人们可以把土壤中的毒素转接到植物身上，由植物进行净化。

很多植物都有一定的净化功能，研究表明牛角瓜、香根草、飞机草等植物自身的净化能力比较强。可以大面积种植这些植物，然后利用一定的技术将土壤的毒素转移到这些植物的根部，待这些植物的果实成熟之后再继续种植。

（三）微生物修复技术

微生物技术在治理土壤污染、实现土地的可持续利用方面还处在发展阶段，利用这一技术具有一定的风险性。微生物修复指利用微生物来吸收和沉淀土壤中的污染物，理想的微生物修复会让土壤中的污染物降解成水和二氧化碳，但是如果降解得不够充分，微生物就会将污染物转化成带有毒性的中间产物，这些未降解好的中间产物对于人类的身体健康有很大害处。所以说，要想进行微生物修复一定要进行风险评估，微生物运用得好就可治理土壤污染，运用得不好就会威胁人类健康。

（四）化学栅净化技术

化学栅净化技术是近年来深受人们重视的一种利用化学方法进行污染土壤治理的技术。化学栅是一种既能透水又能沉淀污染物的固体材料，如活性炭和树脂等都属于化学栅产品。将化学栅放在土壤受污染地区的土壤的底层，可对土壤中的污染物进行吸附和沉淀，也不会阻碍土壤的水流，水流对土壤有一定的活化作用。化学栅材料的最大特点就是透水，既起到了净化土壤的作用，又不会让土壤缺水，一举两得。

化学栅根据性质又可以分为沉淀栅、吸附栅和混合栅。在运用化学栅材料时，还可以根据不同地区不同的土壤污染情况选择不同的化学栅进行净化。但是化学栅还存在一些问题，那就是化学栅材料老化的问题和化学栅费用高的问题等，这些问题都需要不断地进行探究进而解决。

（五）异位生物修复技术

异位生物修复指将被污染的土壤通过搬运输送到其他地区，然后进行生物修复，这种方法主要包括土地耕种、堆肥等。土地耕种法实施范围广泛且费用较低，但是对于一些土地稀少的地区而言，这种做法会将有害的物质挥发到空气中，造成环境的二次污染。堆肥法具有处理时间短、处理效果好的特点，可更多地应用在治理土地污染中。

除了这些生物修复，我们还可以从其他方面治理土地污染，如多层面地实施土地管理制度；做好相关调查，让土地环境一直在掌控中；环保部门充分发挥职责，进行污染治理；加强对土地污染源的控制；研究土地修复技术。我们可以从很多方面进行土壤污染的治理，从国家到个人，每个人都可以为治理土壤，实现土壤的可持续利用贡献自己的力量。

二、土壤污染防治的基本策略

（一）坚持生态恢复原则

土壤污染防治工程不仅复杂、很耗费时间，其要求也较高。相关工作人员必须了解土壤污染源头，从源头上对问题加以解决。土壤污染源头较多，污染源头的查找是土壤污染防治工程中的重点及难点。

在进行防治工作时，相关人员必须以生态恢复防治为主要依据，在保障农业经济效益的同时对污染进行有计划、有规律的防治。工作人员要遵循生态恢复原则，对土壤污染进行防治，充分协调土壤污染各项因素，并对其进行合理规划，从而提高土壤的生态综合性。在防治过程中，可以使用农家肥料改良土壤，农家肥料具有极强的生态特性，农业种植过程中应用农家肥不仅可以保障农作物产量及质量，还能有效改善土壤的内部环境，让土壤能够进行自我修复，从而更好地恢复土壤生态环境。

（二）加大节能减排的宣传力度

相关部门必须大力整治随意排放工业废气的企业，进一步提高污染排放标准，使旧能源可以被新能源替代。除此之外，绝对不能在人员比较密集的地区建立污染性较高的企业，工业园区必须建立在较少有人居住的地方。污水处理厂要高效处理污水，保证污水处理的合理性，国家需要对污水处理厂的建设更加重视，确保污水得以快速处理，避免污水对土地造成污染。尽管有些工厂具备污染物的相关处理设备，但其一般将经济利益作为考虑重点，很少应用这些设备，针对这种情况，相关部门要对其进行管理。

三、土壤污染修复后的合理利用策略

（一）降低农用土壤的应用限制

为了有效地降低农用土壤应用限制，人们必须强化污染土壤修复后应用的宣传力度，推广农用土壤修复方法，创新土壤修复技术，保证不破坏土壤肥力。国家要积极扶持土壤修复技术研发机构，鼓励其进行技术创新，创造出污染土壤修复后可应用于农业生产的技术，减少农用土壤应用限制，提高污染土壤修复后应用的合理性。

（二）强化修复后污染土壤的应用管理

有效的应用管理是保证污染土壤修复后得到合理利用的基础。首先，要组建专业管理团队，引导管理人员参与人才培训，重点宣讲污染土壤再利用原则、污染土壤修复后利用方法、污染土壤修复后利用要点、污染土壤修复后利用途径和管理创新策略等，与时俱进地提升其综合素质。其次，要完善污染土壤再利用管理制度体系，落实连带责任制度、奖惩制度和监督管理制度，明确各个部门的责任和管理权限，设置具体的奖惩标准，并委派专项小组监督污染土壤再利用的全过程，保证在出现问题后能够快速地找到责任单位和责任人，有效地提升污染土壤修复后应用的合理性。

（三）提升修复后污染土壤应用的多样性

多样化应用修复后污染土壤是提升污染土壤再利用合理性的基础保障性措施，人们要重视污染土壤修复后应用方式的创新研究。

首先，可以将其应用于道路建设中，但不能应用于水源保护区附近的道路建设中，避免残留的污染物对水源造成污染。另外，要对土壤内的管线进行防腐和防渗漏处理，避免污染土壤中的有机物对管线造成不利影响。

其次，可以将其应用于农用地表层土摊铺中，提升农用地的表层土壤厚度。污染土壤需要经过生物修复处理，这样可避免化学物质对植被造成不利影响。污染土壤修复要有详细、明确的标准，根据不同类型的污染土壤，制订科学的利用方案。原位利用和异位利用是不同的利用方法，人们要参考实际应用目的，进行合理选择。在很多情况下，修复后污染土壤会被应用在城市绿化、建筑工地回填、道路路基填充等领域，人们要合理选择利用方式。与此同时，要重视污染土壤评估，在污染土壤达到相关标准后进行科学利用，提高污染土壤的利用效果。

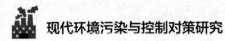

（四）构建科学的污染土壤修复再利用程序

污染土壤修复后的再利用并不简单，要想达到理想的效果，必须做好资料审核和土地风险管理。人们要根据实际情况，构建科学的污染土壤修复再利用程序，并严格执行。首先，要确定污染土壤的修复方式和利用方式。其次，要做好土壤数据调查分析。再次，要对污染土壤修复利用进行科学评估，强化风险评估，确保土壤不会对周围环境和人体健康造成不良影响。最后，要对污染土壤修复后的再利用过程进行严格的风险监管，实现污染土壤修复利用的长远发展。

第六章　现代固体废物污染及其控制

近年来，固体环境污染越来越严重，如何将固体废物污染控制在可控的范围内，是我国现阶段需要考虑的问题之一。本章包括固体废物概述、固体废物污染及其危害、固体废物污染的控制等内容。

第一节　固体废物概述

一、固体废物的来源

人类在利用和开发产品时，不可避免地要产生废弃物，而且任何产品经过使用和消费后，也会变成废弃物。固体废物的来源大体上可分为两类：一类是生产建设过程中产生的废物（不包括废水和废气），称为生产废物；另一类是在产品进入市场后，在流动过程中或使用消费后产生的固体废物，称为生活废物。

生产废物的主要来源是冶金、煤炭、火力发电三大部门，其次是化工、石油、原子能等工业部门。由于我国经济快速发展，长期采用大量消耗原料、能源的粗放型经营模式，生产工艺、技术和设备落后，管理水平低下，资源利用率较低，因此固体废物大量产生，这样不仅造成了资源的浪费，而且严重污染了环境。

生活废物主要是城市生活垃圾。城市生活垃圾的产生量由季节、生活水平、生活习惯、生活能源结构、人口数量、城市规模和地理环境等多方面的因素决定。我国垃圾组成的基本特点：经济价值较低，无机成分多于有机成分（据统计，我国城市垃圾中的有机成分约为 27%，无机成分约为 67%，其他占 6%），不可燃成分高于可燃成分，热值低、垃圾含水率较高，又因我国城市垃圾是混合收集，故成分复杂。因此，我国城市垃圾处理方法与国外垃圾处理方法有所不同，具有一定的特殊性，处理难度较大。

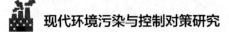

随着经济的发展、人类消费结构的改变和消费水平的不断提升，固体废物的来源更加多样，品种不断增加，数量不断增大。

二、固体废物的基本特征

固体废物（固体废弃物）指人类在日常生活、生产建设和其他非生产性活动中产生的，在一定时间和地点又无法利用而被丢弃的对环境具有污染性的固态、半固态废弃物质。日常生活指人类衣食住行等活动，包括为保障人类生活所提供的各种社会服务和保障活动；生产建设指国民经济建设过程中的生产和建设活动，包括建筑、矿山、交通运输等各行业的生产和建设活动；其他非生产性活动主要指不属于日常生活活动范畴的正常活动，如学校、科研单位及医院等的非生产性活动。固体废物的产生有其必然性，因此对固体废物进行合理利用具有必要性和可行性。

首先，在一定时期内，人类在生产和生活中利用自然资源的能力是有限的，难以把所用的资源全部转化为产品，而丢弃的剩余部分则成为固体废物。其次，产品的使用寿命有限，一旦超过使用寿命就成为固体废物。另外，当今世界技术创新和科技发展速度越来越快，产品更新换代时间越来越短，固体废物产生量也越来越大。这些被丢弃的物质往往是多种多样的，常含有大量的有用物质和成分，人们可以对固体废物进行资源回收和合理利用。

固体废物一般具有四个特性：①分散性，固体废物常被分散丢弃在各处，需要收集回收；②无主性，即固体废物被丢弃后，不再属于谁，特别是城市固体废物；③危害性，危害环境和人体健康；④错位性，在某一个时空领域的固体废物可能在另一个时空领域是可利用的宝贵资源。

固体废物对环境的危害与固体废物的性质和数量有关。对于任何固体废物，其数量在一定环境容量以下，对环境不会产生危害或明显的影响，只有当固体废物的量达到一定程度，超过环境容量时，其才会对环境产生危害，这个量与当地的环境条件和固体废物的种类及性质有关。同时除了数量的因素以外，固体废物的性质也在很大程度上决定了固体废物的危害性。城市生活垃圾集中堆放，达到一定数量时就会对堆放场周围的环境造成污染。废电池、废日光灯等属于危险性固体废物，任意丢弃在环境中，即使数量不大也会对环境造成严重污染。因此，在处理固体废物时，必须掌握处理对象的量和性质。

固体废物是相对某一过程或某一方面没有使用价值，而并非在一切过程或一切方面都没有使用价值。另外，由于各种产品本身具有使用寿命，超过了寿命期限，它们就会成为固体废物。因此，固体废物的概念具有时间性和空间性。随着时空条件的变化，一个过程产生的固体废物往往可以成为另一个过程的原料，所以固体废物又有"放错地点的原料"之称。

例如，高炉渣是高炉炼铁过程中产生的固体废物，它的主要成分是 CaO、MgO、Al_2O_3 和 SiO_2 等，这些成分恰恰是水泥的主要组分，因而对于水泥的生产环节，高炉渣就不是固体废物，而是制作水泥的原料。

三、常见固体废物

（一）城市固体废物

城市固体废物主要为居民生活垃圾、粪便、建筑垃圾、绿植落叶、街道清洁物、商业清洁物、商业废旧机具等，主要来自城镇居民生活、养殖和加工过程。随着城市化的发展和人民生活水平的不断提高，城市固体废物的产生量越来越大。

城市是产生生活垃圾最为集中的地方，主要包括厨房废物、废纸、织物、家具、玻璃及陶瓷碎片、废电器、废塑料、煤灰渣、废交通工具等。近十余年废家电等电子垃圾在生活垃圾中占据重要位置。

城建渣土是城市固体废物的重要组成部分，它与生活垃圾、工业废物有极大的区别。它是指施工单位或个人参与建筑工程项目、装饰工程项目、修缮和养护工程项目过程中所产生的建筑垃圾和工程渣土。随着我国城市建设的飞速发展和城市居民住宅面积的提高，我国建筑渣土的产生量大幅度增加，主要包括废砖瓦、碎石、混凝土碎块（板）等。

商业活动产生的各种固体废物包括废纸、各种废旧的包装材料（如袋、箱、瓶、罐和包装填充物等）、丢弃的小型工具、一次性用品残余等。

1. 城市固体废物的产生总量

城市固体废物收集量与城市固体废物的产生总量是不同的数据，城市固体废物收集量不能完全表示城市固体废物的产生总量。即使在分类收集的国家或地区，绝对严格的分类收集也是难以做到的，在未分类收集的垃圾（即所谓的剩余垃圾）中存在各种未分拣的部分，所以常将城市固体废物的产生总量称为城市固体废物的潜在量。这主要是从废物处理的角度出发而定义的。在收集的废物中，剩余垃圾含有很多的可回收物质，即存在处理的潜力。

2.城市固体废物的来源及特点

（1）城市固体废物的来源

城市固体废物主要来源于居民家庭，以及城市商业、服务业、交通运输业、工业企业等。城市固体废物的组成很复杂，包括厨余物、废纸、废塑料、废织物、废金属等。城市固体废物主要包括公司垃圾和生活垃圾。

城市固体废物的复杂性，使其分类方法有多种，主要有以下三种。

第一种，根据城市固体废物的性质，如可燃性、燃烧热值、化学成分、可生物降解性等，其可分为四类：可燃烧垃圾和不可燃烧垃圾，高热值垃圾和低热值垃圾，有机垃圾和无机垃圾，可堆肥垃圾和不可堆肥垃圾。

第二种，按资源回收利用和处理处置方式划分，城市固体废物一般可分为四大类：可回收废品、易腐物、可燃物、无机废物。这种分类为资源回收利用和选择适宜的处理处置方法提供了依据。

第三种，根据城市固体废物的来源划分，城市固体废物通常分为以下八类。

①家庭垃圾，包括食品垃圾和普通垃圾，是城市固体废物中可回收利用的主要对象。食品垃圾，又称为厨房垃圾，是居民家庭排除垃圾的主要成分；普通垃圾，又称为零散垃圾，主要有纸类、废旧塑料、罐头盒、玻璃、陶瓷、木片、灰烬及其他供热残渣、多余的小物件和纺织品。

②庭院垃圾，包括植物残余、草坪杂草、树枝和树叶，以及其他清扫杂物等。

③清扫垃圾，指城市道路、桥梁、广场、公园及其他露天公共场所由环卫系统清扫收集的垃圾，如街面上的冲刷物、街道边的树叶树枝，以及街边市场的丢弃物等。

④商业垃圾，指城市商业、各类商业性服务网点或专业性营业场所，如菜市场、饮食店等产生的垃圾。

⑤建筑垃圾，指城市建筑物、构筑物进行维修、拆迁或兴建的施工现场产生的垃圾，如石头、沙子、沙砾、砖头、玻璃、铁、铜、木头、塑料、纸板和纸张等。

⑥危险废物，指含有一定毒性的垃圾或对环境造成一定影响的物质，在城市固体废物中主要包括医院传染病房、放射治疗系统、核试验室等场所排放的各种废物。

⑦污泥类的工业垃圾，主要指污水处理厂的淤泥状残余物（通过中和、去污和沉淀），以及清洗货运火车、货运卡车、集装箱轮船和制造场地时产生的废弃物。

⑧其他垃圾，指除以上各类固体废物产生源或收集系统以外的场所排放的垃圾，如动物垃圾（尸体、腐肉以及肉店和屠宰场的垃圾）等。

（2）城市固体废物的特点

①城市固体废物数量剧增。随着社会经济的高速发展，居民生活水平的提高，商品和能源的消耗量迅速增加，城市垃圾的产生量和排放量也随之剧增。

城市固体废物产生于人类活动的过程中。城市固体废物，尤其是城市垃圾的数量的增长受到社会经济因素以及各国经济发展水平与速度的影响。

②城市固体废物产生量不均匀。城市生活垃圾的产生量与排放量会受到季节、气候、居民的生活水平、生活习惯等因素的影响。所谓的产生量不均匀，主要是城市固体废物的产生量和排出量一年四季各不相同，一日之中也有明显的变化，并呈现出一定的规律。

例如，北京市第一季度的城市垃圾产生量和排放量最大，尤其是一月份，取暖产生的无机炉灰量最大，三月份逐渐减少，到第三季度垃圾产量达到最低，而在第四季度，随着气候变冷，垃圾量逐步增加，至来年一月份达到高峰。一日之中，城市垃圾产生量和排放量随着城市垃圾收集时间与方式、居民生活方式与习惯而有规律地波动。

③成分复杂、多变、有机物含量高。城市生活垃圾来自不同的场合，成分复杂、种类繁多，由于各地气候、季节、生活水平、习惯、能源结构的差异，产生量变化幅度大、成分多种多样，极其不均匀。经济生活的变化对垃圾产生影响极大。例如，我国近年来的变化：城市采用天然气、煤制气的量逐渐增加，居民区逐步实行集中供暖，无机炉灰产生量大为减少；冷冻食品、成品、半成品、净菜上市量逐年增多，食品垃圾明显减少，家庭垃圾成分变化显著；包装材料与技术变化大，纸、塑料、金属、玻璃类的固体废物产生量大增。

垃圾成分的变化受社会生产力发展的影响也很突出，由于消费商品种类和数量增加极快，价格不断下调，而劳务费、维修费用增长显著，促进了家庭用品的更新换代，废旧家庭工业消费品大幅增加，在工业发达的国家尤为突出。

（二）电子固体废物

1.电子废弃物的含义与分类

（1）电子废弃物的含义

①国内外对电子废弃物的一般界定。电子废弃物又称电子垃圾，关于它的定义，国内外并没有一个统一的说法。一般认为，电子废弃物应包括各种废旧计算

机、电视机、洗衣机、电冰箱以及一些企事业单位淘汰的精密电子仪器仪表等。国外对电子废弃物下了这样的定义：电子废弃物包括旧计算机（主板）、监视器、印刷机、其他外围的信息设备、旧通信设备（移动电话、固定电话和传真机）和复印机，而这些都是不能正常使用的或者过时的，只能回收，不再有利用价值的物品。

我国对电子废弃物的定义：废弃的电子电器产品、电子电气设备及其废弃零部件、元器件。包括工业生产及维修过程中产生的报废品、旧产品或设备翻新再使用过程中产生的报废品；消费者废弃的产品、设备；法律法规禁止生产或未经许可非法生产的产品和设备；根据国家电子废弃物名录纳入电子废弃物管理的物品、物质。在很多场合也可简单地将电子废弃物理解为废旧家电和电子电器产品的统称。

②电子废弃物的广义和狭义之分。从以上的规定可以看出，国内外对电子废弃物的定义并不完全统一，有学者认为电子废弃物指彻底废弃，不能再继续使用或者翻新的电子电器产品，也有学者认为电子废弃物是由消费者使用后废弃的电子电器产品。在电子废弃物回收和处理的不同阶段，其含义是不完全相同的。

狭义的电子废弃物指经过检测和维修，不能达到继续再使用标准的电子电器产品及其零部件。人们对狭义的电子废弃物的处理方式也不尽相同，其中一部分经拆解后可以直接进入二手材料市场，如产品的外壳、底座等，这一部分电子废弃物我们称为可直接回收利用的电子废弃物；而另一部分则需要进行粉碎、筛选、提炼等处理（即间接回收），这一类电子废弃物我们称为需要处理厂处理的电子废弃物。

广义的电子废弃物指从居民、单位、工厂回收的所有废弃的电子电器产品及其零部件，包括经拆解、维修后符合安全和性能标准，可以再次使用的产品和零部件。因此，可以说广义的电子废弃物是所有废旧电子电器产品的统称。

（2）电子废弃物的分类

电子废弃物种类繁多、成分复杂，可根据不同的标准进行分类。国内外对于电子废弃物并没有统一的分类标准，这不利于我国电子废弃物的回收、处理和再利用，也增加了政府有关部门对电子废弃物回收利用管理的难度。我国应加紧制定统一的电子废弃物分类标准和方法，并对不同类型的电子废弃物的回收和处理做出明确的规定，为电子废弃物回收网络体系的建立提供统一的、具有可操作性的标准和规范。

2. 电子废弃物的特点

电子废弃物是最为特殊的一类废弃物，是由金属、塑料和化工材料等多种物质构成的综合性工业产品，其报废后应归属于有毒、易爆和易泄漏的危险废物范畴。相对于一般的废弃物或者垃圾，电子废弃物既有它们的共同特点，又有自身特别之处，具有明显的两重性，主要表现在以下四个方面。

（1）电子废弃物的资源性与高价值性

据研究，典型的电子废弃物通常由 40% 的金属、30% 的塑料及 30% 的氧化物组成。其中虽然含有大量有毒有害物质，但同时也含有大量可回收的有色金属、黑色金属、塑料、玻璃及一些仍有价值的零部件等，比普通生活垃圾拥有高得多的回收价值。电冰箱、空调机、洗衣机、计算机、手机、打印机等产品经集中处理，60%—80% 可以分离出纯度较高的再生资源，如铁、铜、黄金、锡、钢、铝、铅、纸等，对这些资源加以重复利用，对于我们这样一个人口大国来说具有重要意义。

（2）电子废弃物的污染性与强危害性

若电子废弃物不经处理，同城市垃圾混为一体而直接填埋或焚烧，会对人体及周边环境造成危害。如电视机的显像管属于易爆物品，荧光屏中的铅和废润滑油均会造成环境污染；废线路板会对水体和土壤造成严重污染。同时废家电中还有各种对人体有害的重金属，它们一旦进入环境，将长期滞留在生态系统中，并随时都可能通过各种渠道进入人体，从而给人类健康带来极大威胁。因此，电子废弃物处理不当将对环境造成危害。鉴于此，许多国家都将电子废弃物列入危险废弃物或需特殊管理的一类。《巴塞尔公约》将用后废弃的计算机、电子设备规定为"危险废物"。电子废弃物中含有大量的禁止越境转移的有毒有害物质。

（3）电子废弃物的难处理性

虽然电子废弃物的潜在价值非常高，但由于其含有大量有毒、有害物质，要想实现电子废弃物的资源化、无害化，需要先进的技术、设备和工艺，也需要较高的成本投入。电子废弃物组分复杂、类型繁多，使用寿命各不相同，或长达数十年，或仅能用一次。这给电子废弃物的回收及资源化利用带来了相当大的困难，其回收利用率较其他城市废弃物低得多。据有关部门统计，电子废弃物的回收率要远远低于其他城市垃圾的回收率，主要原因就是对其处理和再利用比较困难。

（4）电子废弃物的高增长性

随着电子技术水平和社会对电子类消费产品需求的不断提高，电子产品被废弃和淘汰的速度越来越快。电子废弃物的增长速度比一般固体废弃物的增长速度快 3 倍。

（三）农业固体废物

1.农业固体废物的含义及分类

（1）农业固体废物的含义

国内较早开展农业废弃物研究并进行明确定义的学者是孙振钧，他指出农业废弃物包括植物类废弃物、动物类废弃物、加工类废弃物和农村城镇生活垃圾等。近年来，农业废弃物及其资源化利用受到学术界的广泛关注，不同学者进一步丰富了农业废弃物的内涵，并基本形成了共识。目前，农业废弃物指在整个农业生产过程中被丢弃的有机类物质，主要包括植物类废弃物（农林生产过程中产生的残余物）、动物类废弃物（牧、渔业生产过程中产生的动物类残余物）、农产品加工类废弃物（农、林、牧、渔业加工过程中产生的残余物）和农村城镇生活垃圾四大类。

农业固体废物是农业废弃物的主要组成部分，是农、林、牧、副、渔各项生产中丢弃的固体废物，主要成分是农作物秸秆、枯枝落叶、木屑、动物尸体、大量家禽家畜粪便以及农业资材废弃物（肥料袋、农用膜）。《中华人民共和国固体废物污染环境防治法》中首次将农业固体废物（养殖业废物和种植业废物）纳入固体废物防治体系的范围。2010年，《农业固体废物污染控制技术导则》中明确定义，农业固体废物指农业生产建设过程中产生的固体废物，主要来自植物种植业、动物养殖业及农用塑料薄膜等。从以上定义可以看出，农业固体废物未包括农村生活垃圾。随着我国农村城镇化建设的发展步伐加快，农村生活垃圾集中处置、生活污水纳管治理，农村生活垃圾和人粪的处理方式与城市的处理方式越来越接近，其进行农业利用的比例也越来越小。

（2）农业固体废物的分类

①种植业固体废物，包括粮、棉、油、麻等作物秸秆，蔬菜植株残体、谷壳、稻壳、花生壳、树皮、椰壳、甘蔗渣、枯枝落叶、杂草、食用菌栽培废渣等植物性固体废物，以及地膜、棚膜、肥料袋及农药包装物等农业投入品固体废物。

②养殖业固体废物，包括畜禽粪便及圈栏垫料、死亡动物等。

③农产品加工废弃物，包括农、林、牧、渔加工产生的加工残渣。

2.农业固体废物的产量

（1）畜禽养殖废弃物

改革开放以来，我国农村副业发展迅速，特别是畜禽养殖业。畜禽养殖业由庭院式向集约化、规模化、商品化方向发展。随着畜禽养殖业规模的不断扩大，畜禽数量的增多，不可避免地带来畜禽养殖废弃物的急剧增多。畜禽养殖废弃物主要为粪便、伴生物和添加物。其中，粪便为主要污染物，占整个排放污染物的比重较大。

（2）农作物秸秆

人类为了增加食物生产，更多地使用机器、化肥、农药等，最终增加了单位耕地面积上矿物能的投入，使得世界农业产值迅速增长，但是能量转化为食物的效率却在明显下降，产生大量固体废弃物。根据联合国环境规划署（UNEP）报道，世界上种植的各种谷物每年可提供秸秆 17 亿吨，其中大部分未被加工利用。

（3）农用塑料残膜

农用塑料薄膜主要包括农用地膜和农用棚膜（蔬菜大棚）。农膜技术的采用，对我国农业耕作制度的改革、种植结构的调整，以及高产、高效、优质农业的发展产生了重大而深远的影响，对增加农民收入、使农民脱贫致富做出了重大贡献，深受农民的欢迎。

（4）农村生活垃圾

农村生态系统中的生活垃圾主要是农村和城镇居民的生活垃圾。生活垃圾的成分主要是厨房废弃物（废菜、煤灰、蛋壳、废弃的食品）以及废塑料、废纸、碎玻璃、碎陶瓷、废纤维、废电池等其他废弃的生活用品，组成十分复杂。农村和乡镇的生活垃圾在组分和性质上基本与城市生活垃圾相似，只是在组成的比例上有一定区别，农村生活垃圾中有机物含量多、水分大，同时掺杂化肥、农药等与农业生产有关的废弃物。

3. 农业固体废物与生态环境

（1）农业固体废物对水体环境的影响

①直接污染。直接污染指农业固体废物直接侵入水体，污染其周边的水源。如农业固体废物可以随着地表径流进入小溪、河流、湖泊，或者随风迁徙落入水体，从而将富营养成分、有毒有害物质带入水体，威胁水中生物，进而可能污染人类饮用水源，危害人体健康。一些农作物秸秆类的废物，有的被堆放在河道边，有的甚至被直接丢弃在河道里，造成河道堵塞，泄洪受阻，河水漫溢冲毁庄稼、毁坏房屋，给人们的生命财产造成严重的威胁。据环保部门估算，我国畜禽养殖业废弃物产生量已达到工业固体废物产生量的 3.8 倍，未经处理的粪便或者死亡动物直接进入江河湖泊，会使水质污浊恶臭，生化需氧量负荷增加，出现厌氧腐败或水体富营养化现象，威胁鱼类、贝类和藻类的生存，也会传播疾病，影响居民健康。

②间接污染。农业固体废物通过环境介质间接侵入水体，污染当地水源，比如农业固体废物在露天堆放的过程中会产生大量的需氧腐败有机物及多种分解液体，有害物质渗入土壤中，污染地下水或随着雨水流入水体，污染河流、湖泊和水库等水域，使得水生生物特别是藻类等大量繁殖，水体的生态平衡遭到破坏，水体的富营养化加重。

（2）农业固体废物对大气环境的影响

①直接产生有害气体。农业固体废物对大气最明显的污染就是其堆放过程中会产生大量有害气体或散发恶臭污染大气。如未经处理的畜禽粪便中含有大量未被消化吸收的有机物，在自然条件下会产生大量的氨气、硫化氢等多种恶臭气体，危害周围居民的身体健康。经研究表明，养殖场内的畜禽长时间处于恶臭气体中会导致其体质弱化，采食量下降，出产率降低，甚至出现大面积的疫病传染。一些秸秆类农业固体废物在适宜的温度和湿度下也会发生生物降解，释放出有毒、有害气体。

②秸秆焚烧污染大气环境。秸秆露天焚烧，会产生大量的有害气体（氮氧化物、二氧化碳、二氧化硫等）和烟尘。在田间大量焚烧秸秆期间，大气中二氧化硫、二氧化氮、可吸入颗粒物三项污染指数达到峰值，从而造成局部空气污染，危害周围人群健康。焚烧秸秆形成的烟雾，造成空气能见度下降，影响道路交通和航空安全，容易引发交通事故。由秸秆焚烧产生的烟雾导致高速公路临时封闭，进出机场的飞机因烟雾污染造成起降困难的事情更是屡见不鲜。此外污染物经过光照作用进一步分解的有害物质还会造成大气环境的二次污染。

（3）农业固体废物对土壤环境的影响

①占用土地。农业固体废物的堆放占用了大量的土地，其数量越多，所需堆放的土地面积就越大。农业固体废物不经过处理随意堆放在路边或河道旁，不仅影响农业生产，还破坏了地表植被和农村景观。

②危害土壤健康。农业固体废物及其渗出液还会破坏土壤的生态平衡，不仅会影响种子发芽和植物根系生长，还会改变土壤的结构和性质。农业固体废物中难以降解的有毒物质残留于土壤中，不仅会杀死土壤中的微生物，抑制土壤微生物活性，破坏土壤的正常生物群落结构与功能，还会严重影响农作物的生长，导致作物减产。焚烧秸秆使地面温度急剧升高，能直接杀死土壤中的有益微生物，影响作物对土壤养分的充分吸收，进而影响农田作物的产量和质量。

③带入有害物质。未经无害化处置的畜禽养殖固体废物中含有较多的重金属、抗生素、激素等污染物。在畜禽养殖业主产区，当地畜禽粪便及废弃物产生量往

往超出当地农田安全承载量的数倍乃至百倍以上，容易造成土壤重金属、抗生素、激素等污染。

第二节　固体废物污染及其危害

一、固体废物的分类

固体废物是一个极其复杂的非均质体系，为了便于管理和对不同的废物进行相应的处理处置，需要对废物进行分类，固体废物分类的方法有很多。

按固体废物的化学特性，固体废物可分为无机废物和有机废物两大类。有机废物又可分为快速降解有机物、缓慢降解有机物和不可降解有机物。例如，食品废物、纸类等属于快速降解有机物，皮革、橡胶和木头等属于慢速降解有机物，而聚乙烯薄膜和聚苯乙烯泡沫塑料餐盒等为不可降解有机物。

按固体废物的物理形态，固体废物可分为固体（块状、粒状、粉状）的废物和泥状（污泥）的废物。有些废物的使用价值与其形状有很大关系。例如，发电厂燃煤产生的粉煤灰作为脱硫剂原料，其颗粒大小、空隙率、孔径大小及比表面积等都是重要参数。

按固体废物的危害性，固体废物可分为有害废物（指腐蚀、腐败、剧毒、传染、自燃、锋刺、爆炸、放射性等废物）和一般废物。

按来源不同，固体废物可分为矿业固体废物、工业固体废物、城市垃圾、农业固体废物和危险废物。

二、固体废物产生的原因

城市化进程的不断推进和工业化的发展，虽然让人们的经济实力和生活质量得到了有效的提升，但是由于在发展过程中缺乏绿色环保的意识，人们在生产和生活过程中不注重保护环境，从而使得固体废弃物的数量急剧增加。由于环保意识的淡薄，人们面临"先污染后治理"的尴尬局面，经济效益的一味提升是以生态环境破坏为代价的，城市雾霾、沙尘暴、气候变暖等情况都是在提醒人类在发展的过程中不能肆意妄为，只有在保护的基础上实施绿色发展战略，才能够真正为人类家园的发展做出有效贡献。

在工业化发展过程中，人们除了没有对环境保护意识加强重视以外，自然资源的浪费问题也非常严重。在工业开发工作中，人们对自然资源进行无节制开采，导致部分资源被过度开发，且资源在使用过程中，由于工作人员缺乏节能减排的意识，导致能源浪费现象极为严重，不仅加大了生产成本，为能源使用企业带来严重的经济损失，还使当前自然资源出现了严重的匮乏现象。对城市固体废弃物的能量进行分析可以得知，如果人们能够在处理过程中实现有效的资源化利用，充分挖掘城市固体废弃物的潜力，不仅能够有效降低自然资源的损耗，还能够为城市发展带来极大的经济效益。

由于我国的废弃物处理工艺还处于发展阶段，虽然部分发达城市已经开始采用先进的处理技术，但是多数城市在处理过程中仍然采用的是传统的填埋法和焚烧法。这对废弃物处理来说是治标不治本，所以在城市化发展进程中，人们需要改变治理思想，不断加大研发力度，挖掘城市固体废弃物的资源化利用价值和发展潜力，将发展困境转变为发展契机。在提高固体废弃物处理工作质量的同时，降低对自然环境的污染，为绿色低碳城市的可持续发展提供强大动力。

三、固体废物污染的危害

（一）城市生活垃圾的环境危害

1.对大气质量的影响

在大量生活垃圾露天堆放的场区，臭气熏天，蚊蝇滋生，有大量的甲烷、氨、氮气、硫化物等污染物向大气释放。经检测，其中仅挥发性有机气体就达100多种，有许多致癌、致畸物质存在，甲烷在空气中的体积分数为5%—15%时，可能导致火灾和爆炸等事故发生，严重威胁着居民健康。

2.对水体的影响

据研究，城市生活垃圾在堆放腐败过程中会产生大量的酸性和碱性有机物，其可将垃圾中的重金属溶解出来。城市生活垃圾是集重金属、有机物和病原微生物三项于一体的污染源。垃圾淋滤液中的多项有害成分均严重超标，在不同程度上会对周围的地表水体、地下水体等造成影响。

3.对土壤的影响

大量的生活垃圾或进行简单处理，或直接堆存在郊外，垃圾的各种成分就会进入土壤，破坏土壤团粒结构和物理化学性质，使土壤的保水、保肥能力降低，从而影响农作物的产量和质量。

4.对市容市貌及城市发展的影响

由于环保意识不强以及管理、处理措施的不合理，乱倒垃圾、乱扔乱丢现象随处可见，特别是在城市的一些居民居住点，生活垃圾袋及废弃的木头、破旧的家具随便堆放在路旁，与我们生活的环境极不相称，成为影响市容市貌的一个不可忽视的因素。尤其是在经济发展、社会进步、人们迫切需要提高生活质量的现代社会，这一问题更为突出。

此外，城市生活垃圾一般都集中堆放在城郊，随着垃圾堆放量的日趋增长，垃圾逐渐将城市包围起来，形成一种垃圾包围城市的态势，制约着城市的发展。北京、上海等一些大城市，这种现象已引起业内人士的普遍关注。

（二）医疗固体废物的危害

1.医疗固体废物对环境的危害

医疗固体废物的毒性以及腐蚀性、可燃性、反应性等其他危害特性都会对自然环境造成直接负面影响。医疗固体废物属于危险废物，危险废物的危害特性同样适用于医疗固体废物。

医疗固体废物的危害特性也有些表现为短期的急性危害和长期的潜在性危害，短期的急性危害主要指急性中毒等，长期的潜在性危害主要指慢性中毒、致癌、致畸、致突变、污染地面水或地下水等。这些危害中与安全相关的性质有腐蚀性、可燃性、反应性；与健康相关的性质有致癌性、传染性、刺激性、致突变性、毒性、放射性、致畸性。

2.医疗固体废物对环境的污染

近年来，医疗固体废物对环境和健康的影响日益受到公众的关注。医疗固体废物中的有害物质不仅能造成直接的危害，还会在大气、水体、土壤等自然环境中迁移、滞留、转化，污染大气、水体、土壤等人类赖以生存的生态环境，从而最终影响人们的健康。

（1）对大气的污染

医疗固体废物在堆放过程中，在温度、水分的作用下，某些有机物质发生分解，产生有害气体；有些医疗废物本身含有大量的易挥发的有机物，在堆放过程中会逐渐散发出来；还有一些医疗废物具有一定的反应性和可燃性，在和其他物质发生反应时会放出 CO_2、SO_2 等气体，污染环境，而火势一旦蔓延，则难以救火；以微粒状态存在的医疗废物，在天气作用下，将随风飘散，扩散至远处，既污染环境，影响人体健康，又会破坏建筑物，影响市容与卫生，扩大危害面积与范围。此外，医疗废物在运输与处理的过程中，如不采用严格的封闭措施，产生的有害气体和粉尘也是十分严重的。扩散到大气中的有害气体和粉尘不但会造成大气质量的恶化，一旦进入人体和其他生物群落，还会危害人类健康和生态平衡。

（2）对水体的污染

医疗固体废物可以通过多种途径污染水体，如可随地表径流进入河流湖泊，或随风迁徙落入水体，特别是当医疗废物露天放置或者混入生活垃圾露天堆放时，有害物质在雨水的作用下，很容易流入江河湖海，造成水体的严重污染与破坏。最为严重的是有些医疗卫生机构甚至将医疗废物直接倒入河流、湖泊或沿海海域中，造成更大污染。其中的有毒有害物质进入水体后，首先会导致水质恶化，对人类的饮用水安全造成威胁，危害人体健康；其次会影响水生生物正常生长，甚至杀死水中生物，破坏水体生态平衡。医疗废物中往往含有重金属和人工合成的有机物，这些物质大都稳定性极高，难以降解，水体一旦遭受污染就很难恢复。对于含有传染性病原菌的医疗废物，其一旦进入水体，将会迅速引起传染性疾病的快速蔓延，后果不堪设想。许多有机型的医疗废物长期堆放后也会和城市垃圾一样产生渗滤液。渗滤液的危害众所周知，它可进入土壤，使地下水受污染，或直接流入河流、湖泊和海洋，造成水资源的水质型短缺。

（3）对土壤的污染

医疗固体废物是伴随医疗服务过程产生的，如处置不当，任意露天堆放，不仅占用了一定的土地，导致可利用土地资源减少，而且大量的有毒废渣会在自然界到处流失，很容易接触到土壤。有的医疗卫生机构只将医疗废物简单掩埋，这对土壤的污染是不言而喻的。医疗废物中的有毒物质一旦进入土壤，会被土壤吸附，对土壤造成污染，可能杀死土壤中的微生物和原生动物，破坏土壤中的微生物生态，反过来又会影响土壤对污染物的降解。其中的酸、碱和盐类等物质会改变土壤的性质和结构，导致土质酸化、碱化、硬化，影响植物根系的发育和生长，破坏生态环境。许多有毒的有机物和重金属会在植物体内积蓄，当土壤中种有牧草和食用作物时，由于生物积累作用，有毒物质会在人体内积聚，对肝脏和神经系统造成严重损害。

第三节　固体废物污染的控制

一、固体废物污染的生物控制技术

固体废物的生物控制技术主要是利用生物体或生物体的某些组成部分、某些功能来处理固体废弃物，使其无害化，或者采用生物方法和技术在使废弃物无害化的同时生产或回收有用的产品。简而言之，凡采用与生物有关的技术处理和利用固体废物的方法，都可称为固体废物生物控制技术。它是固体废物稳定化、无害化处理的重要方式之一，也是实现固体废物资源化、能源化的系统技术之一。与非生物处理方法相比，生物处理技术具有成本低廉、能耗低、简便易行、无或少二次污染、生产效率或物质转化效率高等优点。

利用微生物进行的生物控制技术有好氧堆肥技术，厌氧发酵技术（沼气化），糖化、蛋白化和乙醇化技术，饲料化技术（将有机废弃物转化为食用菌栽培基质并形成担子菌发酵饲料），有机废弃物制氢技术，尾矿和低品位矿石的微生物湿法冶炼提取金属技术等。

利用植物或动物进行的生物控制技术有：重金属污染土壤植物修复技术，利用植物吸取土壤中的重金属，使土壤得以净化；有机废物的蚯蚓处理技术，是利用蚯蚓将城市垃圾、污泥和农林废弃物转化为优质肥料，并获得蚯蚓蛋白饲料的技术。

（一）固体废物污染的好氧堆肥处理

好氧堆肥是在有氧条件下，好氧细菌对废物进行吸收、氧化、分解。微生物通过自身的生命活动，把一部分被吸收的有机物氧化成简单的无机物，同时释放出微生物生长活动所需的能量，而另一部分有机物则被合成新的细胞质，这样微生物就可以不断生长繁殖，产生出更多的生物体。在有机物生化降解的过程中，有热量产生，因堆肥工艺中热能不会全部散发到环境中，必然造成堆肥物料的温度升高，这样就会使一些不耐高温的微生物死亡，耐高温的细菌快速繁殖。生态动力学表明，好氧分解中发挥主要作用的是菌体硕大、性能活泼的嗜热细菌群。该菌群在大量氧分子存在下将有机物氧化分解，同时释放出大量的能量。据此，好氧堆肥过程应伴随着两次升温，可将其分成三个阶段：产热阶段、高温阶段和腐熟阶段。堆肥的影响因素包括固体挥发性、水分、温度、碳氮比等。堆肥通常要经过物料预处理、一次发酵、二次发酵和后处理这一系列过程。

废弃物经过堆肥处理后，结构蓬松无臭，病原菌被大幅度消灭，体积减小，水分含量降低。另外，废弃物腐殖化程度极大提高，农业利用不会出现烧苗和烧根的现象；能极大改善土壤结构性能，提高土壤保水保肥能力。堆肥本身富有大量的微生物，因而施用堆肥可明显提高土壤的生物活性，有效加速土壤物质的生物化学循环。

好氧堆肥是在有氧条件下，好氧微生物通过自身的分解代谢和合成代谢过程，将一部分有机物分解氧化成简单的无机物，从中获得微生物新陈代谢所需要的能量，同时将一部分有机物转化成新的细胞物质的过程。堆肥的结果是废弃物中的有机物向稳定化程度较高的腐殖质方向转化，腐殖质的形成十分复杂。

1. 好氧堆肥的微生物学过程

好氧堆肥的微生物学过程可大致分为以下三个阶段，每个阶段都有其独特的微生物类群。

（1）产热阶段

堆肥初期（通常在 1—3 天），肥堆中嗜温性微生物以可溶性和易降解性有机物作为营养和能量来源，迅速繁殖，并释放出热量，使肥堆温度不断上升。此阶段温度为 20—45 ℃，微生物以中温、需氧型为主，通常是一些无芽孢细菌。微生物类型较多，主要是细菌、真菌和放线菌。其中细菌主要利用水溶性单糖等，真菌和放线菌对于分解纤维素和半纤维素物质具有特殊的功能。

（2）高温阶段

当肥堆温度上升到 45 ℃时，即进入高温阶段。通常从堆积发酵开始，只需 3 天时间肥堆温度便能迅速地升高到 55 ℃，一周内肥堆温度可达到最高值（最高温度为 80 ℃）。此时，嗜温性微生物受到抑制，嗜热性微生物逐渐取而代之。除前一阶段残留的和新形成的可溶性有机物继续分解转化外，半纤维素、纤维素、蛋白质等复杂有机物也开始强烈分解。在 50 ℃左右进行分解活动的主要是嗜热性真菌和放线菌；温度上升到 60 ℃时，真菌几乎完全停止活动，仅有嗜热性放线菌和细菌活动；温度上升到 70 ℃时，大多数嗜热性微生物已不适宜，微生物大量死亡或进入休眠状态。高温对于堆肥的快速腐熟起到重要作用，此时腐殖质逐渐形成，并开始出现能溶解于弱碱的黑色物质。

（3）腐熟阶段

在高温阶段末期，只剩下部分较难分解的有机物和新形成的腐殖质。此时微生物活性下降，散发的热量减少，温度下降，嗜温性微生物再占优势，对较难分解的残留有机物进一步分解，腐殖质不断增多且趋于稳定化，堆肥进入腐熟阶段。降温后，需氧量降低，肥堆空隙增大，氧扩散能力增强，此时只需自然通风。在强制通风堆肥中常见的后熟处理，即将通气堆翻堆一次后，停止通气，让其腐熟。

2. 好氧堆肥影响因素

好氧堆肥是一个复杂的过程，在堆肥过程中受到诸多因素的影响。这些因素制约着反应条件，从而决定了微生物的活性，最终影响堆肥的速度与质量。影响堆肥过程的因素很多，其中主要因素有温度、通风情况、C/N 值、pH 值、含水率等。好氧堆肥中微生物的活性和有机物的降解率可以通过调控这些因素得到改变，从而达到优化堆肥的目的。

（1）温度

在堆肥过程中，堆料中微生物的活性受到温度的影响。根据堆体温度的不同可将堆肥分为高温堆肥、中温堆肥和自然堆肥，其实中温堆肥的温度和自然堆肥的温度比较接近。温度不宜过高，温度过高会过度消耗有机质，导致堆肥产品质量过低，甚至失去肥效。

堆体温度控制在 55—60 ℃时（即高温堆肥）效果比较好，不宜超过 60 ℃。一般来讲高温堆肥比中温堆肥的效果要好一些，但也可能由于堆肥综合能耗、实际可操作控制反应条件等其他因素而选择中温堆肥，用远低于高温堆肥所需能量达到的堆肥效果略低于高温堆肥的。

（2）通风情况

通风在好氧堆肥过程中的作用有供氧、去除多余水分、散热及调节堆体温度，除此之外，利用通风还可以控制堆体的温度和氧含量，因此通风被认为是堆肥系统中最重要的因素。合理的通风不仅可以提高堆肥产品质量，而且可以节省能耗；过高、过低的通风速率都会对好氧堆肥过程造成不利影响。通风速率过低会造成供氧不足而导致堆体局部厌氧，生成 CO、CH_4 等有害气体并产生异味，给周边环境带来危害；反之，过高的通风速率不仅造成通风损失过大，不利于维持堆体温度，而且会造成大量的氮素损失，降低堆肥产品的肥效，增加堆肥能耗。试验表明，增大堆料孔隙率有利于提高通风供氧。

（3）C/N 值

C/N 值也是影响堆肥过程的一个重要因素，C/N 值过高或过低都会影响堆体中微生物对有机质的降解作用。C/N 值过高不利于堆肥过程中微生物的生长；

C/N 值过低则堆肥产品会影响农作物生长，还会造成氮素损失加重。研究表明，C/N 值一般在 20—30 比较适宜。城市垃圾作为堆肥原料时，最佳的 C/N 为（26—35）∶1。

（4）pH 值

pH 值是一个可以对微生物环境进行评价的参数，一般微生物最适宜的环境为中性或弱碱性环境。适宜的 pH 值可使微生物高效地发挥作用，但 pH 值太高或太低都会使堆肥处理遇到困难。

研究表明，pH 值在 6—9 时堆肥化得以顺利高效地进行。当堆料的 pH 值不在此范围时，可添加其他物料予以调节，如可添加石灰。pH 值在堆肥化过程中，随着时间和温度的变化而变化。

（5）含水率

水分为微生物进行生命活动所必需的条件，无论什么堆肥系统，含水率均应不小于 40%，不大于 70%，最佳含水率应为 50%—60%。含水率过低，微生物的代谢速率会降低，进而降解堆料的速率也降低；含水率过高，则水分会堵塞堆料中的空隙，从而影响通风，导致厌氧发酵，减慢有机物的降解速度，延长堆肥时间。显而易见，含水率对堆肥过程的影响也是不可忽视的。

（二）固体废物污染的厌氧消化处理

厌氧消化或称厌氧发酵是一种普遍存在于自然界的微生物过程。厌氧消化处理指在厌氧状态下利用厌氧微生物使固体废物中的有机物转化为 CH_4 和 CO_2 的过程。厌氧消化可以产生以 CH_4 为主要成分的沼气，故又称之为甲烷发酵。厌氧消化可以去除废物中 30%—50% 的有机物并使之稳定化。

厌氧消化技术具有以下特点：①过程可控、降解快、生产过程全封闭。②资源化效果好，可将存在于废弃有机物中的低品位生物能转化为可以直接利用的高品位沼气。③易操作，与好氧处理相比，厌氧消化处理不需要通风动力，设施简单，运行成本低。④产物可再利用，经厌氧消化后的废弃物基本稳定，可作为农肥、饲料或堆肥原料。⑤可杀死传染性病原菌，有利于防疫。

1. 厌氧生物处理生物化学过程

厌氧生物处理是一个复杂的生物化学过程，依靠三大主要类群的细菌，即水解产酸细菌、产氢产乙酸细菌和产甲烷细菌联合作用完成，因而可粗略地将厌氧消化过程划分为三个连续的阶段，即水解酸化阶段、产氢产乙酸阶段和产甲烷阶段。

第一阶段为水解酸化阶段。复杂的大分子、不溶性有机物先在细胞外酶的作用下水解为小分子、溶解性有机物，然后渗入细胞体内，分解产生挥发性有机酸、醇类、醛类等。这个阶段主要产生较高级脂肪酸。由于简单碳水化合物的分解产酸作用要比含氮有机物的分解产氨作用迅速，故蛋白质的分解在碳水化合物分解后进行。含氮有机物分解产生 NH_3，除了提供合成细胞物质的氮源外，在水中部分电离，生成 NH_4^+、CO_2、H_2S，具有缓冲消化液酸碱度的作用，故有时也把继碳水化合物分解后的蛋白质分解产氨过程称为酸性减退期。

第二阶段为产氢产乙酸阶段。在产氢产乙酸细菌的作用下，第一阶段产生的各种有机酸被分解转化成乙酸和 H_2，在降解有机酸时还生成 CO_2。

第三阶段为产甲烷阶段。产甲烷细菌将乙酸、乙酸盐、CO 和 H_2 等转化为甲烷。此过程由两组生理上不同的产甲烷菌完成，一组把 H_2 和 CO_2 转化成 CH_4，另一组通过乙酸或乙酸盐脱羧产生甲烷，前者产生甲烷的量约占总量的 1/3，后者产生甲烷的量约占总量的 2/3。

2. 影响厌氧消化的因素

（1）温度

在 35—38 ℃时代谢速度有一个高峰，在 50—60 ℃时代谢速度有另一个高峰。前者称为中温发酵，后者称为高温发酵。

（2）pH 值

系统的 pH 值应控制在 6.5—7.5，最佳 pH 值范围是 7.0—7.2。

（3）营养和原料处理

厌氧发酵要求的 C/N 并不十分严格，原料的 C/N 为（15—30）：1，即可正常发酵。磷元素含量一般要求为有机物含量的 1/1 000。P/C 以 5：1 为好。

（4）搅拌的方法

①机械搅拌；②气搅拌；③液搅拌。

（5）添加剂和有毒物质

在整个发酵系统中，必须隔绝有毒物质（如重金属杀虫剂等），避免混入。这是因为产甲烷细菌对这类物质极为敏感，若系统内有毒物质超过允许的浓度，将阻碍发酵进程。

3. 厌氧消化工艺

一个完整的厌氧消化系统包括预处理、厌氧消化反应器，消化气净化与贮存，消化液与污泥的分离、处理和利用。厌氧消化工艺类型较多，根据消化温度，厌氧消化工艺可分为高温消化工艺和自然消化工艺两类。根据投料运转方式，厌氧消化可分为连续消化、半连续消化和两步消化等。厌氧消化装置主要有水压式沼气池、方形消化池以及红泥塑料沼气池。

水压式沼气池适用于多种发酵原料，包括进料口、发酵池、出料管、水压箱、导气管等部分。当水压式沼气池发酵产气时，发酵—贮气间内的料液面下降，沼气将消化料液压向水压箱，出现了液位差；当用沼气的时候，由于消耗沼气引起料液从水压箱内流入发酵—贮气间，发酵池内的压力减小，水压箱内的液体被压回发酵池，水压箱内料液的自动升降使气室内的水压能够自动调节。水压式沼气池结构简单、造价低、施工方便。但由于温度不稳定，产气量不稳定，因此原料的利用率低。

方形消化池由消化室、气体储存室、贮水库、进料口、出料口、搅拌器、导气喇叭口等部分组成。气体储存室位于消化室的上方，与消化室通过通气管连接，设一个贮水库来调节气体储存室的压力。若室内气压很高，可将消化室内经消化的废液通过进料口压入贮水库内。相反，若气体储存室内压力不足，贮水库内的水由于自身重力便流入消化室，这样通过水的流动调节气体储存室的空间大小，使气压相对稳定。

红泥塑料沼气池是一种用红泥塑料（红泥—聚氯乙烯复合材料）作为池盖或池体材料的沼气池，该工艺多采用批量进料方式。红泥塑料沼气池有半塑式、两模全塑式、袋式全塑式和干湿交替式等类型。

二、固体废物污染的最终处置技术

固体废物最终处置指对在当前技术条件下无法继续利用的固体污染物进行终态处理。因其自行降解能力很微弱而可能长期停留在环境中，为了防止它们对环境造成二次污染，必须将其放置在一些安全可靠的场所。对固体废物进行最终处置，也就是解决固体废物的最终归宿问题，使固体废物最大限度地与生物圈隔离，以控制其对环境的扩散污染。因此，最终处置是对固体废物全面管理的最后一环。

一般来说固体废物最终处置可分为陆地处置和海洋处置两大类。所谓陆地处置就是在陆地上选择合适的天然场所或人工改造出合适的场所，把固体废物用土层覆盖起来的一项技术。陆地处置的基本要求是废物的体积应尽量小，废物本身无较大危害性，废物处理设施结构合理。所谓海洋处置就是利用海洋巨大的环境容量和较高的自净能力，将固体废物消散在汪洋大海中的一种处置方法。海洋处置具有填埋处置的显著优点，而又不需要填埋覆盖。

（一）固体废物污染的陆地处置技术

根据废物的种类及其处置的地层位置，如地上、地表、地下和深地层，可将陆地处置分为土地耕作处置、深井灌注处置和土地填埋处置等。

1. 土地耕作处置

土地耕作处置是使用表层土壤处置工业固体废物的一种方法，即把废物当作肥料或土壤改良剂直接施加到土地上或混入土壤表层，利用土壤中的微生物种群，将有机物和无机物分解成为较高生命形式所需的物质。土地耕作处置是对有机物消化处理，对无机物永久"贮存"的综合性处置方式。它具有工艺简单、费用适宜、设备维修容易、对环境影响较小、能够改善土壤结构和提高肥效等优点。土地耕作处置主要用来处置可生物降解的石油、有机化工和制药业产生的废物。

为了保证在土地耕作处置过程中，一方面获得最大的生物降解率，另一方面限制废物引起二次污染，在实施土地耕作处置时一般要求土地的 pH 值为 7—9，含水量为 6%—20%。由于废物的降解速度随温度的降低而降低，当地温达到 0 ℃时，降解作用基本停止，因此土地耕作处置地温必须保持在 0 ℃以上。土地耕作处置废物的量要视其中有机物、盐类和金属的含量而定，废物的铺撒要均匀，耕作深度以 15—20 cm 为宜。

另外，土地耕作处置场地选择要避开断层、塌陷区，避免同通航水道直接相通，距地下水位至少 1.5 m，距饮用水源至少 150 m。耕作土壤应为细粒土壤，表面坡度应小于 5%，耕作区域内或距耕作区域 30 m 以内的井、穴和其他与底面直接相通的通道应予堵塞。

2. 深井灌注处置

深井灌注处置是将液状废物注入与饮用水和矿脉层隔开的地下可渗透性岩层中。深井灌注方法主要用来处置那些实践证明难于破坏、难于转化，不能采用其他方法处理、处置，或者采用其他方法处置费用较高的废物。它可以处置一般废物和有害废物，可以是液体、气体或固体。

在实施灌注时，将这些固体都溶解在液体里，形成纯溶液、乳浊液或液固混相体，然后加压注入井内，灌注速率一般为 300—4000 L/min。对某些工业废物来说，深井灌注处置可能是对环境影响最小的切实可行的方法。但深井灌注处置必须注意井区的选择和深井的建造，以免对地下水造成污染。

3. 土地填埋处置

土地填埋处置是一种最主要的固体废物最终处置方法。土地填埋是由传统的倾倒、堆放和填地处置发展起来的。按照处置对象和技术要求上的差异，土地填埋处置分为卫生土地填埋和安全土地填埋两类。前者适于处置城市垃圾，后者适于处置工业固体废物，特别是有害废物，也被称作安全化学土地填埋。卫生土地填埋始于 20 世纪 60 年代，是在传统的堆放、填地基础上，对未经处理的固体废物的处置。由于卫生土地填埋安全可靠、价格低廉，目前已被世界上许多国家采用。卫生土地填埋大体可分为场地选择、设计建造、日常填埋和监测利用等步骤。

场地选择要考虑水文地质条件、交通条件、是否远离居民区、是否有足够的处置能力、废物处置代价、是否便于利用开发等因素。卫生土地填埋主要用于处置城市垃圾，处置的容量要与城市人口数量和垃圾的产率相适应，一般建造一个场地至少要有 20 年的处置能力。

场地要有防止对地下水造成污染的措施和气体排出功能。例如，①设置防渗衬里。衬里分人造和天然两类，人造衬里有沥青、橡胶和塑料薄膜；天然衬里主要是黏土，渗透系数小于 10^{-7} cm/s，厚度为 1 m。②设置导流渠或导流坝，减少地表径流进入场地。③选择合适的覆盖材料，防止雨水渗入。

垃圾填埋后，由于微生物的生化降解作用，垃圾会产生甲烷和二氧化碳气体，也可能产生硫化氢或其他有害或有臭味的气体。当有氧气存在时，甲烷气体浓度达到 5% 就可能发生爆炸，所以及时排出所产生的气体是非常必要的。工程上一般采用可渗透性排气和不可渗透阻挡层排气两种排气方法来排气。可渗透性排气是在填埋物内利用比周围土壤容易透气的砾石等物质作为填料，建造排气通道，产生的气体可水平方向运动，通过此通道排出。边界或井式排气通道也可用来控制气体水平运动。不可渗透阻挡层排气，是在不透气的顶部覆盖层中安装排气管，排气管与设置在浅层的砾石排气通道或设置在填埋物顶部的多孔集气支管相连接，可排出气体。产生的甲烷经脱水、预热、去除二氧化碳这一系列过程后可作为能源使用。

安全土地填埋是处置工业固体废物，特别是有害废物的一种较好的方法，是卫生土地填埋方法的改进型方法，它对场地的建造技术及管理要求更为严格。填埋场必须设置人造或天然衬里，以保证地下水免受污染，要配备浸出液收集、处理及检测系统。安全土地填埋处置场地不能处置易燃性废物、反应性废物、挥发性废物、液体废物、半固体和污泥，以免混合以后发生爆炸、产生或释放有毒有害的气体或烟雾。

封场是土地填埋操作的最后一环。封场要与地表水的管理，浸出液的收集监测以及气体控制等措施结合起来考虑。封场的目的是通过填埋场地表面的修筑来减少侵蚀并最大限度地排水。一般在填埋物上覆盖一层厚 15 cm、渗透系数小的土壤，其上再覆盖 45 cm 厚的天然土壤。如果在其上种植植物，上面应再覆盖一层 15—100 cm 厚的表面土壤。

土地填埋最大的优点是工艺简单、成本低，适于处置多种类型的固体废物。其致命的弱点是场地处理和防渗施工比较难达到要求，以及浸出液的收集控制问题。在美国等一些发达国家，随着土地填埋用地的日趋紧张，固体废物的土地填埋处置比例正逐渐下降，而且从降低运输费用和处置费用的角度考虑，固体废物在土地填埋前应尽量进行减容处理。

（二）固体废物污染的海洋处置技术

海洋处置主要分为两类：一类是海洋倾倒；另一类是近年来发展起来的远洋焚烧。

海洋倾倒有两种方法：一种方法是将固体废物如生活垃圾、含有重金属的污泥等有害废弃物以及放射性废弃物直接投入海中，借助海水的扩散稀释作用，使有害物质的浓度降低；另一种方法是把含有有害物质的重金属废弃物和放射性废弃物用容器密封，用水泥固化，然后投放到约 5 000 m 深的海底。固化方法有两种，一种是将废物按一定配比同水泥混合，搅匀注入容器，养护后进行处置；另一种是先将废物装入桶内，然后注入水泥或涂覆沥青，以降低固化体的浸出率。由于海洋有足够大的接受能力，且又远离人群，污染物的扩散不容易对人类造成危害，因而是处置多种工业废物的理想场所。处置场的海底越深，处置就越有效。海洋倾倒不需覆盖物，只需将废物倒入海中，因此该方法为一种经济的处置方法。

远洋焚烧是利用焚烧船，在远海对固体废物进行焚烧处置的一种方法，适用于处置各种含氯有机废物。试验结果表明，含氯有机化合物完全燃烧产生的水、二氧化碳、氯化氢以及氮氧化合物排入海中，由于海水本身氯化物的含量高，并不会因为吸收大量氯化氢而导致氯平衡发生变化。

此外，由于海水中碳酸盐的缓冲作用，海水吸收氯化氢后酸碱度也不会发生变化。又由于焚烧温度在 1 200 ℃以上，因此远洋焚烧对有害废物破坏效率较高。远洋焚烧能有效地保护人类的大气环境，凡是不能在陆地上焚烧的废物，采用远洋焚烧是一种较好的方法。为了便于废物充分燃烧，一般多采用由同心管供给空气和液体的气、液雾化焚烧器。

总之，海洋处置能做到将有害废物与人类生存、生活环境隔离，是一种高效、经济的最终处置方法。但对于有害固体废物，特别是放射性废物，不管采用何种方式投放海中，也许短期内很难发现其危害，长期并不加控制地投放必将造成海洋污染，破坏海洋环境，最终祸及人类自身。

三、固体废物污染控制技术的未来展望

随着科学技术的发展和社会的进步，近十年来，人类对于固体废物的态度和认识有了令人瞩目的变化。固体废物本身就是一种"人造资源"，为亟待开发的"第二矿产"。对于固体废物的处理已从消极处理变为积极回收利用，从而把当今世界各国城市发展所遇到的两个共同难题——垃圾"过剩"和能源不足有机地协调起来。但是，如何通过工艺技术的改革或固体废物的循环再利用，将产生的工业固体废物和生活垃圾变成主要资源，真正实现"变废为宝"的愿望，仍然是摆在各国政府和全世界人民面前的共同课题。

（一）片面追求现代化带来的后患

当今科学技术的发展带来了经济上的飞速发展和社会的空前繁荣，人类创造出了高度的文明。但由于忽视了经济社会对自然生态系统的反作用，不仅不可更新的矿产资源日趋枯竭，而且环境严重恶化。

不适当的工业化，不仅造成大量资源浪费、能源紧缺，而且使城市人口迅速膨胀，工业和生活垃圾急剧增加。据统计，每人每天排出的垃圾量，美国为2—3 kg，英国为1 kg，法国为0.8 kg，瑞典为0.7 kg，日本为1 kg。美国是世界上垃圾最多的国家，其工业废渣年排出量为1.9×10^9 t，生活垃圾量近2×10^8 t，每年各种垃圾废物总量达2.616×10^9 t。日本东京每天要出动5 000辆卡车和100多艘轮船，往返运输垃圾。

我国垃圾产量也在以每年9.8%的速度增长，而且对城市垃圾的处理仍停留在较低的水平上，经无害化处理的垃圾粪便所占比例很小。我国固体废物污染防治的形势也非常严峻。

科学技术的现代化促进了产品开发和生产技术的现代化。然而每当技术更新和新产品开发时，企业家首先考虑的是它们的有效性和经济性，而忽视这种技术和产品带来的后患。例如，聚氯联苯曾有广泛的用途，但人们后来才了解到它对

人体有毒害作用，因而被迫停止生产。又如，人们已建立了现代化塑料生产的技术体系，塑料产品已充斥了整个时代，其消费量愈来愈大，但至今许多人仍看不到其难处理的后遗症。因此，现代技术体系的建立，丰富了物质，方便了生活。但是，集中化、大型化生产过程中产生的大量工艺废物，对环境造成了深远影响，威胁着人类的生存，这就是现代化带来的后患与危机。

（二）固体废物处理的现代技术

固体废物处理是一项庞杂的、浩大的工程，它涉及环境学、医学、化学、力学、化工、冶金、电力电子、机械等多学科领域的专门理论和现代科学技术方法，因此也是一项综合性很强的技术工程。我国在该领域起步较晚，总体技术水平与发达国家相比还有一定差距。因此，我国应积极引进国外先进技术，加强自己的研究开发，建立一套适合我国国情的固体废物资源化技术体系，并做好以下三点工作。

1. 加强关键设备的研制

目前我国的固体废物处理普遍存在的问题是机械化程度低，设备陈旧而不配套。要提高我国垃圾处理的科学技术水平，必须在技术设备上狠下力气，除借鉴国外先进技术外，特别要加强预分选关键设备的研制和推广工作，主要包括破碎筛分设备、风选设备、磁选设备、高压静电分选设备、涡流分选设备以及低温冷冻分离设备，以及废电子元器件、多种混杂废料的分选设备。

2. 加强再生资源工艺流程的研究

固体废物外形多变、大小悬殊、成分复杂，对处理它的工艺流程，必须深入调查、认真研究、反复试验，最后设计一套适合多种形状、尺寸和能分离各种有用成分的预处理和分选工艺流程。

3. 加强固体废物资源化再循环技术的开发研究

固体废物资源化再循环技术可归为两类系统：物质回收型资源再生系统和能源回收型资源再生系统。比较合理的工艺路线应是在物质回收系统后连接能源回收系统，这样才能达到既节约资源又保护环境的双重目的。因此，加强再循环技术研究与开发以实现资源、能源的双重回收，是一项具有现实意义和时代意义的重大课题。

根据我国国情，金属中再利用程度最大的是废钢铁和废有色金属，如铜、锌、铝，其次是城市生活垃圾，包括废橡胶、废塑料和废纸。在这些废物中存在着巨大的回收利用潜力和开发价值。因此，今后相当长的时间内，人们应把研究方向和开发内容集中在下列领域：废钢铁的再生利用；废有色金属的再生利用；废塑料的再生利用；废纸再生利用；废橡胶再生利用及轮胎翻新技术；废化纤的再生利用；废玻璃的再生利用；粉煤灰的综合开发利用技术；城市生活垃圾、下水道污泥的开发利用；通过焚烧、热解和生物转化（厌氧消化）从固体废物中提取能源供发电和供热等技术。

随着计算机技术的发展和应用，固体废物处理工程技术将达到更高的水平。高度综合的现代化固体废物处理厂，将会以崭新的面貌出现在城市中，分门别类地把成分复杂的固体废物转化成资源和能源物质，送往专门的加工厂。

四、固体废物污染的综合防治策略

（一）加强人民群众环保意识

可以说，人是直接导致固体废物产生的重要因素。想要实现从根本上减少固体废物的产生，保证固体废物治理工作开展的可持续性，就一定要重视从加强人民群众环保意识出发，使得人民群众能够意识到环境污染的危害以及固体废物治理的重要性，与此同时要使人民群众树立起保护环境的主人翁意识。

国家环保部门以及地方环保部门，可以充分借助网络技术、多媒体技术以及信息技术等一系列相关技术，向人民群众讲解固体废物，进而使人民群众能够真正了解什么是固体废物，哪些生活活动或生产活动能够产生固体废物，固体废物会带来什么样的危害等，此外还要向人民群众传授减少固体废物产生的方法以及固体废物的分类方法。

大力宣传讲解，能够使人民群众树立起环保意识，能够使人民群众正确认识固体废物，能够促使人民群众在生活以及生产中有意识地减少固体废物的产生，久而久之，有助于人民群众养成良好的环保习惯，从而积极地参与固体废物分类。

（二）完善固体废物相关法律

在如今的时代背景下，我国社会经济迅速发展，人们的生活水平越来越高，在此基础上环境问题越来越明显，也越来越受到重视。在实施可持续发展战略的背景下，固体废物相关法律法规对于人们的生活以及生产起到了一定的约束作用，促使人民群众的环保意识获得有效提升。

但是，在当前社会进程中，我国的环境问题仍然比较严重，相关部门一定要做到加强有关固体废物方面的法律法规建设，进而实现通过一系列的措施加强固体废物治理工作。例如，可以针对一些对环境产生非常严重污染的生产企业实施治理措施，要求其降低环境污染或停止继续生产等，并且还要给予这些企业固定的时间，要求企业在固定的时间之内进行整改，在整改之后，排污达标才可以继续开展生产工作。

除此之外，一定要将法律宣传的价值充分发挥出来，各个行业都要制定相关的排污标准。对超过排污标准的企业进行惩罚，而对于那些在环境治理过程中发挥了一定积极作用，做出了贡献的企业应当给予一定的奖励。与此同时相关部门应重视加大固体废物执法力度，这样能够有效提高固体废物治理效果。

（三）做好固体废物分类工作

在人们生活过程中以及企业生产过程中，不可避免都会产生一些固体废物，面对多种多样并且数量庞大的固体废物，如果不能够针对这些固体废物开展相应的分类工作，那么固体废物治理工作的难度将进一步加大，固体废物治理的时间将会增加，与此同时固体废物治理资金还会进一步消耗，甚至于会产生二次污染。因此，在环境工程建设下的固体废物治理，一定要重视固体废物分类工作。

针对人民群众在日常生活中产生的固体废物来说，一定要严格地按照垃圾回收规定进行垃圾分类，其中包括可回收垃圾、不可回收垃圾、有害垃圾等。针对农业方面所产生的固体废物来说，通常情况下为秸秆，而这类固体废物在处理的过程中相对较为安全。

针对医疗方面的固体废物来说，通常情况下它们都存在着非常大的危害性。例如，过期药品、含金属成分的瓶瓶罐罐等，如果不针对这些固体废物做好分类工作，那么这些固体废物将对环境产生危害。在进行固体废物分类的过程中，一定要加强具有危险性的固体废物的分类处理工作，进而避免更加严重的环境污染现象产生，避免其对人类或环境产生更大的危害。

（四）采用多种多样的处理方法

在对不同种类的固体废物进行分类处理之后，接下来，相关部门就要针对这些分类之后的固体废物，运用不同的处理方法开展处理工作。具体而言，针对生活固体废物，可以采用回收再利用的方式进行处理，也可以将这些垃圾碾碎、压实、固化等，进而实现再次利用。

例如，在进行厨余垃圾的处理时，可以运用微生物处理法进行处理，这种情况下就能够将这些垃圾处理成肥料或者饲料等，实现二次利用，从而进一步提升资源的利用效率。针对建筑生产垃圾，由于这些建筑生产垃圾的数量非常庞大，因此人们可以先采取预处理措施，接下来再通过掩埋的处理方式进行处理。针对具有危险性的固体废物，如医疗固体废物，在处理的过程中一定要注重采取特殊的处理方法。

针对固体废物处理，通常情况下包括物理处理法、化学处理法、生物处理法等处理方法。在进行不同种类的固体废物处理的过程中，一定要注重运用不同的处理方法，如果有必要，还可以针对一种固体废物运用多种处理方法进行处理。

（五）强化固体废物治理队伍建设

对环境工程建设中的固体废物治理工作而言，固体废物治理工作人员发挥着至关重要的作用，其直接影响固体废物治理工作的质量以及工作的效果。因此，在开展固体废物治理工作的过程中，首先，要充分重视加大固体废物治理工作队伍建设力度，积极吸引更多专业性强、能力高的固体废物治理工作人员参与到治理工作中。其次，应注重加强针对固体废物治理工作人员开展相关培训教育工作，在此基础上使得固体废物治理工作人员更加充分地了解与固体废物相关的法律法规，掌握更加先进、更加科学的固体废物治理技术以及治理方法等。除此之外，还要重视针对固体废物工作人员进行责任划分工作，与此同时构建激励机制，这种情况下能够有效激发固体废物治理工作人员的工作积极性以及工作热情，从而有效提高固体废物治理水平。

值得注意的是，在构建激励机制的过程中，应当采用物质激励、精神激励等各种激励方式，满足固体废物工作人员的个性化实际需求，这样才能够保证激励机制充分发挥自身价值。

（六）大力积极推进循环经济

如今我们已经进入了新经济发展时代，而在新经济发展时代中循环经济已经成为必然的发展趋势。在当今时代背景下，地球上存在的不可再生资源越来越少，并且部分已逐渐消失，再加上环境污染问题愈发严重，由此能够看出，在开展固体废物治理工作过程中大力积极推进循环经济非常重要，循环经济对于人类的生存以及发展都具有重要的意义。循环经济更强调人类和环境两者之间的平衡及和谐发展，所以，循环经济不强调先污染再治理，而是强调一边治理一边发展，更重视节约能源，以及能源的循环利用。

　　除此之外，针对固体废物治理措施，不仅仅体现在固体废物的处理这一方面，更为重要的是体现在从根源上避免以及减少固体废物的产生。对于循环经济而言，低排放也是其非常重要的特征之一。在时代、经济以及科学不断发展的背景下，人们发现了越来越多的能源，如清洁能源。这些清洁能源能够代替生产活动中一些不具备强烈存在意义的传统能源。在这种情况下就能够实现从根本上使固体废物的产生得到有效控制，循环经济的大力发展对固体废物治理工作也具有十分重要的现实意义，相关部门一定要给予一定的政策引导并积极落实。

第七章　现代物理性污染及其控制

随着经济的高速发展，各种环境问题随之而来并困扰着人们。尤其是随着近代工业的发展，环境污染的类型也随之增多，各类物理性污染已经成为人类的一大威胁。加强物理性污染的防控，对现代环境质量的提升具有重要意义。本章包括噪声污染及其控制技术，电磁性污染及其控制技术，放射性污染及其控制技术，光污染、热污染及其控制技术等内容。

第一节　噪声污染及其控制技术

一、噪声污染概述

（一）噪声污染的概念

"噪声"作为声音附加主观性感受的一种物理现象，固然是一种客观性的概念，而"噪声污染"则是将噪声放置于社会环境中，通过其对社会的影响赋予了其法律上的属性。为了明确司法实践中对于噪声污染的定义，则需要对噪声污染的物理含义和法律含义分别进行分析。

1. 环境噪声污染的物理含义

"声"是介质存在机械波时媒介附加的一种能量。"声"的概念较为广泛，包括了声音、超声与次声等。超声波指超过 20 000 Hz 的声波，它普遍存在于大自然的环境中，且不能被人体直接感知，目前并未发现其对人体的负面影响。次声波则指低于 20 Hz 的声波，同样它不能被人体声音感知器官直接感知，也存在于大自然与人类活动中，但与超声波不同，次声波在具备一定条件时，可以使人体产生生理上的不适感与病变，因这种负面影响不具有广泛性，所以尚未引起足够的重视。"声音"即介于 20 Hz 与 20 000 Hz 之间的声波，人体的声音感知器官可以对该区段的声音进行感知，人类可以利用声音进行自然改造、交流活动。而当该区段的声波的声压过大时，声波会对人的精神与生理产生负面影响，国际上通常以分贝（dB）为单位，对该区段声波的声压进行衡量，以便于对其利用和限制。

声音是在生活中能够被人类利用的重要工具，不被个体需要的声音就是噪声，噪声在适当的声压等级范围内，因不具有危害性而不被定义为污染。在我国2008年颁布的《声环境质量标准》中，以公民居住环境所适用的1类声环境功能区为例，其声压的限制为昼间55 dB、夜间45 dB，在昼间与夜间超出该标准的，才属于噪声污染。

2. 环境噪声污染的法律含义

各国对噪声污染的定义不尽相同，因此对环境噪声污染的法律定性也不相同。在同一个国家，环境噪声污染的法律定义还会随着时段、区域的差别而有差异。

在我国，环境噪声污染依据《声环境质量标准》进行判定。不同声区按照其功能性可分为0类、1类、2类、3类、4a类与4b类六类，如表7-1所示。

表7-1　各类声功能区噪声等效声级限值适用表

声功能区	昼间/dB	夜间/dB	所含范围
0 类	50	40	康复疗养区等需要特别安静的区域
1 类	55	45	以居民居住、医疗卫生、文化教育、科研设计、行政办公等为主要功能，需要保持安静的区域
2 类	60	50	以商业金融、贸易为主要功能，或者居住、工业混杂，需要维护住宅安静的区域
3 类	65	55	以工业生产、物流为主要功能，需要防止工业噪声对周围环境产生严重影响的区域
4a 类	70	55	交通干线两侧一定距离之内，需要防止交通噪声对周围环境产生严重影响的区域，包括高速公路、一级公路、二级公路、城市快速路、城市主干路、城市次干路、城市轨道交通（地面段）以及内河航道两侧的区域
4b 类	70	60	铁路干线两侧区域

根据《中华人民共和国环境噪声污染防治法》的规定，若在声环境功能区内排放的噪声声压大于所规定的分贝限制，则属于噪声污染，单位和个人应承担相应的法律责任。

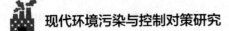

（二）噪声污染的特点

噪声污染与水体污染、大气污染、固体废物污染相比，具有其显著特点。

1.环境噪声是感觉公害

噪声对环境的污染与工业"三废"一样，是一种危害人类的公害。就公害性质来说，噪声属于感觉公害。通常，噪声是由不同振幅和不同频率声波组成的无调嘈杂声。但有调或好听的音乐声，在它影响人们的工作和休息，并使人感到厌烦时，也被认为是噪声。所以，对噪声的判断也与个人所处的环境和主观愿望有关，噪声评价与受害人的生理与心理因素密切相关。环境噪声标准也要根据不同的时间、不同的地区和人所处的不同行为状态来制定。

2.环境噪声是局限性和分散性的公害

所谓局限性就是一般的噪声源只能影响它周围的一定区域，而不会像大气污染那样，污染物能飘散到很远的地方。环境噪声扩散影响具有一定的局限性。分散性主要指环境噪声源分布的分散性。

3.环境噪声具有能量性

环境噪声是能量污染，不具备物质的累积性。噪声是由发声物体的振动产生的，若声源停止振动发声，声能就失去补充，噪声污染随之终止，危害即消除。不像其他污染源排放的污染物，即使停止排放，污染物在长时间内还残留着，污染是持久的。噪声的能量转化系数很低，约为 10^{-6}，即百万分之一。换句话说，1 kW 的动力机械，大约只有 1 mW 变为噪声能量。

4.环境噪声具有波动性和难避性

声能是以波动的形式传播的，因此噪声特别是低频噪声具有很强的绕射能力，可以说是"无孔不入"。突发的噪声是难以逃避的，"迅雷不及掩耳"就是这个意思。人耳不会像眼睛那样迅速闭合以躲避光污染，也不会像鼻子遇到异味屏气以待，即使在睡眠中，人耳也会受到噪声的干扰。由于噪声以 340 m/s 的速度传播，即使闻声而逃，也避之不及。

5.噪声具有危害潜伏性

有人认为，噪声污染不会死人，因而不重视噪声的防治。大多数暴露在 90 dB（A）左右噪声条件下的职工，也认为能够忍受，实际上这种"忍受"是以听力偏移为代价的。噪声的危害不可低估。

（三）噪声污染的分类

噪声的分类方法较多，从区分自然现象和人为因素产生噪声的角度出发，噪声可分为自然噪声和人为噪声；按噪声辐射能量随时间的变化，噪声可分为稳态噪声、非稳态噪声和脉冲噪声；按频率分布，噪声可分为低频噪声（<500 Hz）、中频噪声（500—1 000 Hz）和高频噪声（>1 000 Hz）。环境声学一般从发声机理和城市环境这一角度对噪声进行分类。

1. 按发声机理区分噪声

按噪声的发声机理可将噪声分为机械噪声、空气动力性噪声及电磁噪声。

机械噪声是指机械部件之间在摩擦力、撞击力和非平衡力的作用下振动而产生的噪声。机械噪声的特征与受振部件的大小、形状、边界条件，以及激振力的特性有关。织布机、球磨机、车床、刨床、齿轮等发出的噪声是典型的机械噪声。

空气动力性噪声是指高速气流、不稳定气流以及由于气流与物体相互作用产生的噪声。空气动力性噪声的特征与气流的压力、流速等因素有关。例如，锅炉排气噪声是由于高速或高压气流与周围空气介质剧烈混合产生的；气流流经阀门的噪声是由于气流流经障碍物后形成涡流产生的；飞机螺旋桨转动时的噪声是由于旋转的动力机械作用于气体，产生压力脉冲产生的；内燃机、压缩机、鼓风机的进、排气噪声是由于进、排气时，周围空气的压强和密度不断受到扰动产生的。

电磁噪声是指电磁场的交替变化引起某些机械部件或空间容积振动产生的噪声。电磁噪声的特征主要取决于交变磁场的特性、被激发振动部件和空间的大小形状等。电动机、发电机、变压器和日光灯镇流器等发出的噪声属于电磁噪声。

2. 按城市环境区分噪声

按城市环境可以将噪声分为交通噪声、工业噪声、建筑施工噪声和社会生活噪声。

（1）交通噪声

交通工具（如汽车、火车、飞机等）是活动的噪声源，对环境影响较广。我国城市交通噪声主要是汽车行驶中发出的噪声。随着城市规模逐渐扩大，人口密度（社会活动）增加，交通运输量不断增长，城市环境噪声污染日益加重。

我国城市道路交通噪声统计结果表明，交通噪声的等效声级范围为68—76 dB（A），有上万人受到公路交通噪声影响，其中大部分生活在高于70 dB 的噪声严重污染的环境中。

汽车噪声除来自喇叭外，还主要来自发动机、冷却风扇、进排气口、轮胎等。当车速超过 50 km/h 时，轮胎与路面接触所产生的噪声就成为交通噪声的主要组成部分。

（2）工业噪声

工业噪声是指工厂的各种动力设备、加工机械、生产设备等产生的噪声。设备噪声的声级大小与设备的种类、功率、型号有关，即使型号、功率相同的设备，由于生产厂家不同和使用年限不同，所产生的噪声的声级也有较大的差别。

工厂噪声不仅直接危害生产工人，也影响附近的居民。工业噪声中，电子工业和轻工业噪声在 90 dB（A）以下；纺织工业噪声为 90—110 dB（A）；机械工业噪声为 80—120 dB（A），凿岩机、大型球磨机工作时的噪声达 120 dB（A），风铲、大型鼓风机工作时的噪声在 130 dB（A）以上。常见工业设备的声级范围如表 7-2 所示。

表 7-2　常见工业设备声级范围

设备名称	声级范围 /dB（A）	设备名称	声级范围 /dB（A）
飞机发动机	107—140	冲床	74—98
振动筛	93—130	砂轮	91—105
球磨机	87—128	风铲	91—110
织布机	96—130	轧机	91—110
鼓风机	80—126	冲压机	91—95
引风机	75—118	剪板机	91—95
空压机	73—116	粉碎机	91—105
破碎机	85—114	磨粉机	91—95
蒸汽锤	86—113	冷冻机	91—95
柴油机	107—111	抛光机	96—100
锻造机	89—110	锉锯机	96—100
木工机械	85—120	挤压机	96—100
电动机	75—107	卷扬机	80—90
发电机	71—106	退火炉	91—100
水泵	89—103	拉伸机	91—95
车床	91—95	细纱机	91—95

（3）建筑施工噪声

建筑施工的噪声如表 7-3、表 7-4 所示。

表 7-3 建筑施工机械噪声声级

单位：dB（A）

机械名称	距离声源 10 m		距离声源 30 m	
	范围	平均	范围	平均
打桩机	93—112	105	84—103	91
地螺钻	68—82	75	57—70	63
铆枪	85—98	91	57—70	66
压缩机	82—98	88	78—80	78
破路机	80—92	85	74—80	76

表 7-4 施工现场边界上的噪声声级

单位：dB（A）

场地类型	居民建筑	办公楼等	道路工程等
场地清理	84	84	84
挖土方	88	89	89
打地基	81	78	88
安装	82	85	79
修整	88	89	84

（4）社会及家庭噪声

社会活动噪声和家庭生活噪声普遍存在，如宣传用高音喇叭、家庭收音机、电视机、音响、厨房切菜等发出的干扰邻居的噪声。缝纫机发出的噪声为 50—80 dB（A），电视机发出的噪声为 60—83 dB（A），电扇发出的噪声为 30—65 dB（A），洗衣机发出的噪声为 50—80 dB（A）。

（四）噪声污染的危害

噪声污染对人、动物、仪器仪表以及建筑物均造成危害。其危害程度主要取决于噪声的频率、强度及暴露时间。

1. 对人的影响

（1）听力损伤

噪声对听力的损害是噪声危害中认识得最早的一种影响。早在 1886 年，英国格拉斯哥的一名医生托马斯·巴尔曾就噪声对人的听力的影响进行了研究。他通过对三组人（轮船锅炉工、铸造工、邮递员）的比较，发现接触强噪声的锅炉工的听力受损害最严重，而邮递员的听力最好。近年来关于噪声对听觉影响的研究有了很大的进展，大量的调查和研究证明，强噪声会造成耳聋。

根据国际标准化组织公布的数据可知，暴露在强噪声下，对 500 Hz、1 000 Hz 和 2 000 Hz 三个频率的平均听力损失超过 25 dB，称为噪声性耳聋。在这种情况下进行正常的交谈时，句子的可懂度下降 13%，而句子加单音词的混合可懂度降低 38%。换句话说，听力出现障碍。

在不同声级的噪声下长期工作，耳聋发病率的统计结果如表 7-5 所示。从表中可以看出，噪声声级在 80 dB（A）以下，才能保证长期工作而不耳聋。在 90 dB（A）条件下，只能保证 80% 的人不会耳聋。即使是 85 dB（A），还会有 10% 的人可能出现噪声性耳聋。

表 7-5　噪声性耳聋发病率

等效连续噪声声级 /dB（A）	噪声暴露时间							
	5 年	10 年	15 年	20 年	25 年	30 年	35 年	40 年
≤80	0	0	0	0	0	0	0	0
85	1%	3%	5%	6%	7%	8%	9%	10%
90	4%	10%	14%	16%	16%	18%	20%	21%
95	7%	17%	24%	28%	29%	31%	32%	29%
100	12%	29%	37%	42%	43%	44%	44%	41%
105	18%	42%	53%	58%	60%	62%	61%	54%
110	26%	55%	71%	78%	78%	77%	72%	62%
115	36%	71%	83%	87%	84%	81%	75%	64%

一个人长期处于噪声环境下，虽然没有达到噪声性耳聋的程度，但很可能已经有了听力损失。人耳听力损失的频率从 4 000 Hz 左右开始，然后是其相邻的频率，如 2 000 Hz、6 000 Hz、8 000 Hz 等，但是一个人 4 000 Hz 或 6 000 Hz 的听力损失 40—50 dB，往往也察觉不出来，因为这并不影响日常的语言听力。但这对欣赏音乐是不利的，如长笛等乐器的高频声，听力受损者可能就听不到了，对于一些辅音，特别是具有高频率的"斯""吃"等音，听力受损者往往容易混淆。

噪声引起的听力机构的损伤，主要是内耳的接收器官（即柯蒂氏器官）受到损害而产生的。柯蒂氏器官由感觉细胞和支持结构组成，过量的噪声暴露可造成感觉细胞和整个柯蒂氏器官的破坏。靠近耳蜗的顶端对应于低频感觉，这一区域的感觉细胞必须达到很广泛的损失，才能反映在听域的改变上。耳蜗底部对应于高频感觉，这一区域的感觉细胞只要有很少的损失，就可能反映在听域的改变上。当这个区域的感觉细胞损失 15%—20% 时，听觉灵敏度就可能下降 40 dB。很强的噪声，如爆炸和火炮射击等强脉冲声，能造成听觉器官的机械性损伤，如鼓膜穿孔、听小骨折断，甚至柯蒂氏器官撕裂，这一般称为听觉外伤。较低声级的噪声长期作用，同样也能造成感觉细胞和支持结构的退化，这样的损伤称为噪声性耳蜗损伤。噪声性耳蜗损伤的机理主要是过量的噪声暴露迫使听觉细胞在过高的新陈代谢速率下工作，而导致细胞死亡。这些听觉细胞（包括听觉神经细胞）都是高度专业化的，一旦遭到破坏，就不能再生，听力也就无法恢复。

上述的听力变化通常有一个听力损失的过程，衡量听力损失的量是听力域级，听力域级是可以觉察到的纯音声压级，与频率有关。域级越高，说明听力损失越大或部分耳聋性程度越高。由噪声引起的域级提高，称噪声域迁移。当噪声暴露终止后，经过休息，听力能较快地恢复过来，称暂时性域移；如果暴露在强噪声下较长时间，噪声终止后，经休息仍有部分域移不能恢复，则这部分域移称为永久性域移。例如，某工人因受噪声影响，对 4 000 Hz 纯音可以觉察到的声压级比原来未受噪声影响时提高了 20 dB，即其在 4 000 Hz 的域级因噪声影响而迁移了 20 dB，也就是说他对 4 000 Hz 的纯音的听力损失为 20 dB，即听觉灵敏度下降了 20 dB。

国际标准化组织确定听力损失 25 dB 为耳聋标准，25—39 dB 为轻度耳聋，40—54 dB 为中度耳聋，55—69 dB 为显著耳聋，70—89 dB 为重度耳聋，90 dB 以上为极端耳聋。在不同的噪声级别和不同的噪声暴露时间下，耳聋的发病率也不同。

（2）诱发疾病

噪声危害人的神经系统。噪声作用于人的中枢神经系统，使大脑皮层的兴奋和抑制失去平衡，导致条件反射异常，从而使脑血管张力遭到损害，神经细胞边缘出现染色质的溶解，重者可引起渗出性血灶、脑电图电位改变等。如果长期暴露于强噪声环境中且得不到恢复，人会形成牢固的兴奋灶，累及自主神经系统，导致病理学影响，出现头疼、脑涨、头晕、疲劳、失眠、记忆力衰退等神经衰弱症状。处于噪声污染环境中的人，易患胃功能紊乱症，表现为消化不良、食欲不振、恶心呕吐，久而久之，将导致胃病及胃溃疡发病率的增高。

噪声影响心血管系统。噪声污染会导致人的交感神经不正常，使代谢或微循环失调，引起心室组织缺氧，致使心肌受到损害，并引起血液中胆固醇增高。噪声可使交感神经紧张，从而使人出现心跳加快、心律不齐、传导阻滞、血管痉挛、血压变化等症状。近年来，一些医学专家通过研究认为，噪声可以导致冠心病、动脉硬化和高血压。

噪声对视觉产生不良影响，噪声越大，视力清晰度稳定性越差。强噪声能直接造成人和动物死亡。1964年，美国空军一架喷气式飞机在俄克拉荷马州上空进行超音速飞行试验，结果下方一个农场的1万只鸡中有6000只被轰鸣声杀死。一般来说，在高噪声环境中工作的人，健康水平会逐年下降，疾病发病率显著高于正常环境中的人。

（3）干扰睡眠

很多人都认为睡眠障碍应归因于噪声，且已有很多研究者研究了这个问题。社会调查资料指出，睡眠障碍主要是由环境噪声的影响造成的。然而，在一般居民中，多大的噪声强度才能引起经常性的睡眠障碍或被吵醒，尚不清楚。噪声能引起入睡困难、打乱睡眠方式和吵醒睡着的人。

有研究人员通过检查人睡眠期间的脑电图反应和自主神经反应的变化来对这个问题进行了详细的试验研究。这些研究很多仅检查了少数受试者，并且又是在有限的时间和试验条件下进行的。因此，在将这些结论推广到大量人群时应予以注意。

根据脑电图反应，可以将睡眠分为以下四个阶段。在入睡前期的松弛期，脑电图波形迅速地从不规则波形变为规则的波形。这是睡眠阶段一，特征为波幅小和频率低。随后进入睡眠阶段二，波形改变为一种暴发性快波（纺锤波），混杂有单个波幅相对较大的慢波。30—45 min 后，进入慢波期，在脑电图中（睡眠阶段三）出现高幅波。大约一个半小时以后进入睡眠阶段四，脑电图波形类似睡眠阶段一，但是安在眼附近的电极记录到眼迅速地运动，绝大多数做梦就发生在此期间。某些研究工作者在快动眼（REM）睡眠阶段，通过口头指令能诱导受试者产生相应的复杂的运动反应。

噪声刺激能引起脑电波波形持续几秒或更久的改变，可出现波的频率增大现象，这是通过对人的睡眠阶段改变的密切观察发现的。据报道，噪声所产生的影响与睡眠阶段有关。一些研究结果表明，在睡眠的 REM 阶段，无论脉冲还是非脉冲噪声都能使觉醒阈降低。在 REM 睡眠阶段，脑电波波形发生改变的可能性最小。

噪声对睡眠的影响取决于噪声刺激的特征、睡眠者的年龄和性别、以前睡眠的具体情况、睡觉前的情绪等因素。在噪声对睡眠影响的研究中，研究人员曾用各种各样的刺激，包括人造的声音以及航空和陆路交通噪声等，作用于被试者。

当周围的噪声强度超过 35 dB（A）时，噪声对睡眠的影响就开始增强。噪声强度超过 40 dB（A）时，被吵醒的人占 5%，当达到 70 dB（A）时，被吵醒的人就上升到 30%。如用脑电图的变化来确定睡眠障碍，则噪声强度为 40 dB（A）时有睡眠障碍的人占 10%，噪声强度达到 70 dB（A）时，有睡眠障碍的人则达 60%。同时研究人员还观察到，在噪声强度为 35 dB（A）时，被试者睡眠良好（根据心理运动性活动的资料），而在 40 dB（A）时就出现睡眠障碍和入睡困难。当噪声更大时，被试者要用 1 h 以上的时间来入睡，而且在睡眠期间常被吵醒。

接触噪声强度为 48—68 dB（A）时，可引起睡眠脑电图波形的改变，主要表现为波形节律最初受到抑制或被中断。对于 70 dB（A）的声音刺激，可能性最大的反应是随着睡眠阶段的转变而被吵醒。在噪声强度为 50 dB（A）时，有 50% 的人出现下列反应之一：①持续几秒的脑电图波形的轻微的改变；②持续 1 min 的脑电图波形变化；③睡眠阶段的改变；④被吵醒。

关于接触噪声引起睡眠障碍的现场研究还很有限。有学者对平民和军人在夜间接触 6—64 Pa 声压峰值的声爆做了三个月的试验。观察发现，在声压峰值为 60 Pa 左右时有 15% 的军人出现惊醒率增高的现象，有 56% 的平民诉说睡眠受到干扰和再次入睡困难。

此外，人对噪声的敏感性是不一样的，其与年龄和性别有关。累计睡眠时间对惊醒的可能性有影响。惊醒更可能发生在长时间睡眠之后，而与睡眠阶段无关。睡眠时噪声的适应性是存在的，如果睡眠时反复暴露于声刺激下，则可逐渐减小噪声对正常睡眠的影响。

用声爆强度（室内）为 80—89 dB（A）的噪声，每晚交替刺激 2 次和 4 次，持续两个月，结果表明，在刺激的当时和刺激后不久，脑电波的波形和自主神经功能都没有发生任何适应性变化。在夜间的前 1/4 时间内用 2 次声爆，处于最深的睡眠阶段的总时间有明显的减少，但在夜间的其余时间里用 4 次声爆，深度睡眠的持续时间没有明显变化。

（4）干扰交谈、通信和思考

噪声妨碍人们之间的交谈、通信是常见的，人们的思考也是语言思维活动，其受噪声的干扰与交谈受噪声的干扰是一致的。实验证明噪声干扰交谈、通信的情况如表 7-6 所示。

表 7-6　噪声对交谈、通信的干扰

噪声声级 /dB（A）	主观反应	保证正常谈话距离 /m	通信质量
45	安静	10	很好
55	稍吵	3.5	好
65	吵	1.2	较困难
75	很吵	0.3	困难
85	太吵	0.1	不可能

（5）对心理的影响

噪声引起的心理影响主要是使人激动、易怒，甚至失去理智。因住宿噪声干扰发生民间纠纷的事件时常发生。噪声也容易使人疲劳，因此往往会影响人的注意力和工作效率，尤其对一些做非重复性动作的劳动者，影响更为明显。

另外，由于噪声的掩蔽效应，人往往不易察觉一些危险信号，从而容易造成工伤事故。美国根据对不同工种工人医疗和事故报告的研究发现，比较吵闹的工厂区域易发生事故。

（6）对儿童和胎儿的影响

噪声会影响少年儿童的智力发展，在强噪声环境下，教师讲课听不清，会造成儿童对讲授的内容不理解，长期下去，显然会影响知识的汲取，导致儿童智力发展慢。有人做过调查，吵闹环境下的儿童智力发育比安静环境中的低 20%。

此外，噪声对胎儿也会造成有害影响。研究表明，噪声会使母体产生紧张反应，引起子宫血管收缩，影响供给胎儿的养料和氧气。此外，噪声还影响胎儿的体重，日本曾对 1 000 多个出生婴儿进行研究，发现吵闹区域的婴儿体重轻的比例高，这些婴儿的体重在 2.5 千克以下，相当于世界卫生组织对早产儿定义的体重。这很可能是由于噪声使某些影响胎儿发育的荷尔蒙偏低。

2. 对动物的影响

噪声能使动物的听觉器官、视觉器官、内脏器官及中枢神经系统出现病理性变化。同时，噪声对动物的行为有一定的影响，可使动物失去行为控制能力，出现烦躁不安、失去常态等现象，强噪声甚至会造成动物死亡。鸟类在噪声中会出现羽毛脱落，噪声也会影响产卵率。

噪声对动物行为的影响，严重的可导致痉挛。实验证明，动物在噪声场中会失去行为控制能力，不但烦躁不安，而且失去常态。如在 165 dB 噪声场中，大白鼠会先疯狂蹿跳、互相撕咬和抽搐，然后就僵直地躺倒。噪声对动物听觉和视觉的影响很大。豚鼠暴露在 150—160 dB 的强噪声场中，它的耳郭对声音的反射能力便会下降甚至消失。在噪声暴露时间不变的情况下，随着噪声声压级的升高，它的耳郭反射能力明显下降或消失，而听力损失程度逐渐升高。

噪声引起动物的病变。豚鼠在强噪声场中体温会升高，心电图和脑电图存在明显异常情况，从心电图可看出有类似心力衰竭的现象。在强噪声场中脏器严重损伤的豚鼠，在死亡前记录的脑电图表现为波律变慢，波幅趋于低平。经强噪声作用后，豚鼠外观正常，皮下和四肢并无异常状况，但通过解剖检查却可以发现，其几乎所有的内脏器官都受到损伤。两肺各叶均有大面积瘀血、出血和瘀血性水肿。在胃底和胃部有大片瘀斑，严重的呈弥漫性出血甚至胃黏膜破裂，更严重的则是胃部大面积破裂。盲肠有斑片状或弥漫性瘀血和出血，整段盲肠呈紫褐色。其他脏器也有不同程度的瘀血和出血现象。

噪声导致动物死亡。大量实验表明，强噪声场能导致动物死亡。噪声声压级越高，使动物死亡的时间越短。例如，170 dB 噪声大约 6 分钟就可能使半数受试的豚鼠死亡。对于豚鼠，噪声声压级每增加 3 dB，半数致死时间相应减少一半。

3. 对仪器仪表的影响

实验研究表明，特强噪声会损伤仪器仪表，甚至使仪器仪表失效。噪声对仪器设备的影响与噪声强度、频率以及仪器设备本身的结构与安装方式等因素有关。当噪声强度超过 150 dB 时，噪声会严重损坏电阻、电容、晶体管等元件。当特强噪声作用于火箭、宇航器等机械结构时，由于受声频交变负载的反复作用，材料会产生疲劳现象而断裂，这种现象叫作声疲劳。

4. 对建筑物的影响

一般的噪声对建筑物几乎没有什么影响，但是噪声强度超过 140 dB 时，噪声对轻型建筑开始有破坏作用。例如，当超声速飞机在低空掠过时，在飞机头部和尾部会产生压力和密度突变，经地面反射后形成 N 形冲击波，在地面听起来像爆炸声，这种特殊的噪声叫作轰声。在轰声的作用下，建筑物会出现不同程度的破坏，如出现门窗损伤、玻璃破碎、墙壁开裂、抹灰震落、烟囱倒塌等现象。由于轰声衰减较慢，因此传播较远，影响范围较广。此外，在建筑物附近使用空气锤打桩，也会导致建筑物损伤。

二、噪声污染控制的原理和技术

（一）噪声控制的基本原理

只有当噪声源、介质、接收者三因素同时存在时，噪声才对听者形成干扰，因此控制噪声必须从这三个方面考虑，既要对其进行个别研究，又要将其作为一个系统综合考虑。控制噪声的原理，就是在噪声到达耳膜之前，采用阻尼、隔声、吸声、个人防护和建筑布局等措施，尽力降低声源的振动，或者将传播中的声能吸收掉，或者设置障碍，使声音全部或部分反射出去。

1. 噪声控制的基本措施

（1）控制噪声源

降低噪声源所产生的噪声，这是防治噪声污染最根本的途径，对噪声源的控制，一般可采取下面的一些方法。

①改进设备的结构设计。金属材料消耗振动能量的本领较弱，因此用它做成的机械零件，会产生较强的噪声。但如用振动能量内耗大的高分子材料来制作机械零件，则会使噪声大大降低。例如，将纺织厂纺织机的铸铁传动齿轮改为尼龙齿轮，则可使噪声降低 5 dB 左右。

通过改进设备结构来降低噪声也有明显的效果。例如，风机叶片的形状对风机产生噪声的大小有很大影响，若将风机叶片由直片形改为后弯形，则可降低噪声约 10 dB。又如，将正齿轮传动装置改为皮带轮传动，也可使噪声降低 16 dB 左右。

②改变生产工艺和操作方式。在生产过程中，尽量采用低噪声的设备和工艺，例如，以焊接代替铆接，以液压加工代替冲压式锻打加工等。

③提高机械的加工质量和装配精度。提高机械的加工质量和装配精度，可以减小机械各部件间的摩擦、振动或动平衡不完善而产生的噪声。例如，将轴承滚珠的加工精度提高一级，就可使轴承噪声降低 10 dB 左右。

（2）在传播途径上降低噪声

如果在声源噪声控制上效果不佳或是由于经济、技术上的原因而无法降低声源噪声，就必须设法在噪声的传播途径上采取适当的措施。

噪声在传播过程中，其强度是随距离的增加而逐渐减小的，因此城市、工厂在总体设计时应进行合理布局，做到"闹静分开"。例如，将工厂区和居民区分开，把高噪声的设备与低噪声的设备分开，利用噪声在传播过程中的自然衰减，减小噪声的污染范围。

利用山岗、土坡、高大建筑物、树林等自然屏障来阻止和屏蔽噪声的传播也能起到一定的减噪作用。特别是将城市绿化和降噪结合起来考虑，更能起到美化环境和降低噪声污染的双重效果。

对于工业噪声而言，最有效的办法还是在噪声的传播途径上采用声学控制措施，包括吸声、隔声、隔振、减振、消声等常用的噪声控制技术。

（3）噪声接收点的防护

在噪声接收点进行个人防护是控制噪声的最后一个环节。在其他措施无法实现或只有少数人在强噪声环境中工作时,加强个人防护也是一种经济有效的方法。

个人防护主要是利用隔声原理来阻挡噪声进入人耳,从而保护了人的听力和身心健康。目前常用的防护用具有耳塞、耳罩、防声头盔、防声棉等。这些用具防护效果的比较如表 7-7 所示。

表 7-7　几种防护用具防护效果的比较

种类	说明	隔声量 /dB	优缺点
耳塞	塞入耳内	15—30	隔声性能好,经济耐用;有时会有不适感
耳罩	将整个耳郭封闭起来	20—40	隔声效果好;体积大,高温环境中佩戴有闷热感
防声头盔	将整个头部罩起来	30—50	隔声量大,适于在强噪声环境中佩戴;体积大,使用不便,高温环境中佩戴严重闷热
防声棉	塞入耳内	5—20	对高频声有效,在高噪声环境中不影响交谈;耐柔性差,易碎

2. 噪声控制的一般原则

噪声控制设计一般应坚持科学性、先进性和经济性的原则。

所谓科学性,就是首先应正确分析发声机理和声源特性,然后确定有针对性的措施。噪声控制技术的先进性是设计追求的重要目标。噪声控制设计还应考虑噪声污染治理的经济性。噪声污染是声能污染,为达到噪声排放标准值必须考虑在经济上的承受能力。

3. 噪声控制的工作程序

在实际工作中,噪声控制技术一般应用于下面两类情况:一类是现有的企业噪声污染严重,超过了国家的有关标准,需采取噪声控制措施,达到降噪的目的。另一类是在新建、扩建和改建的工程项目设计时就考虑噪声的污染问题,噪声防治设施与主体工程同时设计、同时施工、同时投产运行,这样便可确定合理的噪声控制方案,减少噪声污染。噪声控制一般包括如下四个步骤。

第一,调查噪声源、分析噪声污染情况。在制定噪声控制方案之前,应到噪声污染的现场,调查主要噪声源及产生噪声的原因,了解噪声源传播途径,进行现场实际噪声测量,将测得的结果绘制成噪声的分布图,并用不同的声级线图表示。

第二,确定减噪量。根据实际现场测得的数据和国家有关法律法规、地方和企业标准进行比较,确定总的降噪量,即各声源、传播途径减噪量的数值。

第三,选定噪声控制措施。在确定噪声控制方案时,首先要防止所确定的噪声控制措施妨碍甚至破坏正常的生产程序。确定方案时要因地制宜,既经济又合理，技术上也切实可行。控制措施可以是综合噪声控制技术，也可以是单项噪声控制技术。控制方案要抓住主要的噪声源，否则，很难取得良好的噪声控制效果。

第四，降噪效果评价。工程施工完成后，要对所采取的措施的效果进行测试，看其是否达到降噪要求，如未达到预期效果，应及时查找原因，根据实际情况重新设计或改进，直至达到预期的效果。

（二）噪声控制的主要技术

1. 隔声技术

（1）隔声原理

声波在通过空气的传播途径中，碰到匀质屏蔽物时，由于两分界面特性阻抗的改变，一部分声能被屏蔽物反射回去，一部分声能被屏蔽物吸收，还有一部分声能可以透过屏蔽物传到另一个空间去。显然，透射声能仅是入射声能的一部分，因此，设置适当的屏蔽物便可以使大部分声能反射回去，从而降低噪声的传播。具有隔声能力的屏蔽物称为隔声构件或者隔声结构，如砖砌的隔墙、隔声罩体等。

（2）隔声材料和结构

①单层匀质墙。单层密实均匀的板材在声波的作用下，好像被一个摇撼力往复推拉，板材另一侧产生振动，因而声波透射过去。我们还可理解为声波是疏密压力波，作用在板体上使板产生相似压缩变形（纵波）和剪切变形（弯曲波），这些波传到板体另一侧，则形成透射波。上述两种透声过程是客观的物理现象，实际中后一种透射现象的透声能力远远小于前一种的透声能力。对单层密实均匀板材来说，其吸收声能很少，可以忽略不计。但对复合隔声结构来说，尤其是夹有吸声层的结构，其吸收声能的能力强，吸收的声能不可忽略。

②双层隔声墙。实践证明，单纯依靠增加结构的自重来提高隔声效果既浪费材料，隔声效果也不理想。若在两层墙间夹以一定厚度的空气层，其隔声效果会优于单层实心结构，从而突破了质量定律的限制。两层匀质墙与中间所夹的一定厚度的空气层组成的结构，称为双层墙。

一般情况下，双层墙比单层墙隔声量大 5—10 dB；如果隔声量相同，双层墙的总重比单层墙的减少 2/3—3/4。这是由于空气层的作用提高了隔声效果。其机理是当声波透过第一层墙时，由墙外及夹层中空气与墙板特性阻抗的差异，造成声波的两次反射，声波的强度衰减，并且空气层的弹性和附加吸收作用，使振动的能量衰减较大。然后声波再传给第二层墙，又发生声波的两次反射，透射的声能再次减少，因而总的透射损失更多。

（3）隔声设计步骤

第一，调查噪声现状，包括拟控制声源的发声机理、现场的声学环境、本地噪声状况，并估算或实测各受声点的倍频带声压级。

第二，根据有关噪声标准确定受声点各倍频带允许的声压级。

第三，确定降噪目标值，计算各倍频带所需要的隔声量。

第四，选取恰当的隔声方式和合适的隔声构件，明确施工安装方式。

第五，施工完成后，测量实际各倍频带的噪声衰减量，评价隔声效果，如未达到设计效果，应查找原因，采取补救措施。

（4）隔声技术的应用

隔声技术广泛应用于人们生活、工作和生产的各个领域。隔声技术的应用已从被动利用墙体、屏障隔声向主动根据声波产生的机理和特性、声波传播的方向和途径以及被保护的对象，有目的地选用不同隔声材料、制造不同隔声结构的方向发展。

在建筑领域，对于一般建筑物仍遵循"质量定律"，采用重墙隔声。对隔声要求较高的建筑物，可采用各种结构的双层玻璃窗和隔声门提高隔声效果。目前国内研制生产了一种由 13 层材料制成的 SH 型隔声门，实测隔声量达到 46 dB，使用效果很好。在建筑物内部，趋向于采用轻质墙体，这种墙体虽轻，但隔声量并不低。例如，国内生产的水泥粉煤灰空心砌块、珍珠岩空心砌块、多孔石膏空心砌块等。这些材料质轻、厚度小，隔声量一般都在 40 dB 以上。又如，新型的 FC 轻质复合墙板，这是一种硅酸钙面板，中间浇筑由再生阻燃聚苯乙烯泡沫颗粒、砂、水泥、粉煤灰等材料组成的轻质混凝土，整个墙板厚 90 mm。在 500 Hz 左右，其隔声量约为 32 dB，在 1 000 Hz 以上时，隔声量均在 40 dB，隔声效果好。

在道路交通领域，随着高速公路、城市立交桥和高架路的兴建，以及车流量的增加，交通噪声污染严重，因此隔声屏得到了广泛应用。隔声屏一般以混凝土为主，朝质轻、多孔、预制的方向发展。国外有些地方采用具有透光性的隔声板，国内也已研制并生产出达到国际先进水平的透明微穿孔吸声隔声屏障，这种屏障结构新颖，景观效果好，声学性能优良，平均隔声量为 23 dB 左右，在实际应用中，效果良好。国外有的高速公路隔声屏采用带有吸声层的隔声板，有一种由新型多孔材料——泡沫铝制成的吸声板，当其孔径为 1 mm，孔隙率为 65% 时，吸声板总体隔声效果最好，平均隔声量为 19 dB 左右。

在交通运输领域，如汽车、船舶、飞机上，隔声原理的"质量定律"与运载工具的轻型化相矛盾，为此必须采用轻型隔声墙板，一般多为双层或多层的夹层结构，层间填充多孔吸声材料。如在船舶上，常采用双层结构，双层间距以 8—15 cm 为宜，中间填充多孔吸声材料。又如 20 世纪 90 年代，俄罗斯为适应飞行器需要而研制了褶皱芯材结构，由于面板和柔性的褶皱芯材胶接在一起，褶皱芯材的阻尼作用使板面的振动受到抑制，特别是对共振区和吻合效应区的吸声低谷有明显的改善作用，因此具有宽带隔声的特点。

在工业生产领域，对声源采用隔声罩、隔声屏、隔声间是阻碍噪声传播的有效措施。现在有一种以丁基橡胶为基质的防振隔声自粘胶带，可方便地黏附于各种板壁、罩壳表面，或卷粘于管道上，可有效地隔振隔声。

在电子仪器设备和家用电器产品上，利用上述的防振隔声自粘胶带，黏附在设备内壳上，隔振隔声效果也很好。

2. 吸声技术

（1）吸声材料

吸声技术主要使用多孔吸声材料。多孔吸声材料是目前应用最为广泛的吸声材料，材料内部具有无数细微孔隙，从表面到内部均相互连通。最初的多孔吸声材料以麻、棉、棕丝、毛发、甘蔗渣等天然动植物纤维为主，随着科技的发展，目前大部分吸声材料采用超细纤维玻璃棉、矿棉、泡沫及颗粒材料等。

多孔吸声材料内部具有无数细微孔隙，孔隙间彼此连通，且通过表面与外界相通，当声波入射到材料表面时，声波激发材料孔隙内部的空气振动，使空气与材料内部固体筋络间产生摩擦作用。空气在孔隙内产生了一定的黏性阻力，振动的空气的动能不断转化为热能，从而使声波能量衰减。另外，在空气的绝热压缩过程中，空气与孔隙壁之间不断发生热交换，产生热传导效应，从而使声能转化为热能而衰减。因此通过多孔吸声材料，声波的能量大部分被转化，从而达到吸声降噪的目的。

从多孔吸声材料的吸声机理可以看出，具有良好吸声性能的多孔吸声材料必须具备两个特点：材料内部具有大量孔隙，孔隙细小而且分布均匀，孔隙之间相互连通，不封闭；材料内部孔隙必须与外界相通，这样声波能够从外界进入材料孔隙内部。大量的工程实践和理论分析表明，影响多孔吸声材料吸声性能的主要因素有材料的空气流阻、材料的厚度、材料的密度和孔隙率、空腔深度和护面材料等。

空气流阻是评价吸声材料或吸声结构对空气黏滞性影响大小的参量。空气流阻的定义是微量空气流稳定地流过材料时，材料两边的静压差和流速之比。空气流阻反映了空气流过多孔材料的阻力大小。空气流阻与空气的黏滞性、材料和结构的厚度、材料的密度等都有关系。通常将吸声材料的空气流阻控制在一个适当的范围内，吸声系数大的材料其空气流阻也相对较大，过大的空气流阻会影响通风系统等的正常工作，因此在吸声设计中必须兼顾流阻特性。

实践表明，材料的厚度对材料的吸声性能有重要的影响。当材料较薄时，增加厚度可使材料的低频吸声性能大大提高，但对于高频吸声性能的影响较小。

这里吸声材料的密度指的是吸声材料加工成型后单位体积的质量。孔隙率指多孔吸声材料中连通的空气体积与材料总体积的比值。通常多孔吸声材料的孔隙率为50%—90%，如果采用超细玻璃棉，孔隙率还会更高。孔隙率还和材料的流阻有关，相同孔隙率的材料，孔隙尺寸越大，空气流阻就越小。一般情况下，密度大的材料，其低频吸声性能好，高频吸声性能较差；相反，密度小的材料，其低频吸声性能较差，而高频吸声性能较好。因此，在具体设计和选用材料时，应该结合待处理噪声的声学特征，选用具有适宜密度和孔隙率的材料。

材料背后的空腔深度对低频的吸声性能影响较大。材料的低频吸声性能随空腔深度的增加而提高，这与直接改变材料的厚度或密度有着相同的作用。随着空腔深度的增加，低频的吸声系数逐渐增大，但空腔增加到一定深度后，吸声系数不再增大。当空腔深度近似等于入射声波的1/4波长时，吸声系数最大；当空腔深度等于入射声波的1/2波长时，吸声系数最小。一般推荐选取5—10 cm的空腔深度，天花板上的空腔可视实际需要及空间大小选取合适的深度。

在实际应用中，为了改善多孔吸声材料的低频吸声性能，往往在材料和刚性壁面之间留有一定深度的空腔，这相当于增加了材料的厚度或密度。空腔的存在保证了足够的吸声带宽的同时，也节约了吸声材料，保证了吸声降噪工程的经济性。

由于孔隙较多，材料比较疏松，大多数多孔吸声材料整体的强度较差，因此往往需要在吸声材料表面覆盖一层护面材料。不同的护面材料对吸声的性能有着不同的影响。

首先，由于保证吸声材料吸声性能的特征之一就是孔隙的连通性和透气性，因此使用护面层的同时，要保证吸声材料良好的透气性不受影响。一般透气性较好的纺织品对吸声特性几乎没有影响。其次，对于材料本身的声阻抗已经在较佳状态的吸声材料，添加护面层的声阻抗要尽量小，尽可能减少对吸声材料声阻抗的影响。一般常用的护面层有金属网、穿孔板、玻璃布和塑料薄膜等。对于穿孔板，其穿孔率应大于 20%，最好大于 25%。如果采用薄膜护面层，薄膜的厚度应小于 0.05 mm，这样才能保证对高频声波具有良好的穿透性。对于一些成型的多孔材料板材（如木丝板、软质纤维板等），需要对表面进行装饰时，不宜采用油漆涂刷，以防止涂料堵塞孔隙，影响吸声效果。

（2）吸声结构

除了多孔吸声材料外，在吸声降噪工程中广泛使用的是共振吸声结构。当吸声结构固有频率与声波频率一致时，由于共振作用，声波激发吸声结构产生振动，并使其振幅达到最大。在这个过程中，声能转化为吸声结构的振动动能，声波的能量被消耗掉，从而达到吸声降噪的目的，这种吸声结构称为共振吸声结构。

共振吸声结构主要有薄板共振吸声结构、穿孔板共振吸声结构、微穿孔板共振吸声结构、吸声体与吸声尖劈四种。与多孔吸声材料以材料特性为主的特点不同，共振吸声结构以结构为主。一些常用的普通装饰材料，按照一定的结构安装后，就可以具有良好的吸声性能。同时，也可以对多孔吸声材料进行加工，如打孔、开缝等，使吸声材料成为很好的共振吸声结构。共振吸声结构主要针对中低频噪声有很好的吸声性能，而多孔吸声材料主要针对中高频噪声有很好的吸声性能，因此在实际噪声控制设计中，一般都是将多孔吸声材料和共振吸声结构相结合，以达到最佳的吸声降噪效果。

（3）吸声设计原则

吸声设计的原则主要包括以下七方面。

第一，先对声源进行隔声、消声等处理，如改进设备，加隔声罩、消声器或建隔声墙、隔声间等。

第二，当房内平均吸声系数很小时，只有采取吸声处理才能达到预期效果。单独的风机房、泵房、控制室等房间面积较小，所需降噪量较高，宜对天花板、墙面同时进行吸声处理；车间面积较大，宜采用空间吸声体、平顶吸声处理；声源集中在局部区域时，宜采用局部吸声处理，同时设置隔声屏障；噪声声源较多且较分散的生产车间宜采取吸声处理。

第三，在靠近声源或者声着占支配地位的场所，采取吸声处理，不能达到理想的降噪效果。

第四，通常吸声处理只能取得 4—12 dB 的降噪效果。

第五，若噪声高频成分很强，可选用多孔吸声材料；若中、低频成分很强，可选用薄板共振吸声结构或穿孔板共振吸声结构；若噪声中各个频率成分都很强，可选用复合穿孔板或微穿孔板共振吸声结构。通常要把几种方法结合，才能达到最好的吸声效果。

第六，选择吸声材料或吸声结构，必须考虑防火、防潮、防腐蚀、防尘等工艺的要求。

第七，选择吸声处理方式，必须兼顾通风、采光、照明，以及安装是否方便，还要考虑省工、省料等经济因素。

（4）吸声设计步骤

第一，调查室内的噪声现状，包括声源的状况，房间的总噪声声级和各倍频带的声压级。

第二，计算或实测吸声处理前室内的平均吸声系数（或混响时间）。

第三，根据有关标准规定或委托者要求确定降噪目标值和各倍频带所需要的降噪量。

第四，计算采取吸声处理措施后的平均吸声系数（或混响时间）。

第五，选定吸声材料或吸声结构，确定吸声材料的安装方式。

3. 消声技术

消声器是允许气流顺畅通过，能有效衰减噪声能量的一种装置。性能优良的消声器可降低管道噪声 20—40 dB。消声器在噪声处理工程中的应用非常广泛。消声器一般只能降低由消声器入口端进入的声波能量，而不能降低由气流扰动及由气流与壁面相互作用产生的噪声的能量。

（1）消声器的类型及性能

①消声器的基本类型。消声器的类型和结构有很多种，根据消声机理和结构的不同，一般可把消声器分成五类，分别为阻性消声器、抗性消声器、阻抗复合式消声器、微穿孔板消声器和扩散消声器。每种消声器都有各自的降噪频谱特征，可根据实际的环境情况及噪声的频率特性来选用合适的消声器。

②消声器的基本要求。在实际工程中，无论选取哪类消声器，一个设计合理的消声器均应满足以下四方面的技术要求。

第一，降噪。在设备正常运行的流速、温度、压强条件下，消声器在控制的噪声频谱范围内应该有足够的消声量，满足设计要求。

第二，空气动力性能。消声器对所通过的气流的阻力要小，即安装消声器后气流进入和流出消声器所产生的压力损失应在合理的范围内，不能影响设备的正常运行，同时气流通过消声器时产生的再生噪声的声级远低于消声器出口端的期望噪声声级。

第三，良好的结构性能。消声器应有足够长的使用寿命，消声器内各个部件对于环境的温度、腐蚀性、湿度、粉尘应有良好的适应性。合理选择材质与结构，使消声器体积小、质量轻、结构简单、便于维修。

第四，外观。消声器加工应精细，外观美观，能与其他设备相互协调。在保证性能的情况下，降低加工成本。

（2）消声设计要点

阻性消声器的设计要点包括以下六方面。

第一，确定消声量。根据区域环境、作业场所、厂界噪声应执行的标准，结合设备本身及其周围环境的具体情况，合理确定计权消声量及频带消声量。

第二，选择消声器结构形式。根据气体流量和流速，计算气流通道截面面积，选择消声器结构形式。一般情况下，若气流通道截面的当量直径小于300 mm，选用单通道直管式；若当量直径在300—500 mm时，在通道中加一片吸声层或吸声芯；如果当量直径大于500 mm时，采用片式、蜂窝式或其他形式的消声结构。

第三，选择吸声材料。除考虑材料的声学性能外，还要考虑消声器的实际使用条件。如在高温、潮湿、有腐蚀气体环境中使用的消声器，应考虑吸声材料的耐热、防潮、抗腐蚀等性能。

第四，确定消声器长度。根据消声量和现场要求确定消声器的长度。增加长度可以提高消声量，但应注意现场有限空间所允许的安装尺寸。消声器的长度一般为1—3 m。

第五，选择吸声材料护面结构。阻性消声器中的吸声材料工作在气体流动环境中，必须用护面结构将吸声材料加以固定。常用的护面结构有麻布、玻璃丝布、金属丝网、金属丝棉、穿孔板等。若护面结构选择不合理，吸声材料会被气流吹脱或使护面结构激起振动，导致消声性能下降。护面结构形式主要由消声器通道内的流速来决定，一般情况下，选择玻璃丝布和穿孔板复合护面结构。

第六，验算消声效果。验算"高频失效"频率和气流再生噪声，如果消声器的初步设计方案经过验算不能满足消声要求，则应重新设计，直到得到最佳设计方案。

4.振动控制技术

控制振动的方法有很多，大体上可归纳为两类：采取隔振措施；阻尼减振。

（1）隔振技术

①隔振原理。隔振就是利用波动在物体间的传播规律，在振源和需要防振的

设备之间安置隔振装置，使振源产生的大部分振动被隔振装置吸收，减少振源对设备的干扰，从而达到减弱振动的目的。

根据振源的不同，隔振可分为两类，即主动隔振和被动隔振。在主动隔振中，振动源是设备本身，为了减小它们对周围设备的影响，将它们与地基（或支承）隔离开来，以防止振动的传递。在被动隔振中，振动源是地基（或支承）。对于需要防振的设备，为了减小周围振源通过地基（或支承）对它们的影响，也需要将它们与整个地基隔离开。

由此可见，无论是主动隔振还是被动隔振，两者的减振原理是相同的。

②隔振装置。隔振装置可分为两大类，即隔振器和隔振垫。前者包括金属弹簧隔振器和橡胶隔振器，后者主要有橡胶隔振垫、软木隔振垫和毛毡等。

金属弹簧隔振器是应用最广泛的隔振装置，从轻巧的精密仪器到重型的工业设备都可应用。它的优点是具有很高的弹性，可承受较大的负荷和位移；耐油、水、溶剂等的侵蚀，抗高温；固有频率低，低频隔振性能好。它的缺点是本身阻尼小，共振时传递率可能很大，高频隔振性能差。安装弹簧隔振器时，应使所有弹簧在同一平面上分布均匀对称，以使受压均衡。

橡胶隔振器是一种适合中小型设备隔振的装置。它具有良好的高频隔振特性，可承受压缩力、剪切力和剪切—压缩力，但不能承受拉力。橡胶隔振器的优点是可以根据需要做成合适的形状，阻尼大，不会出现共振激增现象，并可通过改变配方及结构来调节弹性大小。缺点是易老化，不耐油污，也不适宜在高温或低温条件下使用。

隔振垫是一种适用于中小型设备的隔振装置，通常由橡胶、软木、玻璃纤维等材料制成。制作时先把这些材料制成板材，然后根据实际需要将其切成一定的形状。

橡胶隔振垫的性能与橡胶隔振器相似，但它在受压时容积压缩量小，仅在横向凸出时才能压缩，故常做成带有凹凸形、槽形的结构，以增加其压缩量。关于使用最为广泛的 WJ 型圆凸台橡胶垫，在橡胶垫的两面有纵横交错排列的圆凸台，这种结构可使承压面积随负荷的增大而增大，并能很好地分散和吸收任意方向的振动。

软木隔振垫是将软木粒加上黏合剂，在高压下压成软木板，然后切成均匀的小块。它的隔振效果与软木粒的粗细、软木层的厚度、负荷大小等有关，它对高频振动和冲击振动有一定的隔振效果。

毛毡（玻璃纤维毡、矿渣棉毡等）也是良好的隔振材料，可用在设备上，也可作为管子穿墙的减振材料。实际应用中使用较多的是用树脂胶结的玻璃纤维毡，它具有阻尼性能良好、弹性大、耐化学腐蚀、不怕潮湿、耐高温等优点，是一种新型的隔振材料。

（2）阻尼技术

①阻尼减振原理。用金属薄板制成的交通工具的主体、机械设备的外罩、管道等受到振动时也会产生强烈的噪声，这种由于金属板结构振动而产生的噪声称为结构噪声。如果在金属结构上涂敷一层阻尼材料，就可抑制结构振动，达到降低噪声的目的，我们称之为阻尼减振。

阻尼减振主要是通过降低金属板弯曲振动的强度来实现的。当金属薄板发生弯曲振动时，振动能量迅速传给涂敷在薄板上的阻尼材料，并引起薄板和阻尼材料之间以及阻尼材料内部的摩擦。由于阻尼材料内损耗、内摩擦大，相当一部分的金属振动能量被损耗而变成热能，从而减弱了薄板的弯曲振动，并能缩短薄板激振后的振动时间，降低了金属板辐射噪声的能量，达到了减振降噪的目的。

②阻尼层。阻尼层是由沥青、软橡胶和各种高分子涂料等阻尼材料构成的。阻尼层的特性可用材料的损耗因子 η 来衡量，η 值越大，材料的阻尼性能越好。

阻尼层与金属板的结合可分为两种形式：自由阻尼结构和约束阻尼结构。

其一，自由阻尼结构是将阻尼材料直接涂敷在需要降振的金属板的一面或两面，当板振动和弯曲时，板和阻尼层都可自由压缩和延伸，从而使部分机械能损耗掉。自由阻尼结构的降振效果除了与阻尼材料的特性有关外，还与阻尼层的厚度与金属板的厚度之比有关，比值一般取2—4为宜。比值过小，降振效果差；比值过大，降振效果增加不明显，造成材料的浪费。自由阻尼结构多用于管道包扎，以及消声器、隔声设备等的护板结构上。

其二，约束阻尼结构是将阻尼材料涂在两层金属板之间。当金属板振动和弯曲时，阻尼层受金属板约束不能伸缩变形，主要是剪切变形，可耗散更多的机械能，比自由阻尼结构有更好的减振效果。约束阻尼结构通常选用阻尼层和金属板厚度相等的对称结构，它的工艺复杂、造价高，只用在减振要求较高的场合。

第二节　电磁性污染及其控制技术

一、电磁性污染概述

（一）电磁性污染的概念

以电磁波形式向空间环境传递能量的过程或现象称为电磁辐射。磁是以一种看不见、摸不着的特殊形态存在着的物质。人类生存的地球本身就是一个大磁场，它表面的热辐射和雷电都可产生电磁辐射，太阳及其他星球也在源源不断地产生电磁辐射。

围绕在人类身边的天然磁体、太阳光、家用电器等都会发出强度不同的辐射。生活中还有很多人造电磁辐射。随着科学技术的不断发展，各种电子信息设备的使用越来越多，如通信卫星、雷达、电子计算机等；家庭小环境的电子设备也越来越多，如家用计算机、微波炉、电磁灶、手机等越来越多地进入家庭。这些电子设备在造福人类社会、方便我们生活的同时，也不可避免地带来了电磁性污染。

电磁辐射强度超过人体所能承受或仪器设备所允许的限度时，就构成了电磁性污染。电磁辐射指的是相互垂直的电场和磁场在空间中以波的形式传递能量。人体生命活动包含一系列的生物电活动，这些生物电对环境中的电磁波非常敏感，因此，电磁辐射可以对人体造成影响和损害。

（二）电磁性污染源的分类

一般来说，雷达系统、电视和广播发射系统、射频感应及介质加热设备、射频及微波医疗设备、各种电加工设备、通信发射台站、卫星地球通信站、大型电力发电站、输变电设备、高压及超高压输电线、地铁列车及电气火车，以及大多数办公电器和家用电器等都是可以产生不同频率、不同强度的电磁波的电磁性污染源。

当然，泛泛地说，所有用电设备、装置都是潜在的电磁性污染源。但并不是所有的电子电气设备都辐射很大能量的电磁波，并不是所有的电子电气设备都需要我们引起重视并做好电磁辐射防护。

我们按照空间的不同对电磁性污染源进行分类，可将电磁性污染源分为室外环境电磁性污染源、工作环境电磁性污染源以及家居环境电磁辐射源。

1. 室外环境电磁性污染源

（1）广播、电视发射设备

广播、电视发射设备包括调幅广播、调频广播和电视广播，频率覆盖范围如下。

中波调幅广播：535—1605 kHz。

短波调幅广播：1.6—26 MHz。

调频广播：88—108 MHz。

VHF 电视广播：低段为 48.5—92 MHz；高段为 167—223 MHz。

UHF 电视广播：低段为 470—566 MHz；高段为 604—960 MHz。

广播、电视发射设备的辐射功率很大，一个发射塔上一般有几个电台或电视频道的发射天线，总的辐射功率达几十到几百千瓦，是城市中最主要的电磁辐射源。另外，由于发射塔附近地区的辐射场强很大，因此其对城市中电磁辐射的背景值（一般电磁环境）的影响也很大。

（2）通信、雷达设备

这类辐射源数量很多，包括高频电话电报设备、移动通信设备、天线传真设备、遥控遥测设备、无线电电力通信设备、导航和各种雷达设备等，其频率范围很广。由于通信设备功率比较小，有些方向性又很强，因此其影响环境的范围不大。雷达的脉冲峰值功率很大，频谱很宽，有多次谐波，对附近地区电磁环境的影响就比较大。

（3）机动车辆的点火系统

机动车辆点火系统的火花放电辐射是窄脉冲，放电持续时间在微秒数量级以下，放电时峰值电压可达 10^4 V，所产生的辐射干扰的频带很宽。国际无线电干扰特别委员会规定了机动车辆点火系统辐射干扰的允许值，如表 7-8 所示。

表 7-8　机动车辆点火系统辐射干扰的允许值

频率范围 /MHz	距离 /m	允许值 /dB
40—75	10	34
75—250	10	34—42
250—400	10	42—45
400—1000	10	45

注：①峰值测量时，允许值增加 20 dB。

②在 75—400 MHz 频段内，允许值随频率线性增加。

（4）高压输电系统

目前，我国采用 220 kV、500 kV 的高压线路输电，国外有的已升至 750 kV。高压输电系统周围有高压工频电场，也有射频电磁辐射。

①高压工频电场。高压输电线下的工频电场，在离地面 2 m 以内的区域，场强的垂直分量基本上是均匀的，水平分量可以忽略不计。场强的最大值在距线路中心 20 m 以内，场强一般可达每米几千伏，变电站母线下的场强可达每米十几千伏。

②射频电磁辐射。高压输电设备的射频电磁辐射，主要是由以下两个因素引起的。

第一，电晕放电。电晕放电是由于高压输电线表面附近的电场不均匀，且电场强度很大，因此空气电离而发生的放电现象。电晕放电产生的辐射干扰场的场强随空气湿度的增大而增大。

第二，间隙火花放电。间隙火花放电指高压输电线路上由于接触不良或线路受侵蚀而发生的弧光放电和火花放电。

高压输电设备的射频电磁辐射都是脉冲干扰，电晕放电的脉冲密度大、幅值较低，干扰信号的低频分量多；间隙火花放电的脉冲重复频率低、幅值大，干扰信号的高频分量多。

高压输电设备射频电磁辐射的频率范围为几十千赫到几十兆赫，干扰信号的幅值随频率的增大而减小。不同高压输电线路下 0.5 MHz 噪声的干扰电平（通常规定测试点距线路边相导线的水平距离为 20 m，测试仪器离地面 2 m，测试基准频率为 0.5 MHz）如表 7-9 所示。在恶劣的天气下，干扰电平还会增大 10—15 dB。高压输电设备的射频电磁辐射对广播、电视、通信等的信号接收都会产生干扰。

表 7-9 高压输电线路下 0.5 MHz 噪声的干扰电平

线路电压 /kV	干燥天气时的噪声电平 /dB
220	40—48
420	50—58
750	50—64

（5）电力牵引系统

电力机车和电车的供电母线与导电弓架之间，由于振动或接触不光滑，经常出现部分接触不良，甚至出现小的放电间隙，这些问题都可能引起火花放电和弧光放电,产生电磁噪声。此类电磁噪声的辐射频率通常小于30 MHz,对广播、电视、通信等都会产生干扰。

综上所述,室外环境电磁性污染源的特点是,设备功率大,频谱范围宽,对周边电磁环境影响较大,对公众生活、工作所处的电磁环境影响较大。

2. 工作环境电磁性污染源

①射频及微波医疗设备(如医院和康复中心的高频微波理疗机、治疗机等)。

②射频感应及介质加热设备(如高频淬火机床、高频感应加热炉、微波干燥机等)。

③广播电视发射机。

④气象雷达、军用雷达以及导航台。

⑤卫星地球通信站。

⑥变电站、高压输电线。

⑦大型写字楼动力线、变压器。

工作环境电磁性污染源的特点是,设备功率相对较大,距离作业人员较近,辐射时间较长。如作业人员每天工作8小时,每周工作5天,作业人员受到工作环境电磁辐射影响的时间就是每周40小时,这是一个很惊人的数字。同时,我们应该看到,相当多作业场所的电磁防护并不到位。

3. 家居环境电磁辐射源

家居环境电磁辐射源包括手机、微波炉、电磁炉、计算机、电视机、子母电话机、对讲机、车载电台、电热毯、电吹风、吸尘器等。

家居环境电磁辐射源的特点是设备品种繁多,设备功率除微波炉、电磁炉、车载电台外,一般不大。居民通常不知道什么电器需要做电磁防护,什么设备可以踏实地使用。由于家用电器的电磁辐射关系到社会中所有的人群,因此它就更值得我们关注了。

在这里,我们只是将众多的电磁性污染源做了一个空间的划分。实际上,人们所处电磁环境的辐射水平是其所处空间电磁能量的总和。具体到某一个特定场合,需要根据电子、电气设备的配置分布情况,进行深入的分析,必要的时候,需要进行电磁辐射空间分布计算以及我们所关注区域的电磁场强测试,这样可以得到对周边电磁环境科学、全面的认识和评价。

（三）电磁性污染的危害

1. 对人体的危害

微波辐射是电磁辐射的一种形式，它使物质中的分子发生振动，进而产生摩擦并发热。在进行移动通信的时候，用于接收和发送微波的天线是直接置于电话使用者头部一侧的，这就带来以下的忧虑：如此近距离的微波辐射是否会对大脑产生不良影响。此外，人体内的神经信号是以低频电波形式传送的，它们可能受到电器发出的低频电磁波的影响，低频电磁波可能会扰乱染色体或细胞的工作和生长。尽管各国学者对此类问题尚无完全统一的意见，但长期暴露于超限量电磁波中会有一定的危害，这是显而易见的。因此，最好避免长期近距离地接触可产生电磁波的电器，对于婴儿和孕妇尤其如此，因为这两类人群对电磁辐射更加敏感，也更容易受到伤害。

（1）主要表现

有关实验研究和调查观察结果表明，电磁辐射对健康的危害是多方面且极其复杂的，主要危害表现如下。

①对中枢神经系统的危害。神经系统对电磁辐射的作用很敏感，受其低强度反复作用后，中枢神经系统机能发生改变，人会出现神经衰弱症状，主要表现有头痛头晕、疲劳无力、记忆力减退、睡眠障碍（失眠、多梦或嗜睡）、白天打瞌睡、易激动、多汗、心悸、胸闷、抑郁等，尤其是入睡困难、无力、多汗和记忆力减退更为突出。这些均说明大脑是抑制过程占优势。所以受害者除有上述症状外，还表现有短时间记忆力减退，视觉运动反应时间明显延长；手脑协调能力差，表现出对数字识记的速度减慢，出现错误较多。

②对机体免疫功能的危害。电磁性污染使人的身体抵抗力下降。动物实验和对人群受辐射作用的研究和调查表明，电磁性污染会使人体的白细胞吞噬细菌的比例和总量均下降。此外受电磁辐射长期作用的人，其抗体形成受到明显抑制，进而造成机体抵抗力下降。我国有学者指出，长期接触低强度微波的人和同龄正常人相比，其体液与细胞免疫指标中的免疫球蛋白会降低，这样人体的体液与细胞的免疫能力下降。

③对心血管系统的影响。受电磁辐射作用的人，常发生血流动力学失调，血管通透性和张力降低。主要表现为心悸、失眠，部分女性经期紊乱、心动过缓、心搏血量减少、心律不齐、白细胞减少、免疫功能下降等。装有心脏起搏器的病人处于高电磁辐射的环境中，心脏起搏器的使用会受到影响。此外，长期受电磁辐射作用的人，其心血管系统的疾病会更早、更易发生。

④对血液系统的影响。在电磁辐射的作用下，周围血象可出现白细胞不稳定。对操纵雷达的人进行健康调查，结果表明多数人出现白细胞降低现象，红细胞的生成受到抑制，网状红细胞减少。此外，当无线电波和放射线同时作用于人体时，其对血液系统较无线电波或放射线单独作用可产生更明显的伤害。

⑤对生殖系统和遗传的影响。长期接触超短波发生器的人中，男人出现性功能下降，阳痿；女人出现月经周期紊乱。由于睾丸的血液循环不良，其对电磁辐射非常敏感，精子生成受到抑制，从而影响生育。电磁辐射可使卵细胞出现变性，从而使女性失去生育能力。

高强度的电磁辐射可以产生遗传效应，使睾丸染色体出现畸变和有丝分裂异常。妊娠妇女在早期或在妊娠前，如果接受了短波透热疗法，其子代可能出现先天性出生缺陷。某地区对某专业系统 16 名女性计算机操作员追踪调查发现，接触计算机的一组月经紊乱的人数明显高于对照组，其中 8 人 10 次怀孕中就有 4 人 6 次出现异常妊娠。有关研究报告指出，孕妇每周使用计算机超过 20 h，其流产率增加 80%，同时畸形儿的出生率也有所上升。

另有调查表明：胎儿在 1 至 3 个月为胚胎期，受到强电磁辐射可能造成肢体缺陷或畸形；4 至 5 个月为胎儿形成期，受到电磁辐射可能引起智力不全，甚至造成痴呆。6 至 10 个月为胎儿成长期，受到电磁辐射可能导致免疫功能低下，出生后体质弱、抵抗力差。

有学者指出，导致婴儿缺陷的因素中，电磁辐射危害最大。电磁辐射是造成孕妇流产、畸胎等的诱发因素。某著名医院妇产科医生在进行孕期跟踪时发现，两位妇女长期在计算机屏幕前工作，孕后仍未离开原工作岗位，结果都出现了畸胎。

⑥对视觉系统的影响。在人体的各个器官中，眼睛属于敏感器官，过高的电磁性污染会对视觉造成影响，如导致视力下降、引起白内障等。眼组织含有大量的水分，易吸收电磁辐射的能量，而且眼的血流量少，故在电磁辐射作用下，眼球的温度易升高。温度升高是造成白内障的主要条件，温度上升导致眼晶状体蛋白质凝固。多数学者认为，较低强度的微波长期作用，可以加速晶状体的衰老和混浊，并有可能使有色视野缩小和暗适应时间延长，造成某些视觉障碍。此外，低强度电磁辐射的长期作用，可使人视觉疲劳，感到眼不舒适和眼睛干燥。曾有调查显示，常用计算机的人中有 83% 感到眼睛疲劳，表现为视远物模糊不清，有时出现双影现象，有时在转移视线后物体的图像似乎还出现在眼前，眼不适、眼睛发干或流泪等，有的人还会患夜盲症。

⑦电磁辐射的致癌作用。大部分实验动物经微波作用后，癌症的发生率上升。

一些微波生物学家的实验表明，电磁辐射会促使人体内的微粒细胞染色体发生突变和有丝分裂异常，从而使某些组织出现病理性增生，正常细胞变为癌细胞。

除上述电磁辐射对健康的危害外，它还可对内分泌系统、物质代谢、组织器官的形态改变产生不良影响。当然，这些影响不是绝对的，根据工作人员身体状况的不同而有差异，工作人员身体条件以及性别、工龄不同，高频电磁波对机体的影响也不相同。因此，恒定高频电磁场对机体的不良影响，是一个综合的过程。

（2）作用机理

人体本身就是一个微妙的电世界，在正常的情况下，人体可以适应地球的磁场和微弱的电磁噪声。然而，当人体吸收了高强度的电磁辐射之后，身体的表面温度就会升高。当人体的调节功能不能适应某些部位的过高温升时，人就可能会出现某些不良症状。除此之外，人也可能在体温没有明显升高的情况下，产生一些生理变化，这是因为强电磁场可使人体内分子自旋轴向发生偏转，或使体内电子链出现反常排列、体内电磁阵列改变，从而引起某些疾病。当电磁波照射到人体全部或局部时，有一部分电磁波被反射，另一部分电磁波被吸收。由于人体结构的复杂性，电磁波对人体将会产生各种各样的影响，这种影响还与电磁波本身的特性，如功率、频率和波形等因素有关。归纳起来，电磁辐射的影响主要有热效应、非热效应、累积效应和自由基连锁效应。

①热效应。人体70%以上是水，水分子的振动频率为2.5 GHz，受到电磁波辐射后水分子吸收能量相互摩擦，引起机体升温，从而影响身体其他器官的正常工作。体温升高可引发各种症状，如心悸、头晕、失眠、心动过缓、白细胞减少、免疫功能下降、视力下降等。

②非热效应。人体器官和组织都存在微弱的电磁场，它们是稳定而有序的，一旦受到外界电磁波的干扰，微弱电磁场的平衡遭到破坏，人体也会遭受损害。这主要是由于人体被电磁波辐射后，体温并未明显升高，但电磁波已经干扰了人体的固有微弱电磁场，使血液、淋巴液和细胞原生质发生改变，对人体造成了严重危害，可能导致胎儿畸形或孕妇自然流产。

③累积效应。热效应和非热效应作用于人体后，在人体对伤害尚未来得及自我修复时，若再次受到电磁波的辐射，辐射伤害程度就会累积，久而久之就会造成永久性创伤，危及人的生命。对于长期接触电磁波辐射的群体，即使电磁波的功率很小、频率很低，也会诱发意想不到的病变。

④自由基连锁效应。从对于氧化应激机理的认识可知，过量的辐射使人体产

生了过多的自由基，且过量的辐射使人体产生了过多的活性氧，这样自由基就会有破坏行为，自由基不光去破坏游离电子，而且会破坏正常的细胞，使正常的细胞又产生新的自由基，新的自由基再去破坏正常的细胞产生新的自由基，从而形成自由基连锁反应，自由基连锁反应导致人体正常的细胞、组织、器官损坏。自由基连锁反应破坏过程称为氧化应激，也称为氧化损伤。

（3）影响因素

电磁场对人体健康影响的程度与许多因素有关。

①场强。一般而言，场强越大，其对机体的影响越严重。例如，接触高场强的人员与接触低场强的人员相比，在神经衰弱症候群的发生率方面有非常明显的差别。基于电刺激效应的人体组织内电场强度基本限值如表 7-10 所示，其中行动水平指在辐射应急情况下，应考虑采取防护行动的剂量水平，控制区指为进行电磁防护而划定的特定区域。

表 7-10　人体不同组织内电场强度基本限值

暴露组织	频率 f/Hz	电场强度 E_0/（V·m^{-1}）	
		行动水平（公众）	控制区中的人群
脑部	20	5.89×10^{-3}	1.77×10^{-2}
心脏	167	0.943	0.943
四肢	3350	2.10	2.10
其他组织	3350	0.701	2.10

②频率。一般来说，长波对人体的影响较弱。随着波长的缩短，电磁波对人体的影响加大，微波作用最突出。例如，根据有关单位对国内从事中波与短波作业的部分人员进行体检的资料，在血压方面，两臂血压收缩压差大于 10 mm Hg 的，中波组占 10.28%，短波组占 13.4%，舒张压差大于 10 mm Hg 的，中波组占 7.12%，短波组占 12.25%。人体各器官与电磁辐射的频率的关系如表 7-11 所示。

表 7-11　人体各器官与电磁辐射的频率的关系

频率 /MHz	波长 /cm	受影响的主要器官	主要生物效应
＜ 150	＞ 200	—	透过人体，影响不大
150—1 000	200—30	体内各器官	因体内组织过热，各器官受损
1 000—3 000	30—10	眼晶状体、睾丸	组织加热显著，眼晶状体易损伤
3 000—10 000	10—3	皮肤、眼晶状体	伴有温感的皮肤加热
＞ 10 000	＜ 3	表皮	皮肤表面一方面反射，另一方面吸收产热

③作用时间与作用周期。作用时间越长，即暴露的时间越长，电磁辐射对人体的影响一般越大。对作用周期来说，一般认为，作用周期越短，影响越大。实践证明，从事射频作业的人员接受电磁场辐射的时间越长（指累积作用时间），如工龄越长、一次作业时间愈长等，所表现出的症状就越突出。连续作业所受的影响比间断作业所受的影响明显得多。

④与辐射源的距离。一般来讲，辐射强度随着与辐射源之间距离的加大而迅速递减，辐射对机体的影响也迅速减小。

⑤振荡性质。脉冲波对机体的不良影响比连续波的严重。

⑥作业现场环境温度和湿度。作业现场的环境温度和湿度，与射频辐射对机体的不良影响之间具有直接的关系。温度越高，机体所表现出的症状越突出；湿度越大，越不利于散热，且越不利于作业人员的身体健康。所以，加强通风降温，控制作业场所的温度和湿度，是减小辐射对机体影响的一个重要手段。

⑦作业人员的年龄和性别。初步认为，女性工作人员对射频辐射刺激的敏感性最大，其次是少年儿童。关于年龄，目前尚未发现规律性的东西，有待今后继续研究。

随着电器设备的使用率越来越高，电磁波对人体健康的影响也越来越大，除了最普遍的手机电磁波之外，其实家庭电器、计算机设备及高压电线的辐射对人体的伤害也很大。电视、电磁炉与微波炉产生的电磁辐射会使人的身体产生大量的氧游离基，长期如此人易患癌，同时也容易引起老年痴呆症、关节炎、心脏病和脑中风等疾病。另外，计算机设备及高压电线的辐射会提高血癌、脑癌及乳腺癌的发生率。人们应该养成防范电磁波辐射的习惯，它是影响身体健康的重要因素之一。

2. 电磁泄密

电磁泄密指在信息处理设备的运行过程中，由于电磁发射而导致的信息泄露的问题。普通计算机显示终端辐射的带信息电磁波可以在数百米甚至 1 千米外被接收和复现；普通传真机、电话机等处理和传输的信息，也可以在一定距离内采用特定手段截获和还原。这就会造成政治、经济、国防、科技等重要情报泄露，而现代战争中电子设备高度密集，伴随出现了第四维战场——电磁空间战场，其中防止信息泄露是作战取得胜利的重要保障。

一些发达国家和国际性组织对电磁泄密问题都非常重视，制定了大量的检测标准和实施细则，最为严格的是美国的 TEMPEST 测试技术标准，其具体内容是针对信息设备的电磁辐射与信息泄露问题，从信息接收和防护两方面展开的一系列研究和研制工作，包括信息接收、破译水平、防泄露能力与技术、相关规范标准及管理手段等。我国直到"八五"期间才开始注意军用计算机的信息泄露问题，较发达国家落后一些。现在，信息安全问题研究在我国已经走向深入。

3. 对电子设备的干扰

电磁干扰指任何在电磁场伴随着电压、电流的作用而产生会降低某个装置、设备、系统的性能或可能对生物或物质产生不良影响的电磁现象。

电磁干扰包括传导型（低频）电磁干扰、辐射型（高频）电磁干扰、静电放电或雷电引起的电磁干扰。许多正常工作的电子、电气设备所发出的电磁波能使邻近的电子、电气设备性能下降乃至无法正常工作。例如，在身上安装起搏器的人，只要靠近正在运行的电力变压器、电冰箱等，就会有不舒服的感觉，起搏器可能会失灵。

目前，许多电子设备的内部基本电路都工作在低压状态，如电视机的调谐器、视频放大器、计算机主板等，特别是随着半导体技术的发展，集成电路工作电压越来越低，有的只有 1 V 左右，甚至更低。因此，它们很容易受到电磁波的辐射干扰，安全性和可靠性都受到威胁。电磁波对电子、电气设备的影响有如下两个方面。

（1）降低技术性能指标

①话音系统。无线电话和有线电话受到电磁干扰时，信号发生畸变失真，严重时信号可完全被电磁淹没。电磁干扰越强，信号与噪声强度比越小，语言清晰度越差。许多人可能有过类似的经历，如果你正在用固定电话进行通话，附近的手机有短信或电话打进来时，你从固定电话的听筒里会听到一阵杂音，引起通话质量下降的原因就是电磁干扰。

②图像显示系统。雷达显示器、传真、电视、图示和字母数字读出器等图像显示系统，在电磁干扰作用下会变得模糊并出现差错，轻微干扰也会使图像质量变差、清晰度变低和误差变大。而出现严重干扰时图像显示系统根本无法判读和观看。生活中，我们经常遇到这种情况，当手机放在计算机旁边时，如果有电话打入，计算机的图像就会发生抖动，这就是电磁干扰造成的。

③数字系统。电磁干扰使数字系统误码率提高，数字电路中发生误传数据或地址，造成逻辑紊乱、计算程序错误或数据丢失，降低了信息的可信度，严重时引起保护延时、误动、拒动及装置死机等。由于电磁干扰的存在，无线电通信误

码率只能维持在 10^{-5} 水平（一般数据传输误码率在 10^{-7} 水平，电子计算机内总数据传输误码率在 10^{-12} 水平）。

④指针式仪表系统。传统电子设备和仪器仪表中有许多是指针式的。在恶劣的电磁环境中或信息技术设备之间的相互干扰，会导致仪器仪表运转失灵。主要是指令传输的错误使得仪器仪表进入错误的工作程序。现场设备所产生的电磁场大小与频率有关，电磁辐射干扰可使设备莫名误动作。比如，电厂就出现过对讲机距离发电设备太近，在对讲机接通瞬间发电设备停止工作的现象。

⑤控制系统。自动控制系统受到电磁干扰时，可能出现失控或误控，使控制系统的可信度和有效性降低，并危及安全。控制系统中除灵敏电子设备、装置和电路对电磁干扰敏感外，灵敏电机、电器（如低压电磁开关、继电器、微型电机等）也对电磁干扰十分敏感。在飞机上，使用中的电子装置会干扰飞机的通信、导航、操纵系统，还会干扰飞机与地面的无线信号联系，尤其在飞机起飞下降时干扰更大，即使只造成很小角度的航向偏离，也可能导致机毁人亡的后果。以移动电话为例，移动电话不仅在拨打或接听过程中会发射电磁波信号，在待机状态下也在不停地和地面基站联系，虽然每次发射信号的时间很短，但具有很强的连续性。飞机在平稳飞行时，距地面 6 000—12 000 m，此时手机根本接收不到信号，无法使用，在起飞和降落过程中，手机才有可能与地面基站取得联系，但此时干扰飞机导航系统产生的后果更为严重。

（2）电磁兼容性故障

电磁干扰降低系统（设备）技术性能指标的现象极为普遍。日常生活中最容易受到干扰的就是电视机和收音机，但当干扰源关机或者远离时，干扰随之消失，一切又都恢复正常。如强电磁干扰使无线电接收机前端电路烧毁，不能正常工作；游乐场过山车因电子游戏机电磁干扰失控而相撞，造成游客受伤；核电站因移动电话电磁辐射的干扰发生错误关闭事故等，均属于电磁兼容性故障。电磁兼容性故障会给国防、工业、交通运输、医疗和科研等带来巨大损失，并危及人身安全。

4. 对无线电通信的干扰

在 20 世纪 50 年代，一部 50 W 的短波电台通信距离可达 1 000 km；到了 20 世纪 80 年代，一部 250 W 的短波电台通信距离一般小于 500 km。其根本原因是 20 世纪 80 年代的电磁干扰比 20 世纪 50 年代的增强了许多倍。现代社会日益增加的电磁干扰正在侵入地球空间的各个角落，像毒雾般污染了无线电网络。

1997 年 8 月 13 日，深圳机场由于附近山头上的数十家无线寻呼台发射的电磁辐射，对机场指挥塔的无线电通信系统造成严重干扰，因此地对空指挥失灵，机场被迫关闭两小时。就无线电干扰而言，可分为以下五种类型。

①同频率干扰。凡是无用信号的频率与有用信号的频率相同，并对接收同频道有用信号的接收设备造成干扰的，都称为同频率干扰。

②邻频道干扰。干扰信号进入相邻频道的功率接收设备内造成的干扰，称为邻频道干扰。

③带外干扰。发射机的谐波或杂散辐射在接收有用信号时造成的干扰。

④互调干扰。互调干扰又分为发射机互调干扰和接收机互调干扰。发射机互调干扰是多部发射机信号落入另一部发射机，并产生不需要的组合频率，对接收信号频率与这些组合频率相同的接收机所造成的干扰。接收机互调干扰是多个强信号同时进入接收机时产生互调频率，互调频率进入接收设备所造成的干扰。

⑤阻塞干扰。当接收微弱的有用信号时，受到接收信号附近信号的干扰，称为阻塞干扰。阻塞干扰轻则降低接收灵敏度，重则通信中断。

二、电磁性污染的控制技术

（一）电磁屏蔽技术

1. 屏蔽目的与种类

电磁屏蔽的目的在于防止射频电磁场的影响，使其辐射强度被抑制在允许范围内。所谓屏蔽，就是采用一切技术手段，将电磁辐射的作用与影响局限在指定的空间范围内。

电磁屏蔽主要用来抑制交变电磁波的辐射、干扰。若从屏蔽的作用来分，电磁屏蔽主要分为以下两大类。

①主动场屏蔽。需要将电磁场的作用限定在某个范围内，使其不对限定范围之外的任何生物体或仪器设备产生影响，此种屏蔽为主动场屏蔽。主动场屏蔽，场源位于屏蔽体内，主要用来防止场源对外的影响。其特点是场源与屏蔽体间距小，所要屏蔽的电磁辐射强。屏蔽体结构设计要严谨，屏蔽体要妥善进行符合技术要求的接地处理。

②被动场屏蔽。需要在某指定的空间范围内，使电磁波不对该范围内的空间造成干扰和污染，也就是说外部场源不对指定范围内的生物体或仪器设备产生作

用，这种屏蔽称为被动场屏蔽。被动场屏蔽，场源位于屏蔽体之外，屏蔽体用来防止外部场对内的影响。被动场屏蔽的特点是屏蔽体与场源间距很大，屏蔽体可以不接地。

屏蔽实质上是一种用于减小设备之间或既定设备内各部分之间辐射干扰的去耦技术。设备或组件机壳的屏蔽效果受多种参数影响，其中最值得注意的参数是入射波的频率和波阻抗、屏蔽材料的固有特性以及屏蔽体上不连续点的数量和形状。屏蔽体的设计过程：首先在屏蔽物的一侧设立一个不希望存在的信号电平，在屏蔽物的另一侧测出允许的信号电平，然后调整屏蔽设计方案以获得必要的屏蔽效果。

2. 屏蔽设计的要点

下列各项是屏蔽设计中最突出的九个注意点。

①屏蔽高频电场应该用铜、铝和铁等良导体，以得到最高的反射损耗。

②屏蔽低频磁场应该用铁和镍等金属磁性材料，以得到最高的贯穿损耗。

③任何一种屏蔽材料，只要其厚度足以稳固地支撑自身，则一般也就足以屏蔽电场。

④采用薄膜屏蔽层时，在材料的厚度低于 $\lambda/4$（此波长在材料内部测得）的情况下，屏蔽效果恒定。

⑤多层屏蔽（既可用于机壳，也可用于电缆的屏蔽）不但具有较好的屏蔽效果，而且能拓宽屏蔽的频率范围。

⑥在设计过程中，应该认真地对待所有的开口和间断点，以保证屏蔽效果最佳。应该特别注意材料的选择，使它不只适用于屏蔽，从电化学腐蚀观点看也应该是令人满意的。

⑦当系统设计的其他方面允许时，连续的对接式或搭接式焊缝是最合乎需要的。重要的是要尽可能实现接缝处交接表面之间的紧密接触。

⑧导电衬垫和指状弹性簧片、波导衰减器、金属丝网和百叶窗，以及导电玻璃是可以保持机壳屏蔽效果的主要装置和手段。除屏蔽层本身的特性之外，从空间利用率到经济性，从空气环流到可见度等许多因素，都可以改变在某些特定条件下采用的具体方法。

⑨屏蔽只是用来减小设备电磁干扰的一种方法，不应仅仅局限于屏蔽而不去综合地考虑可以简化屏蔽体或降低屏蔽要求的滤波、接地和搭接等技术。

3. 主要屏蔽方式

（1）涂层薄膜屏蔽

目前涂层薄膜屏蔽已经有多种形式的应用，其涉及的范围从为了在装运和贮存期间防护射频场所采用的金属化元件包装，到用于微电子工艺的真空电镀屏蔽层。

（2）电缆屏蔽

下面介绍了四种不同的电缆屏蔽方法。

①编织层（包括编结或多孔的材料）可在不能采用实体材料制作屏蔽层的情况下用来屏蔽电缆。其优点是使用方便和重量轻。但必须记住，当用于辐射场时，编结或编织材料的屏蔽效果随频率的增高而变差，而且屏蔽效果将随编织密度的增大而变好。编结屏蔽层覆盖的百分率是设计中的关键参数。

②导管（不管是刚性的还是柔性的）可以用于武器系统的布缆和布线，使电缆免受电磁环境影响。刚性导管的屏蔽效果与相同厚度同种材料的实心板的屏蔽效果相同。柔性导管在较低频率下可以提供有效的屏蔽作用，但当频率较高时，它的屏蔽效果将大大降低。屏蔽导管的性能恶化通常不是由导管材料的屏蔽性能不佳造成的，而是由电缆屏蔽层的不连续性造成的。这些不连续性通常是由屏蔽层的拼接或不适当的端接造成的。

③应该注意那些电磁线圈或者有高起动电流的其他装置，即那些装有开关，通常会引起电磁场大幅度变化的装置。为了防护这类装置，人们可选用高导磁率屏蔽材料，由于这类材料在冷加工时屏蔽特性会降低，不能拉成管子，因此用退过火的金属带在电缆外面绕成连续覆盖层，也能获得良好的屏蔽效果。这样操作时建议在其外面加上橡胶防护涂层。

④通用屏蔽电缆的主要类型包括屏蔽单线、屏蔽多导线、屏蔽双绞线和同轴电缆。此外，通用电缆屏蔽层既有单层的，也有多层的，屏蔽体本身有许多不同的形式，并且有各种各样的物理特性。

（二）接地防护技术

1. 接地的原理和目的

所谓接地就是在电磁辐射源的一个点和大地之间，或者是与大地可以看作公共点的某些金属构件之间，用低电阻的良导体连接起来。

为了防止电磁辐射，将射频设备外壳或馈线屏蔽层用专门导体接地，给高频率的干扰电压提供低电阻的通路。这样可以避免或减小电磁性污染，保护人体健康，也可以防止设备、可燃性物质的引燃引爆。

2. 接地的原则

射频电磁场的屏蔽与接地，既有电场的屏蔽接地问题，又有磁场屏蔽不接地的问题。那么应当如何处理呢？一般在电磁感应场里，若电压大、电流小，则主要呈现电场作用，可以采取以屏蔽接地为主的方案；若电压小、电流大，则主要呈现磁场作用，采取屏蔽不接地的方案为好。至于在具体条件下，应根据现场实测结果进行综合考虑。

3. 接地的要求

①为了使感应电流迅速被引流，要求屏蔽体的接地系统表面积要足够大。

②为了保证接地系统具有相当低的射频阻抗，接地线要尽量短，一般接地线的电阻要小于 4 Ω。

③为了保证接地系统的效果良好，要求接地线的长度应避开 1/4 波长的奇数倍。

④接地方式有埋铜板、埋接地棒、埋格网等，无论采用何种形式，都要求有足够的厚度，以维持一定的机械强度和耐腐蚀性。

⑤埋接地极时，必须埋置足够的深度，以免土壤中水分蒸发而引起接地阻抗变化，同时要把接地极周围的松土夯实，埋一些金属屑。

4. 接地设计与实施

接地系统包括接地线、接地极与射频设备。

①接地线。任何射频屏蔽的接地线都要有足够的表面积，要尽可能短，以宽为 10 cm 的铜板为佳。

②接地极。接地极就是与大地充分接触，实现与大地连接的电极。一般是将 1.5—3 m² 的铜板埋在地下，并将接地线良好地接在极板上。埋置的方式有立埋、横埋和平埋三种。

③射频设备。射频设备包括无线电广播设备、微波通信设备等，射频设备已广泛应用于机械、电子、冶金、医疗卫生等领域。例如，机械上常用于热合加工的高频塑料热合机以及高频焊管设备等。

5. 接地作用与效果

①直接接地与屏蔽效果的关系。在中波波段，直接接地反映在电场屏蔽上，对屏蔽效能的影响极大，接地的屏蔽效能与不接地的屏蔽效能比较，相差 30 dB

以上。在短波波段，尤其是在 20—30 MHz，接地作用不甚明显，而微波的屏蔽接地的问题不突出。

②接地极与接地极之间的屏蔽效应。在实践工作中，若采用多根金属棒作为接地极或采用几块金属板作为接地极时，要注意它们之间存在的相互屏蔽效应。一般最好保持棒与棒或板与板之间的距离为 3—5 m。

（三）滤波技术

即使系统已经有了一个合适的设计，并安排、考虑了恰当的屏蔽和接地，但是不希望有的能量仍然可能进入系统，使其性能恶化或引起故障。滤波器可以限制外来电流数值或把电流封闭在很小的结构范围内，从而把不希望的传导能量降低到使系统能圆满工作的范围内。由于滤波器的设计在很大程度上取决于滤波器设计师的判断力，因此它既是一种技巧，也是一门科学。设备滤波要求的原始依据，是设计人员应遵循的技术规范。关键设备引线上允许的干扰电平必须在设计初期就加以规定，这样电路设计人员就知道分机所必须满足的条件了。于是在功能试验阶段和其他阶段就能连续地确定它们是否符合这些技术规范。然而，当必须采用滤波器的时候，设计人员应该注意避免由于各个设计组之间的不协调所引起的重复滤波。

1. 滤波器的技术要求

①要求组成滤波器的元件数量要少、重量要小。

②要求滤波器的衰耗特性陡度要最大。阻频带内的衰耗特性陡度与衰耗数值越大，则滤波器的选择性越好。

③要求通频带内的衰耗最小，而且是常数。

④要求通频带内的特性阻抗应尽量维持一个常数。

⑤具有直线形的相移特性。

⑥电器特性恒定，不受滤波器输入端电压（或电流）、温度、湿度以及外界电磁场的影响。

⑦可以简便均匀地调节通频带及其宽度。

⑧可以在各种不同的频率范围内工作。

2. 电源滤波器的设计

所谓电源滤波器，就是低通滤波器。它的显著特点是，所通过的频率一般是工频或者零频，也就是说要通过 50 Hz 的工业电流或直流电，而不允许其他频率的电流通过。因此，掌握它的设计要求与安装要点，是非常重要的。

电源网路的所有引入线，在其进入屏蔽室处必须装设滤波器。若导线分别引入屏蔽室，则要求对每根导线都必须进行单独滤波。

（1）设计要点

在一般情况下，沿电源线传播的高频电流可以分成以下两种形式，即以一根电源线作为通路，而以另一根电源线作为回路的对称分量的形式；以电源线作为通路，以大地或邻近物体作为回路的非对称形式。

由于情况如此复杂，所以为了发挥滤波器的效果，必须妥善设计滤波器。在设计滤波器时应注意以下四点。

①截止频率。基于滤波器允许通过的电流频率是工频或零频，它比应滤除的频率低得多，为了使在衰减区域之前的衰减量尽可能小，而在衰减区域的衰减量尽可能大，必须适当地选择截止频率及衰减常数等参数。若希望得到更大的衰减常数，截止频率要取低些。

②对象阻抗。由于通过电源滤波器的频率（工频或零频）与被抑制的频率差距悬殊，所以没有必要考虑通频带中的阻抗匹配问题，而仅仅需要考虑提高在衰减区域的衰减值。当滤波器的对象阻抗绝对值和终端阻抗绝对值接近或相等时，滤波器接近于共轭匹配状态，衰减值降低，为了避免这种现象，应在保证最大衰减值的情况下，使滤波器的对象阻抗极大或极小，然而滤波器的对象阻抗不能高于线圈自身的特性阻抗，所以实际上滤波器的对象阻抗要取最低数值。

③衰减区域宽度。在一般状态下高频振荡器的输出含有很多谐波。为了使振荡器的功率恰当，振荡电子管均工作在丙类状态，因此板流的流通角小于180°，这样往往有若干高次谐波将以与基波电平差距不大的状态向电源线泄漏。与基波一样，电源滤波器也必须对这些高次谐波给予衰减。为了获得较宽的衰减宽度，应使串联线圈的电气角再小一些，致使衰减常数要设计得大一些，所以设计时要综合考虑。

④线圈 Q 值。一般情况下，Q 值越大，在通频带中的工作衰减值的最小值越小。所以应选择小的 Q 值。在工频条件下若损失很大，那么温升将成为一个问题，对于这一点，设计时应全盘考虑。滤波器的线路与结构必须根据实际需要来设计。

（2）电源滤波器的特性要求所涉及的问题

根据电源滤波器的特性要求，涉及以下三个问题。

①要保证高效能的屏蔽，就要将电感线圈布于金属壳内，同时金属壳的尺寸

要足够大，各种线路布置在金属壳的中心部位，以求避免由于线圈有效电感量减小所引起的分布参数的改变。

②当抑制的频率是一个很宽的频带时，原则上应串接上多个工作频率范围不同的滤波器，并要分别将这些滤波器妥善屏蔽。

③电容器的接线形式必须正确，尽可能地减小电容器引出线的影响。

第三节　放射性污染及其控制技术

一、放射性污染概述

（一）放射性污染的概念

1896 年，法国科学家贝克勒尔首先发现了某些元素的原子核具有天然的放射性，能自发地放出各种不同的射线。在科学上，把不稳定的原子核自发地放射出一定动能的粒子，从而转化为较稳定结构状态的现象称为放射现象。我们通常所说的放射现象指原子核在衰变过程中放出 α、β、γ 射线的现象。放射性 α 粒子是高速运动的氦原子核，在空气中射程只有数厘米，β 粒子是高速运动的负电子，在空气中射程可达数米，但 α、β 粒子不能穿透人的皮肤，而 γ 粒子是一种光子，能量高得可穿透数米厚的水泥混凝土墙，它能轻而易举地射入人体内部，作用于人体组织中的原子，产生电离辐射。除这几种放射线外，常用的射线还有 X 射线和中子射线。这些射线各具特点，对物质具有不同的穿透能力和间离能力，从而使物质或机体发生一些物理、化学、生化变化。放射性物质来自人类的生产活动，随着放射性物质的大量生产和应用，它们就不可避免地会给我们的环境带来放射性污染。与人类生存环境中的其他污染相比，放射性污染具有以下特点。

第一，一旦产生和扩散到环境中，就不断向周围发出射线，永不停止。只是放射性物质的半衰期（即活度）减少到一半所需的时间从数分钟到数千年不等。

第二，自然条件的阳光、温度无法改变放射性物质的放射性活度，人们也无法用任何化学或物理手段使放射性物质失去放射性。

第三，放射性污染对人类的作用有累积性。

第四，人类的感官对放射性污染无任何直接感受。

（二）放射性污染的来源

放射性污染主要来自放射性物质。这些物质可以是天然的，如岩石和土壤中的放射性物质；也可以是人工制成的。就人为因素而言，目前放射性污染主要有以下来源。

①核工业。核工业的废水、废气、废渣的排放是造成环境放射性污染的重要因素。此外，铀矿开采过程中的氡和氡的衍生物，以及放射性粉尘造成大气污染，放射性矿井水造成水质的污染，放射性废矿渣和尾矿造成固体废物的污染。

②核试验。核试验造成的全球性污染要比核工业造成的污染严重得多。由大气层核试验进入大气平流层的放射性物质最终要沉降到地面，因此全球严禁一切核试验和核战争的呼声也越来越高。

③核电站。核电站排入环境中的废水、废气、废渣等均具有较强的放射性，会对环境造成严重的污染。

④核燃料的后处理。核燃料后处理厂是将反应堆废料进行化学处理，提取钚和铀再度使用，但后处理厂排出的废料依然含有大量的放射性核素，其仍会对环境造成污染。

⑤人工放射性核素的应用。人工放射性同位素的应用非常广泛。在医疗上，常用"放射治疗"以杀死癌细胞；有时也采用各种方式有控制地注入人体，作为临床上诊断或治疗的手段。在工业上，人工放射性同位素可用于金属探伤。在农业上，人工放射性同位素用于育种、保鲜等。但如果使用不当或保管不善，也会造成对人体的危害和对环境的污染。

（三）辐射的危害

辐射对人体的危害主要表现为受到射线过量照射而引起的急性放射病，以及辐射导致的远期影响。

1. 引起的急性放射病

急性放射病是由大剂量的急性照射所引起的，多为意外核事故、核战争造成的。按射线的作用范围，短期大剂量外照射引起的辐射损伤可分成全身性辐射损伤和局部性辐射损伤。

全身性辐射损伤指机体全身受到均匀或不均匀大剂量急性照射而出现的一种全身性疾病，一般在照射后的数小时或数周内出现。根据剂量大小、主要症状、病程特点和严重程度可分为骨髓型放射病、肠型放射病和脑型放射病三类。

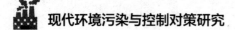

局部性辐射损伤指肌体某一器官或组织受到外照射时出现的某种损伤，在放射治疗中可能出现这类损伤。例如，单次接受 3 Gy 的 β 射线或低能 γ 射线的照射，皮肤将出现红斑，剂量更大时将出现水泡、皮肤溃疡等病变。

2. 导致的远期影响

辐射危害的远期影响主要是慢性放射病和长期小剂量照射对人体健康的影响，多属于随机效应。

慢性放射病是多次照射、长期累积的结果。受辐射的人在数年或数十年后，可能出现白血病、恶性肿瘤、白内障、生长发育迟缓、生育力降低等远期躯体效应；还可能出现胎儿先天畸形、流产、死产等遗传效应。慢性放射病的辐射危害取决于受辐射的时间和辐射量，属于随机效应。

长期小剂量照射对人体健康的影响特点是潜伏期较长，发生概率很低，既有随机效应，也有确定性效应。因此，应用放射性物质时要估计小剂量照射对人体健康的影响，只有对人数众多的群体进行流行病学调查，才能得出有意义的结论。

二、放射性污染的控制技术

（一）放射性防护技术

随着社会的发展和人们生活水平的提高，辐射防护问题已经不仅仅局限于核工业、医疗卫生、核物理实验研究等领域，在农业、冶金、建材、建筑、地质勘探、环境保护等涉及民生的许多领域都引起了重视。因此，为了人们的身体健康，必须掌握一定的辐射防护知识和技术。

1. 外照射防护

外照射的防护方法主要包括时间防护、距离防护和屏蔽防护。

（1）时间防护

由于人体所受的辐射剂量与受照射的时间成正比，所以熟练掌握操作技能，缩短受照射时间，是实现防护的有效办法。

（2）距离防护

点状放射源周围的辐射剂量与距离的平方成反比。因此，尽可能远离放射源是减少吸收量的有效办法。

（3）屏蔽防护

在放射性物质和人体之间放置能够吸收射线或减弱射线强度的材料，以达到防护目的。屏蔽材料的选择及厚度与射线的性质和强度有关。

①α射线的屏蔽。由于锂粒子质量大，因此它的穿透能力弱，在空气中经过3—8 cm的距离就被吸收了，几乎不用考虑对其进行外照射屏蔽。但在操作强度较大的α射线时需要戴上封闭式手套。

②β射线的屏蔽。β射线在物质中的穿透能力比α射线强，在空气中它可穿过几米至十几米的距离。一般采用低原子序数的材料（如铝等）屏蔽β射线，外面再加高原子序数的材料（如铁、铅等）减弱和吸收韧致辐射。

③X射线和γ射线的屏蔽。X射线和γ射线都有很强的穿透能力，屏蔽材料的密度越大，屏蔽效果越好。常用的屏蔽材料有水、水泥、铁、铅等。

④中子的屏蔽。中子的穿透能力也很强。对于快中子，可用含氢多的水和石蜡作为减速剂；对于热中子，常用镉、锂和硼作为吸收剂。屏蔽层的厚度要随着中子通量和能量的增加而增加。

注意，上述屏蔽方法只是针对单一射线的防护。在放射源不止放出一种射线时必须综合考虑。但对于外照射，按γ射线和中子设计的屏蔽层用于防护α射线和β射线是足够的。而对于内照射，α射线和β射线就成了主要防护对象。

2.内照射防护

工作场所或环境中的放射性物质一旦进入人体，就会长期沉积在某些组织或器官中，既难以探测或准确监测，又难以排出体外，从而造成终生伤害。因此，必须严格防止内照射的发生。

内照射防护的基本原则和措施是切断放射性物质进入体内的各个途径，具体方法包括制定各种必要的规章制度；工作场所通风换气；在放射性工作场所严禁吸烟、吃东西和饮水；在操作放射性物质时要戴上个人防护用具；加强放射性物质的管理；严密监视放射性物质的污染情况，有情况时尽早采取措施，防止污染范围扩大；布局设计要合理，防止交叉污染；等等。

（二）放射性废物处理技术

对放射性废物中的放射性物质，目前还没有有效的办法将其破坏，以使其放射性消失。因此，目前只是利用放射性物质自然衰减的特性，采用在较长的时间内将其封闭，使放射强度逐渐减弱的方法，达到消除放射性污染的目的。

1.放射性废液处理技术

对不同浓度的放射性废液，可采用不同的方法处理，处理方法包括以下三种。

（1）稀释排放

对符合相关标准的废液，可以采用稀释排放的方法直接排放，否则应经专门净化处理。

（2）浓缩储存

对半衰期较短的放射性废液可直接在专门容器中封装储存，经过一段时间，待其放射强度降低后，可稀释排放；对半衰期长或放射强度高的废液，可使用浓缩后再储存的方法。常用的浓缩手段有共沉淀法、蒸发法和离子交换法。对于共沉淀法所得的上清液、蒸发法的二次蒸气冷凝水以及离子交换法的出水，可根据它们的放射性强度或回用，或排放，或进一步处理。用上述方法处理时，分别得到了沉淀物、废渣和失效的树脂，原废液中的放射性物质将被浓集到较小的体积中。对于这些浓缩废液，可用专门容器储存或经固化处理后埋藏。对于中、低放射性废液，可用水泥、沥青固化；对于高放射性的废液可采用玻璃固化。固化物可深埋或储存于地下，使其自然衰变。

（3）回收利用

在放射性废液中常含有许多有用物质，因此应尽可能回收利用。这样做既不浪费资源，又可减少污染物的排放。如在工业、医疗、科研等领域对放射性废液进行回收利用。

2.放射性固体废物处理技术

放射性固体废物主要指铀矿石提取铀后的废矿渣，以及被放射性物质玷污而不能再利用的各种器物。

（1）对废弃铀矿渣的处置

目前，对废弃铀矿渣主要采用土地堆放或回填矿井的处理方法。这种方法不能从根本上解决污染问题，但目前尚无其他更有效的可行办法。

（2）对被玷污器物的处置

这类废弃物所包含的品种繁多，根据受玷污的程度以及废弃物的不同性质，可以采用不同方法进行处理，具体如下。

①去污。对于被放射性物质玷污的仪器、设备、器材及金属制品，用适当的清洗剂进行擦拭、清洗，可将大部分放射性物质清洗下来。清洗后的器物可以重新使用，这样就减小了处理的体积。对于大表面积的金属物件还可用喷镀方法去除污染。

②压缩。对于容量小的松散物品可用压缩方法减小体积，这样便于运输、储存及焚烧。

③焚烧。对于可燃性固体废物，可采用高温焚烧的方法来大幅度减容，同时使放射性物质聚集在灰烬中。焚烧后的灰烬可在密封的金属容器中封存，也可进行固化处理。

④再熔化。对无回收价值的金属制品，还可在感应炉中熔化，使放射性被固封在金属块内。经压缩、焚烧减容后的放射性固体废物可封装在专门的容器中，如固化在沥青、水泥、玻璃中，然后将其埋藏于地下，或储存于设在地下的混凝土结构的安全储存库内。

3. 放射性废气处理技术

（1）放射性粉尘的处理

一般的工业除尘设备均可用于处理含有放射性粉尘的气体。干式除尘器如重力沉降室和旋风分离器常用于去除粒径大于 60 μm 的粉尘颗粒。湿式除尘装置常用于去除粒径为 10—60 μm 的粉尘颗粒，净化气粉尘浓度一般不大于 100 mg/m³。去除粒径小于 10 μm 的粉尘颗粒的常用装置为布袋式除尘器、填料及油过滤器，净化气粉尘浓度为 1—2 mg/m³。新型的静电除尘器对微米粒径颗粒物的去污效率可达 99%。

（2）放射性气溶胶的处理

搜集放射性气溶胶粒子最有效的过滤装置是高效微粒空气过滤器（HEPA），这种过滤器具有很高的除微粒效率，对于粒径小于 0.3 μm 的颗粒，去除效率大于 99.97%，广泛用于几乎所有的核设施内。HEPA 的滤芯由玻璃纤维、石棉、聚氯乙烯纤维或陶瓷纤维构成，滤膜是以孔径为 1—4 μm 的织物为基质材料的亚微孔纤维织物，层间用有机黏合剂黏合。滤膜厚度仅为 4 μm，质量厚度为 80 g/m²，它质地脆弱易碎，是一种一次使用失效后即废弃的干式过滤器。在很多情况下，安装 HEPA 过滤器之前都要安装预过滤器，以除去废气中的大颗粒固体。

（3）放射性气体的处理

放射性气体处理的常用方法是吸附。对于 85Kr、133Xe、222Rn 等惰性气体核素，一般可采用活性炭滞留、液体吸收、低温分馏及贮存衰变等方法去除。

①活性炭滞留床是利用活性炭的吸附特性，将放射性废气中的惰性气体在活性炭滞留床中滞留一定的时间，使惰性气体核素衰变到所要求的水平。活性炭对 85Kr、133Xe 有良好的吸附选择性，滞留床为常温操作，操作压力低，保持干燥状态的滞留床可长期使用，不需再生和更换活性炭。

②液体吸收装置利用各种气体成分在有机溶剂中的溶解度不同，使用制冷剂

吸收溶解度较高的惰性气体，再用洗涤法从中回收惰性气体。这一方法制冷成本低，溶剂价廉易得，稳定性好。

③低温分馏装置是将气载废物在 −170℃低温下液化，通过分馏使惰性气体从气体中分离并得以浓集，这种方法对于 85Kr 的回收率大于 99%。

④核电厂废气中大多数放射性核素的半衰期小于 1 d，通过贮存衰变，可使惰性气体核素的活度水平大为降低。贮存 30 min，惰性气体混合物的活度可大大降低；贮存衰变 3 d，对 85Kr 的去污系数达 10^3；衰变 35—40 d，对 133Xe 的去污系数也可达 10^3。贮存衰变对于短寿命放射性核素是有效、经济的处理方法。

（4）碘同位素的处理

放射性废气中主要的挥发性放射性核素——碘同位素（131I、129I）采用活性炭吸附器进行处理。活性炭既能吸附碘单质（I_2），又能吸附有机碘（如 CH_3I）。如要从湿空气中去除有机碘，活性炭须用碘化钾或三乙烯二胺等化学药剂浸渍处理。活性炭吸附器对碘的吸附容量随时间的增加而下降，其原因是空气中的碳氢化合物及水分占据了活性炭表面的活性位置，或其与浸渍剂反应而导致活性炭"中毒"，浸渍剂的挥发也会导致活性炭的吸附容量降低。因此，长期不用的吸附器在使用前应更换新活化的活性炭。

（5）废气的排放

放射性废气净化达标后，一般要通过高烟囱（60—150 m）稀释扩散排放。烟囱的高度要根据排放方式、排放量、地形及气象条件等实际情况设计，并选择有利的气象条件排放。排放口要设置连续监测器。核工业中常用的放射性废气净化设备的去污系数如表 7-12 所示。

表 7-12　核工业中常用的放射性废气净化设备的去污系数

设备	颗粒物质	挥发性钌	碘	NO$_2$	NO
旋风分离器	10	1	1	1	1
文丘里洗涤塔	100—600	10	2	2	1
冷凝器	100—1 000	200	1	2	1
NO$_x$ 吸收塔	10	10	20	5	1
填充喷雾塔	1 000	100	1	4	1
转化塔	2	400	—	100	1
硅胶柱	8	1 000	1	1	100
碘塔	1	1	500	1	1
烧结金属过滤器	1 000	1	1	1	1
高效微粒空气过滤器（HEPA）	1 000	1	1	1	1

第四节　热污染、光污染及其控制技术

一、热污染及其控制技术

（一）热污染的定义及来源

热污染指由人类生产或生活活动向环境排出的废热造成的环境污染。它主要包括对水体的热污染和对大气的热污染两个方面。

水体热污染主要来源于电力、冶金、石油、化工等部门，这些部门在生产过程中都需要排放出大量的工业冷却水（温排水），它们流入水体后使水体的热负荷增大或使水温升高，从而产生了一系列的环境问题。火电站是热污染的主要污染源，由于火电站的热效率只有37%—38%，其废热约有50%以冷却水形式排出，其余以废气形式自烟囱排出。在核电站，通过冷却水排出的废热高达67%。据统计排入水体的热量有80%来自电力行业。

大气热污染的产生除了由于工矿企业燃料燃烧时向大气中排放废热以外，城市化进程的加快，城市建筑物、道路面积的增加使城市接收的太阳辐射能增多，向大气中排放的热量也随之增多。

（二）热污染的危害

1.城市热岛效应

人口密度大、工业集中的城市区域的气温高于郊区，城市好比冷凉郊区包围中的温暖岛屿，这种现象称为城市热岛效应。我国曾观测到的城乡温差（城市热岛强度），上海是6.8 ℃，北京是9.0 ℃。世界上热岛效应最强的是中高纬度的大中城市，如加拿大的温哥华是11 ℃，德国柏林是13 ℃。位于北极圈附近的美国阿拉斯加州的首府费尔班克斯市曾达14 ℃。热岛效应的产生与下述三个因素有关：①城市建筑物和水泥路面热容量大，白天吸收大量的太阳辐射能，夜晚再把热量传给大气，使气温升高；②人类生产、生活活动排放的大量废热；③人类活动排放的废气改变了大气的组成，使其吸收太阳辐射能的能力及向地面辐射长波的能力增强。

城乡温差除了上述周期性变化外，还有非周期性变化。这主要是由风速和云量变化引起的。风速大小对热岛强度极为重要，因为大风不仅造成上下对流，把城市中的酷热空气吹到郊外，而且直接把郊区的凉爽新鲜空气迅速输进城区。阴天或多云天气时城乡白天阳光短波辐射热量收入和地面长波辐射热量支出都减少，因而城乡温差减小。例如，上海进行过 4 次对比观测，在风速大体相同的情况下，两次晴天城乡温差分别为 2.5 ℃和 2.2 ℃。而多云和阴天城乡温差分别只有 0.4 ℃和 0.7 ℃。

2. 城市热岛效应的危害

①加剧大气污染，增加能耗。由于市区与郊区的温度差异，城市周围地区的冷空气向市区汇流，会把郊区工矿企业排放的大气污染物和由市区扩散出去的大气污染物又重新聚集到市区，市区大气污染加剧。热岛效应使城区温度上升，如美国洛杉矶市几十年来城乡温差增加了 2.8 ℃，全市因使用空调降温，多消耗许多电能。此外，夏季高温还会加重城市供水紧张，以及使光化学烟雾灾害加剧等。

②影响人类健康。城市热岛效应往往使低纬度城市在夏季时出现酷热高温。不仅使人的工作效率降低，而且造成中暑和死亡人数的增加。城区的过热环境还会导致心血管失调等疾病。

③影响水体水质。水温升高会引起水的多种物理性质发生变化，如水中溶解氧含量降低，从而影响鱼类生长。水温升高还会使水中化学物质溶解度提高，从而加速生化反应，使某些毒物的毒性提高，从而危害水生生物。

④影响水生生物生长。水体的温度和组成会不同程度地影响水生生物的数量和种群。水温增加 6—9 ℃时，对温度敏感的鱼类会死亡。温度也会影响低等水生生物，如在冷水中硅藻是占优势的浮游植物，不会引起水体富营养化；在高温时，蓝绿藻大量繁殖，造成水体富营养化。

（三）热污染的控制技术

1. 水体热污染防治技术

水体热污染的防治，主要是通过改进冷却方式和废温热水的综合利用等途径进行的。

（1）改进冷却方式

对于一般电厂（站）的冷却水，应根据自然条件，结合经济和可行性两方面的因素采取相应的防治措施。在不具备采用一次通过式冷却排放设备的条件时，冷却水常采用冷却塔系统，使水中废热散逸，并返回到冷凝系统中循环使用，提高水的利用效率。

冷却水池通过水的自然蒸发达到冷却目的。冷却水在流经冷却水池的过程中，实现其冷却效果。这种方案投资少，但是占地面积较大，一个有 10^6 kW 发电能力的电站需要配备 4—10 km^2 的冷却水池。采用把冷却水喷射到大气中雾化冷却的方式，可以提高蒸发冷却速率，减少用地面积（减少 20% 左右）。但是由于穿过喷淋水滴的空气易饱和，因此水池的尺寸较大且冷却幅度大于 10 ℃时，是不经济的。

冷却水塔分为干式、湿式和干湿式三种。干式塔是封闭系统，通过传导和对流来达到冷却的目的，其基建费用较高，现已极少采用。湿式塔通过水的喷淋、蒸发来进行冷却，目前应用较为广泛。根据塔中气流产生的方式不同，又可将湿式塔分为自然通风和机械通风两种类型。为了保证气流充足的抽吸力，并使形成的水雾到达地面时能够弥散开来，自然通风型冷却塔要求塔体较大，因此其基建费用较高。在气温较高、湿度较大的地区常采用机械通风型冷却塔。这种塔的基建投资较少，而运行费用较高。

冷却水池、冷却塔在使用过程中产生的大量水蒸气，一方面会导致冷却水的散逸，需要进行冷却水的补充；另一方面，在气温较低的冬天，易导致下风向数百米以内的区域内，大气中产雾、路面结冰，排出的水蒸气对当地的气候将会产生较大的影响。为了降低这种影响，人们开发了一种在一般湿式塔上部设置翅管式热交换器的干湿式冷却塔，又称为除雾式冷却塔。它的工作原理是废温热水先进入热交换器管内加热湿式塔的排气，再进入湿式塔喷淋、蒸发；在湿式塔内，空气被加热、增湿达到饱和状态，然后在干式塔内被进一步加热到过热状态，由于塔顶风机的抽力，在干式塔内就有一部分空气和湿式塔排气相混合，适当调节干、湿式塔两段空气质量的分配率，就可避免形成水雾。

在冷却水循环使用过程中，为了避免化学物质和固体颗粒物过多地积累，在系统中需要连续或周期性地"排污"，排出一部分冷却水（为总循环量的5% 左右），这部分水的排放同样也会造成水体的热污染，在排放时仍需加以控制。

（2）废温热水的综合利用

目前，国内外都在利用废温热水进行水产养殖的试验，并已取得了较好的试验成果，如表 7-13 所示。

表 7-13　利用废温热水进行水产养殖试验的状况

试验地点	生物种类	取得成果
中国	非洲鲫鱼	已获成功
日本	虾和红鲷鱼	加快其增长速度
日本	鳗鱼、对虾	已获成功
美国	鲶鱼	已获成功
美国	观赏性鱼	提高其成活率
美国	牡蛎、螃蟹、淡菜	增加其产卵量，延长其生长期

农业也是利用废温热水的一个重要领域。在冬季用废温热水灌溉能促进种子发芽和生长，从而延长适合作物种植、生长的时间。在温带的暖房中用废温热水灌溉，可以种植一些热带或亚热带的植物。这里需要考虑废温热水源由于某些因素无法提供废温热水时的影响和相应的解决措施。

冬季利用废温热水供暖和夏季将废温热水作为吸收型空调设备的能源，应用前景较为乐观。将废温热水用于区域性供暖，在瑞典、芬兰、法国和美国都已取得成功。

废温热水的排放可以在一些地区防止航道和港口结冰，从而节约运输费用，但在夏季会对生态系统产生不良影响。

污水处理也是废温热水利用的一个较好途径。温度是水微生物的一个重要的生理学指标，活性污泥微生物的生理活动与周围的温度密切相关，适宜的温度范围（20—30 ℃）可以加快其酶促反应的速率，提高其降解有机物的能力，从而提升其水处理的效果。特别是在冬季水处理系统温度较低的情况下，如果能将废温热水中的热量引入污水处理系统中，将是一举两得的处理方案。当然要充分考虑经济和可行性两方面的因素。

2. 大气热污染防治技术

①植树造林，增加森林覆盖面积。绿色植物通过光合作用吸收 CO_2，放出 O_2。

根据植物光合作用的化学方程式可知，植物每吸收 44 g CO_2，释放 32 g O_2。根据实验测定，每 0.01 平方千米森林每天可以吸收大约 1 t CO_2，同时产生 0.73 t O_2。据估算，地球上所有植物每年为人类处理 CO_2 近千亿吨。此外，森林植被能够防风固沙、滞留空气中的粉尘，每 0.01 平方千米森林每年可以滞留粉尘 2.2 t，使环境大气中的含尘量降低 50% 左右，进一步抑制大气升温。

②提高燃料燃烧的完全性，提高能源的利用效率，降低废热排放量。目前我国的能源利用率较低，存在着极大的能源浪费现象。研究高效节能的能源利用技术、方法，任重而道远。

③发展清洁型和可再生型替代能源，减少化石能源的使用量。清洁型能源的开发利用是清洁生产的主要内容。所谓清洁型能源是指它们的利用不产生或极少产生对人类生存环境有害的污染物。

二、光污染及其控制技术

（一）光污染及其危害

人类活动造成的过量光辐射对人类生活和生产环境形成不良影响的现象，称为光污染。光污染包括可见光污染、红外光污染和紫外光污染。

1. 可见光污染

可见光是波长为 400—780 nm 的电磁辐射，光亮度过高或过低时，以及对比过强或过弱时都会引起视觉疲劳，使工作效率降低。激光光谱多属于可见光，目前在许多领域得到应用。激光光强在通过人眼晶状体聚集到眼底时可增大数百至数万倍，因此激光对眼睛会产生较大伤害；大功率的激光也会伤害人体深层组织和神经系统。

眩光污染是比较多见的可见光污染。过强光线的照射（如汽车夜间行驶所用的车头灯）能使人头晕目眩，伤害人的眼睛，甚至可能导致失明。

杂散光污染是由强烈阳光或照明光通过建筑物上的钢化玻璃幕墙、釉面砖、铝合金板、磨光石面及高级涂料反射造成的，杂散光使人感觉明晃刺眼，它的光强可能超过人所能承受的范围而有损视觉，还能导致神经功能失调，扰乱体内的自然平衡，引起头晕目眩、困倦乏力、精神不集中等症状。

2. 红外光污染

红外光是波长为 750 nm—1 mm 的电磁辐射，也称热辐射。它在军事、科研、工业、医疗、气象、卫星等方面都有广泛应用。红外光也称为红外线。

适量的红外线照射对人体健康有益，但过量照射则会使皮肤灼伤，大面积照射或照射时间过长时，人还会出现中暑症状。红外线对眼睛也有严重伤害，波长大于 1 400 nm 的红外线易被角膜和膜内液吸收造成角膜损伤，人眼长期暴露于红外线下可能引起白内障。这些症状多出现在长期使用电焊、弧光灯、氧乙炔等的操作人员身上。

3. 紫外光污染

紫外光是波长为 10—400 nm 的电磁辐射，自然界中的紫外线主要来自太阳辐射。人工紫外线是由电弧和气体放电产生的，可用于人造卫星对地面的探测和灭菌消毒等方面。紫外光也称紫外线。

适度的紫外线辐射对人体健康有益,但过量时会使人体代谢产生一系列障碍。过量的紫外线照射还可能局部（在曝晒处）和系统地改变人和实验动物的免疫系统，降低免疫系统对皮肤癌、传染病毒和其他抗原的免疫反应，使某些疾病的发病率提高。波长在 220—320 nm 范围内的紫外线对人体有损害作用，轻者会引起丘疹、水疱、红斑等过敏反应，重者可导致弥漫性或急性角膜结膜炎，出现眼部烧灼并伴有高度畏光、流泪等症状。例如，电焊工在焊接时，电弧会产生大量的紫外线，如果不注意防护就会引起急性角膜结膜炎。长期暴露在紫外光下白内障的发病率会上升。

紫外线作用于排入大气的污染物（如 HCl 和 NO_x）时，会发生光化学反应而产生化学烟雾污染，对人类的危害更大。

（二）光污染的控制技术

光污染已经成为现代社会的公害之一，已经引起政府及专家的足够重视，我们应积极控制和预防光污染，改善城市环境。要按照不同的波长，对光污染分别采用不同的防控技术。

1. 可见光污染防治技术

可见光污染中危害最大的是眩光污染。眩光污染是城市中光污染的最主要的形式，是影响照明质量最主要的因素之一。

眩光程度主要与灯具发光面大小、发光面亮度、背景亮度、房间尺寸、视看方向和位置等因素有关，还与眼睛的适应能力有关。所以对眩光的限制应分别从光源、灯具、照明方式等方面进行。

限制直接眩光主要是控制光源入射角为 45°—90° 的亮度。一般有两种方法，一种是用透光材料减弱眩光，另一种是用灯具的保护角加以控制。这两种方法可单独采用，也可以同时使用。透光材料控制法（如选用透明、半透明或不透明的隔栅或棱镜将光源封闭起来）能控制可见亮度。用保护角可以控制光源的直射光，做到完全看不见光源，有时也可把灯安装在梁的背后或嵌入建筑物。通常将光源分成两大类，一类亮度在 2×10^4 cd/m² 以下，如荧光灯，它可以用上述两种方法限制眩光，但由于荧光灯亮度较低，在某些情况下其允许明露使用；另一类亮度在 2×10^4 cd/m^2 以上，如白炽灯和各种气体放电灯。当功率较小时，以上两种控制眩光的方法均可使用，但对大功率光源几乎无一例外地采用灯具保护角控制。此时不但要注意亮度，还应考虑观察者视觉的照度。保护角与灯具的通光量、安装高度有关。

控制直接眩光，除了可以限制灯具的亮度和表面积，以及使灯具具有合适的安装位置和悬挂高度，保证必要的保护角度外，还可增加眩光源的背景亮度或作业照度。当周围环境光线较暗时，即使是低亮度的眩光，也会给人明显的感觉。增大背景亮度，眩光作用就会减小。

当眩光光源亮度很大时，增加背景亮度已经不起作用了，它会成为新的眩光源。因此，为了减小灯具发光表面与邻近灯棚间的亮度差别，适当降低亮度对比度，灯棚表面应有较高的反射比，可采用间接照明的方式，如倒伞形悬挂式灯具，使灯具有足够的上射光通量，这样室内亮度分布更均匀。浅色饰面多次反射光也能明显地提高房间上部表面的照度。

眩光是衡量照明质量的主要特征，也是环境是否舒适的重要影响因素。人们应按照限制眩光的要求来选择灯具的型号和功率，考虑它在空间的效果以及舒适感，使灯具有一定的保护角，并选择适当的安装位置和悬挂高度，限制其表面亮度。同时应把光引向所需的方向，而在可能引起眩光的方向则减少光线，以期创造舒适的视觉环境。

2. 红外光、紫外光污染防治技术

红外线近年来在军事、人造卫星、工业、卫生及科研等方面应用较多，因此红外线污染问题也随之产生。红外线是一种热辐射，会在人体内产生热量，对人体可造成高温伤害，其症状与烫伤相似，最初是灼痛，然后是造成烧伤。还会对眼底视网膜、角膜、虹膜造成伤害。人的眼睛若长期暴露于红外线可引起白内障。

过量紫外线使人的免疫系统受到抑制，从而导致疾病发病率提高。紫外线对角膜、皮肤的伤害作用十分明显。此外，过量的紫外线还会伤害水中的浮游生物，使作物（某些豆类）减产，加快塑料制品的分解速度，缩短其室外使用寿命。

对这两种类型的污染的控制，有以下两方面。

①对有红外光和紫外光污染的场所采取必要的安全防护措施。应加强管理和制度建设，对紫外线消毒设施要定期检查，发现灯罩破损要立即更换，并确保在无人状态下进行消毒，更要杜绝将紫外灯作为照明灯使用。对产生红外线的设备，也要定期维护，严防误照。

②佩戴个人防护眼镜和面罩，加强个人防护。从事电焊、玻璃加工、冶炼等工作的工作人员，应十分重视个人防护工作。可根据具体情况佩戴反射型、光化学反应型、反射—吸收型、爆炸型、吸收型、光电型和变色微晶玻璃型等不同类型的防护镜。

第八章　现代环境监测与环境治理评价

近年来，我国在环境保护与治理的领域取得的成就有目共睹。然而，生态建设取得的成果与广大人民群众的需求，两者之间的差距还比较大。在此背景下，更要积极主动地开展环境监测与环境治理评价工作，对环境要素的变化进行及时分析，掌握污染源情况的变化趋势，满足全社会对环境保护的要求。本章包括环境监测、环境质量评价、环境影响评价等内容。

第一节　环境监测

一、环境监测概述

（一）环境监测的概念

随着社会的进步、科技的发展，自然界储存的资源被广泛地开采和利用，新的物质不断合成应用，大量的化学物质也被引入环境，在环境中积累，对环境产生了一定的危害，甚至超过了环境容量，使得生存环境质量恶化。为了寻找环境变化的原因，更好地保护环境，就必须先从环境中污染物的来源、性质、含量入手。于是，环境监测就应运而生，并在环境科学中发挥着重要的作用。

环境监测是在环境分析的基础上发展起来的。环境分析是以环境中的基本物质为单位，以对物质进行定性、定量分析为基础，从而对影响环境质量的原因进行研究的一门科学。

环境分析的主要对象为工业、农业、交通、生活中的污染源排放出来的污染物，也包括大气、水体、土壤中的污染物。进行环境分析时，可以现场测定样品，也可以采集样品后在实验室测定。环境分析为环境化学、环境医学、环境工程学、环境经济学提供各种污染物的性质及含量等数据。但若要判断环境质量的好坏，仅对单个污染物样品进行短时分析是不够的，需要有代表环境质量的各种标志数据，及各种污染物在一定范围内的长时间的数据，才能对环境质量进行准确的评价。这不仅需要对污染物的化学性质、含量进行测定，还需要对其物理性质进行测定。

物理测定指的是分析那些与物理量有关的现象或状态，包括对物理（或能量）因子（热、声、光、电磁辐射、振动及放射性等）的强度、能量的测定。物理原理和测量工艺相结合，可以实现连续化、自动化测定。

此外，环境中的生物信息也不容忽视，生物长期生活在环境中，不仅可以反映出多种因子污染的综合效应，也能反映环境污染的历史状况。所以，生物监测可以为环境治理提供较物理测定和化学分析更为全面的信息。生物监测这种利用生物对环境污染所发出的各种信息作为判断环境污染的手段，在环境监测中发挥着重要作用。

环境监测就是在环境分析的基础上，运用物理学、化学、生物学等方法，间断或连续地测定代表环境质量的指标数据，监测环境质量的变化。

（二）环境监测的特点

1. 综合性

环境监测是一项综合性很强的工作。首先，环境监测的方法包括物理方法、化学方法、生物方法、物理化学方法、生物化学方法等，它们都是可以表征环境质量的技术手段。另外，环境监测的对象包括空气、水、土壤、固体废物、生物等，准确描述环境质量的前提是对这些监测对象进行客观、全面的综合分析。

2. 连续性

环境污染的时间、空间分布具有广泛性、复杂性和易变性的特点，因此，只有进行长期、连续性的监测，才能从大量监测数据中发现环境污染的变化规律，并预测其变化趋势。数据越多，监测周期越长，预测的准确度就越高。

3. 追溯性

环境监测包含现场调查、监测方案设计、优化布点、样品采集、样品运送保存、分析测试、数据处理、综合评价等环节，是一项复杂的系统工作。任何一个环节出现差错都将对最终数据的准确性产生直接影响。为保证监测结果的准确，必须先保证监测数据的准确性、可比性、代表性和完整性。因此，环境监测过程一般都需建立相应的质量保障体系，确保每一个工作环节和监测数据都是可靠、可追溯的。

（三）环境监测的目的

环境监测是环境科学的一个分支学科，其目的是准确、及时、全面地反映环境质量现状及发展趋势，为环境管理、污染源控制、环境规划等提供科学依据，具体目的如下。

①收集环境中污染物的本底数据，积累长期监测资料，为研究环境容量、实施总量控制、进行目标管理、预测预报环境质量提供数据。

②根据环境质量标准和监测到的环境污染物数据，评价环境质量。

③根据污染特点、污染分布情况和环境条件，追踪寻找污染源，为实现监督管理、控制污染提供依据。

④为保护人类健康、保护环境，合理使用自然资源，制定环境法规、标准、规划等。

（四）环境监测的分类

根据环境监测目的的不同，可将其分为三类。

1. 监视性监测

监视性监测指的是对污染源排放和环境污染趋势进行的例行监测。它是环境监测的主体，是环境综合整治和环境管理的基础，监测的内容如下。

（1）污染源排放的监测

对污染源排放进行监测，即在工业、生活等的污染源排放口设置自动监测仪器，或定期采样，测定有害物质的瞬间浓度、单位时间平均浓度和排放量，以及污染物的形态等，并建立监测台账以及污染源档案，编制报表、判断排放标准执行情况和治理效果，为环境质量控制提供依据。

（2）环境污染趋势的监测

定期、定点地测定大气、水体、土壤、生物等环境要素中已知污染物的形态、浓度，并调查影响环境质量的气象、水文、地质、地理、社会生产、能源和人口情况，综合分析环境质量现状、问题和变化趋势，提出改善环境质量和实现环境目标的对策。其发展方向是进一步扩大监视视野和增强监视功能，建立综合观测体系和国际合作监测网络，对多要素进行同步监测，并运用现代信息传递系统，使世界环境状况瞬间进入视野，实现对环境质量的有效控制。环境污染趋势监测基本上是采用各种监测网（如水质监测网），在设置的测定点上长时间、不间断地收集数据，用以评价污染现状、污染变化趋势以及环境改善所取得的进展等。

2. 研究性监测

研究性监测是为研究环境质量，发展监测分析方法、监测技术和监测管理而进行的探索，是推动环境监测和环境科学发展的基础性工作，主要包括以下三点。

（1）研究环境质量

研究环境质量包括研究环境背景值、分析环境质量变化趋势、鉴定污染因素、验证污染物扩散模式等内容，从而为制定环境标准提供依据，为环境科研提示方向，为预测、预报环境质量服务。

（2）研究监测方法

研究监测方法包括研究布点、采样优化方法，研究环境分析标准、分析方法，研究监测质量保证方法，研制标准物质，研究监测数据处理方法等内容，从而提高数据信息化程度及其应用价值。

（3）研究环境监测手段

研究环境监测手段主要指研制在线监测与遥感监测仪器，实现监测硬件系统标准化。

3. 特定目的监测

这类监测多是在严重污染发出警报时，为了确定各种紧急情况下的污染程度和波及范围，以便在污染造成危害之前采取措施而进行的，主要内容如下。

（1）污染事故监测

在发生污染事故时，及时深入事故地点进行应急监测，确定污染物的种类、扩散方向、扩散速度、污染程度及危害范围，查找污染发生的原因，为控制污染事故提供科学依据。这类监测常采用流动监测、简易监测、低空航测、遥感监测等手段。

（2）纠纷仲裁监测

纠纷仲裁监测主要针对污染事故纠纷、环境执法过程中所产生的矛盾进行监测，提供公证数据。纠纷仲裁监测应由国家指定的具有质量认证资质的部门进行，以提供具有法律效力的数据，供执法部门仲裁。

（3）考核验证监测

考核验证监测包括人员考核、方法验证、新建项目的环境考核评价、排污许可制度考核监测、项目验收监测、污染治理项目竣工时的验收监测。

（4）咨询服务监测

咨询服务监测是为政府部门、科研机构、生产单位所提供的服务性监测。其为政府部门制定环境保护法规、标准、规划提供基础数据和手段。如建设新企业进行环境影响评价时，需要按评价要求进行监测。

（五）环境监测的内容

人类生存在地球表面上，地球可划分为不同物理化学性质的圈层，即覆盖地球表面的大气圈，以海洋为主的水圈，构成地壳的岩石圈，以及由它们共同构成的生物生存与活动的生物圈等，总称人类生存与活动的环境。环境监测就是以这个环境和其各个部分为对象的，监测影响环境的各种有害物质和因素。

从宏观上说物质是由元素组成的。从微观结构上说物质是由分子、原子或离子构成的。依其组成和结构的不同，物质有两种形式：一种是无机物；另一种是有机物。

无机物就是单质（包括金属、非金属等）和化合物（包括氧化物、络合物及酸、碱、盐等）。有机物是碳氢化合物，包括烃类（链烃和环烃）和烃的衍生物（包括卤代烃、酚、醛、酮、酯、胺、酰胺、硝基化合物等）。自然界的无机物有 10 多万种，有机物有 600 多万种，所以影响环境的各种有害物质和因素的监测必然是无机污染物（包括金属和非金属）监测、有机污染物（包括农药、化肥）监测及物理能量（噪声、振动、电磁、热、放射性）污染监测。故我们可以依据不同污染物的特性，有针对性地选用不同的监测分析技术和方法。对于无机污染物、金属、非金属宜用离子、原子分析技术，对于有机污染物宜用分子分析、色/质谱法等。

通常环境监测内容以其监测的介质（或环境要素）为对象，包括空气污染监测、水质污染监测、土壤固弃物监测、生物监测、生态监测和物理污染监测等。

1.空气污染监测

空气污染监测是监测和检测空气中的污染物及其含量，目前已认识的空气污染物有 100 多种，这些污染物以分子和粒子两种形式存在于空气中，分子状污染物的监测项目主要有 SO_2、NO_2、CO、O_3、总氧化剂、卤化氢以及碳氢化合物等的监测。

粒子状污染物的监测项目有自然降尘量监测及尘粒的化学组成监测，如重金属监测和多环芳烃监测等。此外还有酸雨的监测，局部地区还可根据具体情况增加某些特有的监测项目。

因为空气污染的浓度与气象条件有密切关系，所以在监测空气污染的同时要测定风向、风速、气温、气压等气象参数。

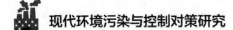

2. 水质污染监测

水质污染的监测项目是很多的，就水体来说有未被污染或已受污染的天然水（包括江、河、湖、海和地下水）、各种各样的工业废水和生活污水等。主要监测项目大体可分为两类：一类是反映水质污染的综合指标，如温度、色度、浊度、pH 值、电导率、悬浮物、溶解氧、化学耗氧量和生化需氧量等；另一类是一些有毒物质，如酚、氰、砷、铅、铬、镉、汞、镍和有机农药、苯并芘等。除上述监测项目外，还要对水体的流速和流量进行测定。

3. 土壤固弃物监测

土壤污染主要是由两方面因素引起的，一方面是工业废弃物，主要是废水和废渣；另一方面是使用化肥和农药所引起的副作用。其中工业废弃物是土壤污染的主要原因（包括无机污染和有机污染），土壤污染的主要监测项目是对重金属（如铬、铅、镉、汞）及残留的有机农药等进行监测。

4. 生物监测

与人类一样，地球上的生物也是以大气、水体、土壤以及其他生物为生存和生长条件的。无论是动物还是植物，它们都是从大气、水体和土壤（植物还有阳光）中直接或间接地吸取各自所需的营养的。在它们吸取营养的同时，某些有害的污染物也进入体内，其中有些毒物在不同的生物体中还会富集，从而使动植物生长和繁殖受到损害，甚至死亡。受害的生物、作物，用于人的生活，也会危害人体健康。因此，生物体内有害物的监测、生物群落种群的变化监测也是环境监测的内容。具体监测项目依据需要而定。

5. 生态监测

生态监测就是观测与评价生态系统对自然变化及人为变化所做出的反应，是对各类生态系统结构和功能的时空格局的度量。它包括生物监测和地球物理化学监测。生态监测是比生物监测更复杂、更综合的一种监测技术，是利用生命系统（无论哪一层次）进行环境监测的技术。

6. 物理污染监测

物理污染监测包括噪声、振动、电磁辐射、放射性等物理能量的监测。虽然以上物理污染不像化学污染物质那样能引起人体中毒，但超过阈值会直接危害人的身心健康，尤其是放射性物质产生的 α、β 和 γ 射线，对人体损害更大，所以物理因素的污染监测也是环境监测的重要内容。

　　监测对象一般包括环境监测对象和污染源监测对象。这里所谓的环境，可以是一个企业、矿区、城市地区、流域等。在任何一个监测对象中都包括许多项目，人们要适当加以选择。因为环境监测是一项复杂而繁重的工作，监测的内容和项目是很多的。在实际工作中，由于受人力、物力及技术水平和环境条件的限制，不能也不可能对所涉及的项目全部监测，因此要根据监测目的、污染物的性质和危害程度，对监测项目进行必要的筛选，从中挑选出对解决问题最关键和最迫切的项目。选择监测项目应遵循以下原则。

　　第一，对污染物的性质（如自然性、化学活性、毒性、扩散性、持久性、生物可分解性和累积性等）进行全面分析，从中选出影响面广、持续时间长、不易或不能被微生物分解且能使动植物发生病变的物质作为日常例行的监测项目。对某些有特殊目的或特殊情况的监测工作，则要根据具体情况和需要选择要监测的项目。

　　第二，对需要监测的项目，必须有可靠的监测手段，并保证能获得满意的监测结果。

　　第三，监测结果所获得的数据，要有可比较的标准或能提供正确的解释和判断。如果监测结果无标准可比，人们又不了解所获得的监测结果对人体和动植物的影响，那么监测将具有一定的盲目性。

二、环境监测技术

　　环境监测技术包括采样技术、测试技术和数据处理技术等。这里仅介绍污染物的常用分析测试技术。

（一）化学分析法

　　化学分析法是以化学反应为基础的分析方法，分为重量分析法和滴定分析法两种。

1. 重量分析法

　　重量分析法是用适当方法先将试样中的待测组分与其他组分分离，转化为一定的称量形式，用称量的方法测定该组分的含量。重量分析法主要用于环境空气中总悬浮颗粒物、可吸入颗粒物、烟尘、生产性粉尘以及废水中悬浮固体、残渣、油类等的测定。

2. 滴定分析法

　　滴定分析法是将一种已知准确浓度的溶液（标准溶液），滴加到含有被测物质的溶液中，根据化学计量定量反应完全时消耗标准溶液的体积和浓度，计算出被测组分的含量。根据化学反应类型的不同，滴定分析法分为酸碱滴定法、配位滴定法、沉淀滴定法和氧化还原滴定法四种。滴定分析法主要用于水中酸碱度、氨氮、化学需氧量、生化需氧量、氰化物、氯化物、酚的测定，以及废气中铅的测定。

（二）仪器分析法

仪器分析法是利用被测物质的物理或物理化学性质来进行分析的方法。例如，利用物质的光学性质、电化学性质进行分析。因为这类分析方法一般需要使用精密仪器，所以称为仪器分析法。

1. 光谱法

光谱法是根据物质发射、吸收辐射能，通过测定辐射能的变化，确定物质的组成和结构的分析方法。光谱法主要有以下六种。

（1）可见和紫外吸收分光光度法

可见和紫外吸收分光光度法是依据具有某种颜色的溶液对特定波长的单色光（可见光或紫外光）具有选择性吸收，且溶液对该波长光的吸收能力（吸光度）与溶液的色泽深浅（待测物质的含量）成正比，即符合朗伯—比尔定律而进行分析的方法。在环境监测中可用可见和紫外吸收分光光度法测定许多污染物，如砷、铬、镉、铅、汞、锌、铜、酚、硒、氟化物、硫化物、氰化物、二氧化硫、二氧化氮等。尽管近年来各种新的分析方法不断出现，但可见和紫外吸收分光光度法仍是环境监测中的四大主要分析方法之一。

（2）原子吸收分光光度法

原子吸收分光光度法是依据处于基态待测物质原子的蒸气，对光源辐射出的特征谱线具有选择性吸收作用，其光强减弱的程度与待测物质的含量符合朗伯—比尔定律而进行分析的方法。该法能满足微量分析和痕量分析的要求，在环境空气、水、土壤、固体废物的监测中被广泛应用。到目前为止，利用此方法可以测定70多种元素，如工业废水和地表水中的镉、汞、砷、铅、锰、钴、铬、铜、锌、铁、铝、锶、钒、镁等，大气粉尘中的钒、铍、镉、铅、锰、汞、锌、铜等，土壤中的钾、钠、镁、铁、锌、铍等的测定。

（3）原子发射光谱法

原子发射光谱法是根据气态原子受激发时发射出该元素原子所固有的特征辐射光谱,通过测定波长谱线和谱线的强度对元素进行定性和定量分析的一种方法。

由于近年来等离子体新光源的应用，等离子体发射光谱法发展很快，已用于清洁水、废水底质、生物样品中多元素的同时测定。

（4）原子荧光光谱法

原子荧光光谱法是根据气态原子吸收辐射能，从基态跃迁至激发态，再返回基态时产生紫外、可见荧光，通过测量荧光强度对待测元素进行定性、定量分析的一种方法。原子荧光分析对锌、镉、镁等具有很高的灵敏度。

（5）红外吸收光谱法

红外吸收光谱法是依据物质对红外区域辐射的选择吸收，而对物质进行定性、定量分析的方法。应用该原理已制成了针对 CO、CO_2、油类等的专用监测仪器。

（6）分子荧光光谱法

分子荧光光谱法是根据物质的分子吸收紫外、可见光后所发射的荧光进行定性、定量分析的方法。通过测量荧光强度，人们可以对许多痕量有机和无机组分进行定量测定。在环境分析中这种方法主要用于强致癌物质——苯并芘，以及硒、铵、沥青烟的测定。

2. 电化学分析方法

电化学分析方法是利用物质的电化学性质，以电极作为转换器，将被测物质的浓度转化成电化学参数（电导、电流、电位等），再加以测量的分析方法。

（1）电导分析法

电导分析法是通过测量溶液的电导（电阻）率确定被测物质含量的方法，如水质监测中电导率的测定。

（2）电位分析法

电位分析法是将指示电极和参比电极与试液组成化学电池，通过测定电池电动势（或指示电极电位），利用能斯特公式直接求出待测物质的浓（活）度。电位分析法已广泛应用于水质中 pH 值、氟化物、氰化物、氨氮、溶解氧等的测定。

（3）库仑分析法

库仑分析法是通过测定电解过程中消耗的电量（库仑数），求出被测物质含量的分析方法。可用于测定空气中的二氧化硫、氮氧化物以及水质中的化学耗氧量和生化需氧量。

（4）伏安和极谱法

伏安和极谱法是用微电极电解被测物质的溶液，根据所得到的电流—电压（或电极—电位）极化曲线来测定物质含量的方法。可用于测定水质中铜、锌、镉、铅等的含量。

3.色谱分析法

色谱分析法是一种多组分混合物的分离、分析方法。它根据混合物在互不相溶的两相（固定相与流动相）中分配系数的不同，利用混合物中的各组分在两相中溶解—挥发、吸附—脱附性能的差异，达到分离的目的。

（1）气相色谱分析

气相色谱分析是采用气体作为流动相的色谱分析法。在环境监测中常用于苯、二甲苯、多氯联苯、多环芳烃、酚类、有机氯农药、有机磷农药等有机污染物的分析。

（2）液相色谱分析

液相色谱分析是采用液体作为流动相的色谱分析法。可用于高沸点、难气化、热不稳定的物质的分析，如多环芳烃、农药、苯并芘等。

（3）离子色谱分析

离子色谱分析是近年来发展起来的新技术。它是离子交换分离洗提液消除干扰、进行监测的联合分离分析方法。此法可用于大气、水等领域中多种物质的测定。一次进样可同时测定多种成分：阴离子如 F^-、Cl^-、Br^-、NO^{2-}、N^{3-}、SO^{2-}、H_2PO^{4-}；阳离子如 K^+、Na^+、NH^{4+}、Ca^{2+}、Mg^{2+} 等。

（三）生物监测技术

生物监测技术是利用生物个体、种群或群落对环境污染及其随时间变化所产生的反应来显示环境污染状况的。例如，根据指示植物叶片上出现的伤害症状，可对大气污染进行定性和定量的判断；利用水生生物受到污染物毒害所产生的生理机能（如鱼的血脂活力）变化，判断水质污染状况等。这是一种最直接的方法，也是一种综合的方法。生物监测包括生物体内污染物含量的测定，观察生物在环境中受伤害的症状，分析生物的生理生化反应，监测生物群落结构和种类的变化等。

第二节　环境质量评价

一、环境质量评价的概念

环境是一个相对的概念，它是相对于主体（中心事物）而言的，因主体（中心事物）的不同而异。环境科学中广义的环境是以人为主体的人类环境，指人类赖以生存和发展的整个外部世界的总和，是人类已经认识到和尚未认识到的、直接或间接地影响人类生活和发展的各种自然因素（自然环境）和社会因素（社会环境）的总体。通常情况下，环境科学所指的环境是自然环境。

《中华人民共和国环境保护法》第二条规定："本法所称环境，是指影响人类生存和发展的各种天然的和经过人工改造的自然因素的总体，包括大气、水、海洋、土地、矿藏、森林、草原、湿地、野生生物、自然遗迹、人文遗迹、自然保护区、风景名胜区、城市和乡村等。"这里的环境作为环境保护的对象，有三个特点：一是其主体是人类；二是既包括天然的自然环境，也包括人工改造的自然环境；三是不含社会因素。所以，治安环境、文化环境、法律环境等并非《中华人民共和国环境保护法》所指的环境。

环境质量一般指在一个具体的环境中，环境的总体或环境的某些要素对于人类的生存繁衍及社会经济发展的适宜程度。人类通过生产和消费活动对环境质量产生影响；反过来，环境质量的变化又将影响人类生活和经济发展。

环境质量评价是对环境的优劣进行的一种定量描述，即按照一定的评价标准和评价方法对一定区域范围内的环境质量进行说明、评定和预测，因此要确定某地的环境质量必须进行环境质量评价。环境质量的定量判断是环境质量评价的结果。环境质量评价要明确回答该特定区域内的环境是否受到污染和破坏以及受到污染和破坏的程度如何；区域内何处环境质量最差，污染最严重；何处环境质量最好，污染较轻；造成污染严重的原因何在，并定量说明环境质量的现状和发展趋势。

二、环境质量评价的目的

环境质量评价的目的还在于解决下列问题。

①区域环境污染综合防治。

②自然界与工业科学系统相互作用的过程中如何维护生态平衡。

③经济发展与环境保护之间协调发展的衡量标准的制定。

④能源政策的制定。

⑤地方环境标准与行业环境标准的制定。

⑥新建、改建、扩建项目计划与规划的制定。

⑦环境管理。

三、环境质量评价的分类

（一）按时间要素划分

①环境质量回顾评价。对区域某一历史时期的环境质量进行评价的依据是历史资料。进行回顾评价可以揭示区域环境污染的变化过程。

②环境质量现状评价。对目前的环境质量状况进行量化分析，反映的是区域环境质量现状。

③环境质量影响评价。国家实行建设项目环境影响评价制度，可按下列三项规定对建设项目的环境保护实行分类管理。

一是建设项目对环境可能造成重大影响的，应当编制环境影响报告书，对建设项目产生的污染和环境影响要全面、详细地进行评价。

二是建设项目可能对环境造成轻度影响的，应当编制环境影响报告表，对建设项目产生的污染和对环境的影响进行分析或专项评价。

三是建设项目对环境影响很小、不需要进行环境影响评价的，应当填报环境影响登记表。

环境影响评价与环境质量评价（又称环境质量现状评价）是性质上完全不同的两项工作，无论是工作目的、任务、内容和方法都各不相同，而不仅仅是过去、现在、未来时间系列中的差别，其主要差别如表 8-1 所示。

表 8-1　环境影响评价与环境质量评价的区别

项目	环境影响评价	环境质量评价
工作目的	防患于未然，为建设项目合理布局或区域开发提供决策依据	为环境规划、综合整治提供科学依据
工作性质	环境影响预测	环境现状评定
工作对象	建设项目、区域开发计划	区域性自然环境
工作特点	工程性、经济性	区域性
工作方法	收集资料、模拟试验、监测、模式预测	环境调查与监测

（二）按环境要素与参数选择划分

①单环境要素评价，如大气、地表水、地下水、土壤（农业土、自然土）、作物、噪声等的评价。

②部分要素的联合评价，如地表水与地下水的联合评价、土壤与农作物的联合评价、河口与近岸海域水质的联合评价等。

③整体环境的综合评价，如对环境诸要素（水环境、大气环境、噪声环境等）的综合评价。

④按参数选择划分，包括物理评价、生物学评价、生态学评价、卫生学评价和农业环境质量评价。

第三节　环境影响评价

一、环境影响评价概述

（一）环境影响的概念及分类

1. 环境影响的概念

环境影响是指人类活动（经济活动、社会活动）对环境的作用导致环境发生变化以及由此引起的对人类社会和经济的效应。这种效应可以是正效应（对人类有益的），也可以是负效应（对人类的生存和发展不利的），还可以是两者兼有。例如，植树造林的环境影响属于正效应，三废的排放属于负效应，而水坝的修建就具有双重性。环保工作者的重要任务就是要对人类活动所产生的环境效应做出正确的判断，针对负效应提出消减措施，使环境向有利于人类生存的方向发展。

2. 环境影响的分类

为便于研究人类活动所产生的环境效应，常将其进行如下分类。

（1）按影响的方式划分

可分为直接影响、间接影响和累积影响。

①直接影响，指人类活动对环境的影响，在时间上同时，在空间上同地。

②间接影响，指在时间上推迟，在空间上较远，但是在可以合理预见的范围内。

如某一开发区的开发建设造成大气和水体的质量变化，或改变区域生态系统结构，造成区域环境功能改变，这是直接影响；而导致该地区人口集中，产业结构和经济类型的变化是间接影响。直接影响一般比较容易分析和测定。间接影响在空间和时间范围上的确定、影响结果的量化等，都是环境影响评价中比较困难的工作。确定直接影响和间接影响并对其进行分析和评价，可以有效地认识评价项目的影响途径、影响范围和影响状况等，对于缓解不良影响和采用替代方案具有十分重要的意义。

③累积影响，指人类活动所产生的环境效应与过去、现在、将来活动的影响叠加时，造成环境影响的后果。其中包括两个方面：一是一个项目活动的过去、现在及可以预见的将来所产生的影响具有累积性质，例如，日本水俣湾鱼骨畸形是由附近工厂汞的排入，造成的有机汞在鱼体内长期积累的结果；二是多项活动对同一地区的叠加影响，如一个地区多家燃煤锅炉废气的排放共同引起当地 SO_2 浓度升高，建设项目的环境影响在时间上过于频繁或在空间上过于密集，以致各项目的影响得不到及时消除时，就会产生累积影响。

（2）按影响效果划分

按影响效果划分，环境影响可分为有利影响和不利影响。这是一种从受影响对象的损益角度进行划分的方法。

①有利影响，指对人群健康、社会经济发展或其他环境状况和功能有积极的促进作用的影响。例如，水电站的修建缓解了用电用水的压力，为当地的经济发展提供了保障。

②不利影响，指对人群健康有害，对社会经济发展或其他环境状况有消极阻碍或破坏作用的影响。需要注意的是，不利与有利是相对的，是可以相互转化的，而且不同的个人、团体、组织等由于价值观念、利益需要等的不同，对同一环境影响的评价会得出相反的结论。例如，广场舞活动对组织者来说是有利的，对参与者是有益的，但是对附近的非参与居民却是不利的，对环境影响有利和不利的确定，要综合考虑多方面的因素。

（3）按影响性质划分

按影响性质划分，环境影响可分为可恢复影响和不可恢复影响。

①可恢复影响，指人类活动造成的某些环境特性改变或某些价值丧失，经过一段时间后，可能恢复到原状的特性。如油轮泄油事件造成大面积海域污染，但经过一段时间后，在人为努力和环境的自净作用下，海域又可恢复到污染以前的状态，这是可恢复影响。

②不可恢复影响，指人类活动引起环境的改变，这一改变永远无法恢复。例如，自然景观、文物古迹的破坏、物种的灭绝等，一旦发生将永远无法恢复。环境影响是否可以恢复取决于环境自身和人类活动的影响程度，如开发建设活动使某自然风景区变成工业区，造成其观赏价值或舒适性价值的完全丧失，是不可恢复的影响。

一般认为，在环境承载力范围内对环境造成的影响是可以恢复的；超出了环境承载力范围，则是不可恢复的影响。

另外，环境影响还可分为短期影响和长期影响，地方、区域影响和全国乃至全球影响，建设阶段影响、运行阶段影响和服务期满后影响等。

（二）环境影响评价的概念

环境影响评价是对拟议中的人类重要决策和开发建设活动，可能对环境产生的物理性、化学性或生物性的作用及造成的环境变化，对人类健康和福利的可能影响，进行系统的分析、预测和评估，提出预防或减少这些不利影响的对策和措施，并进行跟踪监测的方法和制度。

（三）环境影响评价的功能

①判断功能，通过环境影响评价，可以确定出人类某项活动对环境的影响的性质、程度等。

②预测功能，环境影响评价是在人类某项活动实施之前，对可能产生的环境效应做出预判，因此环境影响评价具有预测功能。

③选择或决策功能，通过环境影响评价，人们可以确定出人类某项活动对环境的影响的性质、程度等，从而为选择或决策提供依据。

（四）环境影响评价的作用

环境影响评价是一项技术，也是正确认识经济发展、社会发展和环境发展之间相互关系的科学方法，是正确处理经济发展使之符合国家总体利益和长远利益、强化环境管理的有效手段，对确定经济发展方向和保护环境等一系列重大决策都有重要的指导作用。环境影响评价能为地区社会经济发展指明方向，有利于合理确定地区发展的产业结构、产业规模和产业布局。环境影响评价是对一个地区的自然条件、资源条件、环境质量条件和社会经济发展现状进行综合分析研究的过程。人们根据一个地区的环境、社会、资源的综合能力，把人类活动对环境的不利影响限制到最小。环境影响评价的作用和意义表现在以下四个方面。

第一，保证建设项目选址和布局的合理性。合理的经济布局是保证环境与经济持续发展的前提条件，而不合理的布局则是环境污染的重要原因。环境影响评价从建设项目所在地区的整体出发，考查建设项目的不同选址和布局对区域整体的不同影响，并进行比较和取舍，使人们选择最有利的方案，保证建设选址和布局的合理性。

第二，指导环境保护设计，强化环境管理。一般来说，开发建设活动和生产活动都要消耗一定的资源，会给环境带来一定的污染与破坏，因此必须采取相应的环境保护措施。环境影响评价针对具体的开发建设活动或生产活动，综合考虑开发活动特征和环境特征，通过对污染治理设施的技术、经济和环境论证，得到相对最合理的环境保护对策和措施，把因人类活动而产生的环境污染或生态破坏限制在最小范围内。

第三，为区域的社会经济发展提供导向。人们可以通过对区域的自然条件、资源条件、社会条件和经济发展等进行综合分析，掌握该地区的资源、环境和社会等状况，从而对该地区的发展方向、发展规模、产业结构和产业布局等做出科学的决策和规划，以指导区域活动，实现可持续发展。

第四，促进相关环境科学技术的发展。环境影响评价涉及自然科学和社会科学的广泛领域，包括基础理论研究和应用技术开发。环境影响评价工作中遇到的问题，必然会对相关环境科学技术提出挑战，进而推动相关环境科学技术的发展。

国内和国外的经验都表明，为防止在社会经济的发展中造成重大环境损失和生态破坏，对有关政策和规划进行环境影响评价是十分必要的。

（五）环境影响评价的原则

在进行环境影响评价时，要按照以人为本，建设资源节约型、环境友好型社会和科学发展的要求，遵循以下原则开展工作。

①依法评价原则。在进行环境影响评价的过程中，人们应始终坚持执行有关国家环保的法律法规、标准、政策；分析建设项目与环保政策、资源能源利用政策、国家产业政策、技术政策及相关规划的相符性；关注国家或地方法律法规、标准、政策、规划及相关主体功能区划方面的新动向。

②早期介入原则。环境影响评价应尽早介入工程的前期工作中，重点关注选址或选线、工艺路线或施工方案的环境可行性。

③完整性原则。根据建设项目的工程内容及其特征，对工程内容、影响时段、影响因子、作用因子进行分析、评价，突出环境影响评价的重点。

④广泛参与原则。环境影响评价应广泛吸收相关学科和相关专业的专家、有关单位和个人、当地环境保护管理部门、当地民众的意见。

（六）环境影响评价的类型

1. 根据环境影响评价时间划分

根据环境影响评价时间，环境影响一般可分为预断（测）评价和后估评价。环境影响评价是一个不断评价和不断完善决策的过程。

（1）预断评价

依据国家和地方制定的环境质量标准，用调查、监测和分析的方法，对区域环境质量进行定量判断，并说明其与人体健康、生态系统的关系。即对所评价的开发活动可能造成的环境影响的类型、程度、范围和过程进行预测和评价，在预测和评价的基础上，对可能采取的环保措施的费用和效益进行分析，并权衡开发活动的效益和环境影响的得失。

（2）后估评价

后估评价又叫验证评价，即拟建工程建成、运行后验证影响评价的结论是否正确。这种评价可以看作环境影响评价的延续，是在开发建设活动实施后，对环境的实际影响程度进行系统调查和评估，检查减少环境影响的各种措施的落实程度和实施效果，验证环境影响评价结论的可靠性，判断提出的环保措施的有效性，对一些评价时尚未认识到的影响进行分析研究，以达到改进环境影响评价技术方法和提高管理水平的目的，有利于人们采取补救措施，消除不利影响。

2. 根据环境影响评价的内容划分

根据环境影响评价的内容，环境影响评价可分为以下三种类型。

（1）单项建设工程的环境影响评价

这种评价是环境影响评价体系的基础，其评价内容和评价结论的针对性很强。对工程的选址、生产规模、产品方案、生产工艺、环境影响，以及减少和防范这种影响的措施都有明确的分析和说明，对工程的可行性有明确判断。

（2）区域开发的环境影响评价

与单项建设工程的环境影响评价相比，区域开发的环境影响评价更具有战略性。它强调把整个区域作为一个整体来考虑，评价的着眼点在于论证区域的选址、建设性质、开发规划、总体规模是否合理，同时也重视区域内的建设项目的布局、结构、性质、规模。人们根据周围环境的特点，对区域的排污量进行总量控制，为使区域的开发建设对周围环境的影响处于最低水平，提出相应的减轻影响的具体措施。

（3）公共政策的环境影响评价

这类环境影响评价主要指对国家权力机构发布的政策进行影响评价。这是一项战略性极强的环境影响评价。它与前面两种评价的不同之处在于，评价的区域是全国性或行业性的，识别的影响是潜在、宏观的，评价的方法多是定性和半定量的各种综合、判断和分析。

二、环境影响评价制度

（一）国际环境影响评价制度的发展状况

美国是世界上第一个把环境影响评价用法律形式固定下来，并建立环境影响评价制度的国家，并于 1969 年通过了《国家环境政策法》，1970 年 1 月 1 日起正式实施。继美国建立环境影响评价制度后，瑞典、澳大利亚、法国、荷兰相继确立了环境影响评价制度。另外，英国于 1988 年制定了《环境影响评价条例》，德国于 1990 年制定了《环境影响评价法》。与此同时，国际上也设立了许多有关环境影响评价的机构，召开了一系列有关环境影响评价的会议，开展了环境影响评价的研究和交流，进一步促进了各国环境影响评价的发展。1994 年由加拿大环境评价办公室和国际评估学会在魁北克市联合召开了第一届国际环境影响评价部长级会议，有 52 个国家和组织机构参加了会议，会议提出了进行环境评价有效性研究的决议。

经过数十年的发展，已有一百多个国家建立了环境影响评价制度。环境影响评价的内涵不断扩展，从对自然环境的影响评价发展到对社会的环境影响评价。对自然环境的影响评价不仅考虑环境污染，还重视生态影响，开展了风险评价，开始关注累积性影响以及环境影响的后估评价。环境影响评价从最初单纯的工程项目环境影响评价，发展到区域开发环境影响评价和战略影响评价，环境影响评价的方法和程序也在发展中不断地得到完善。

（二）我国环境影响评价制度的发展

1. 引入和确立阶段

自 1972 年联合国人类环境会议之后，我国开始对环境影响评价制度进行探讨和研究。1973 年第一次全国环境保护会议后，环境影响评价的概念引入我国，首先在环境质量评价方面开展了工作。

1979 年，第五届全国人民代表大会常务委员会第十一次会议通过了《中华人民共和国环境保护法（试行）》，规定："一切企业、事业单位的选址、设计、建设和生产，都必须充分注意防止对环境的污染和破坏。在进行新建、改建和扩建工程时，必须提出对环境影响的报告书，经环境保护部门和其他有关部门审查批准后才能进行设计。"我国的环境影响评价制度正式建立起来。

2. 规范建设阶段

《中华人民共和国环境保护法（试行）》确立了环境影响评价制度。随后我国又出台了一系列法律法规，不断对环境影响评价进行规范，在环境影响评价的内容、范围、程序以及技术方法上进行了广泛研究和探讨，取得了明显进展，环境影响评价覆盖面越来越广。"六五"期间，全国制作大中型建设项目环境影响报告书 445 项，其中有 4 项确定了原选址方案。"七五"期间，全国共完成大中型项目环境影响评价 2 592 项，其中有 84 个项目的环境影响评价指导和优化了项目选址。

3. 强化和完善阶段

从 1989 年 12 月 26 日正式通过《中华人民共和国环境保护法》到 1998 年 11 月 29 日国务院发布《建设项目环境保护管理条例》，是建设项目环境影响评价强化和完善的阶段。主要表现在：加强了环境影响评价制度的执行力度，全国环境影响评价执行率从 1992 年的 61% 提高到 1995 年的 81%；实施了污染物总量控制，强化了"清洁生产""公众参与"和生态环境影响评价；国家实行了环境影响评价人员持证上岗培训制。全国有甲级评价证书单位 264 个，乙级单位 455 个，评价队伍达 1.1 万人，上岗培训提高了环评人员的业务素质，相关部门发布了多部环境影响评价技术导则，为环境评价工作的规范化打下了良好的基础。

1998 年 11 月 29 日，国务院发布《建设项目环境保护管理条例》，这是建设项目环境管理的第一个行政法规，环境影响评价作为《建设项目环境保护管理条例》中的第二章内容，对环境影响评价的相关内容进行了明确规定。

4. 提高阶段

2002 年 10 月，国家正式公布了我国第一部环境影响评价法——《中华人民共和国环境影响评价法》，并于 2003 年 9 月 1 日起正式施行，从而确立了环境影响评价的独立法律地位。环境影响评价从项目环境影响评价转变为规划环境影响评价，这是环境影响评价制度的最新发展。

为提高环境影响评价人员的专业素质，保证环境影响评价工作的质量，2004年中华人民共和国人力资源和社会保障部与国家环境保护总局决定在环境影响评价行业建立环境影响评价工程师职业资格制度。对从事环境影响评价的专业技术人员提出了更高的要求。

241

（三）我国环境影响评价制度的特点

随着我国环境影响评价研究的不断深入，同时借鉴国外的经验，并结合我国的实际情况，我国逐渐形成了具有中国特色的环境影响评价制度。其特点主要表现在以下五个方面。

1. 具有法律强制性

我国的环境影响评价制度是国家环境保护法明令规定的一项法律制度，以法律形式约束人们，人们必须遵照执行，具有法律强制性。

2. 纳入基本建设程序

早在 1986 年发布的《建设项目环境保护管理办法》、1990 年发布的《建设项目环境保护管理程序》，以及 1998 年 11 月国务院发布的《建设项目环境保护管理条例》中都明确规定了对未经环境保护主管部门批准环境影响报告书的建设项目，计划部门不办理设计任务书的审批手续，土地管理部门不办理征地手续，银行不予贷款。这样就更加具体地把环境影响评价制度结合到基本建设的程序中去，使其成为建设程序中不可缺少的环节。因此，环境影响评价制度在项目前期工作中有较大的约束力。

3. 评价的对象侧重于单项建设工程

由于我国是发展中国家，正在进行大规模的经济建设，目前数量较多的是进行单项工程的环境影响评价，而有重大意义的区域评价和政策评价开展得还不多。

4. 与"三同时"制度紧密衔接

"三同时"制度是我国特有的一项环境管理制度，环境影响评价制度与"三同时"制度相衔接，保证了经济建设与环境建设同步实施，这是我国环境影响评价制度的一大特点。

5. 实行持证评价和评价机构审查制度

这是在落实环境影响评价制度中建立的一项行政法规。即承担环境影响评价工作的单位，必须持《建设项目环境影响评价资格证书》，按照该证书中规定的范围开展环境影响评价工作，并对结论负责。对持证单位实行申报审查和定期考核的管理制度，对考核不合格的或违反有关规定的，给予罚款乃至吊销证书的处罚。

第九章　可持续发展与现代环境保护对策

20 世纪以来，各类环境问题突出，使得生态系统承受着巨大的压力。可持续发展水平成为未来发展的关键因素，良好的生态环境为人类提供生存的空间和发展的基础。因此，人们要高度重视环境保护问题，在了解可持续发展的理论的基础上深入探讨环境保护的途径和策略。本章包括可持续发展的基本理论、现代环境保护的对策等内容。

第一节　可持续发展的基本理论

一、可持续发展理论的产生与发展

虽然"可持续发展"作为一种发展观明确提出于当代，但在我国，朴素的可持续发展思想却是源远流长的，朴素的可持续发展的实践也是由来已久的。早在春秋战国时期，就有对自然资源的持续利用与保护的论著。如春秋时期的政治家管仲把保护山泽林木作为对君王的道德要求；战国时期的思想家荀子也把对自然资源的保护作为治国安邦之策，特别注意遵从生态系统的季节规律，重视自然资源的持续保存和永续利用。同时，西方的经济学家如马尔萨斯、李嘉图、穆勒等，也在他们的著作中提出人类的经济活动范围存在着生态边界，即人类的经济活动要受到环境承载力的限制，人类无限的消费欲望与有限的自然资源形成尖锐的矛盾。

近代人类社会，由于人口的不断增加、工业的迅速发展，全球环境污染日趋加重，尤其是 20 世纪 50 年代以来，人类所面临的人口猛增、粮食短缺、能源紧张、资源破坏和环境污染等问题日益严重，导致"生态危机"逐步加剧，这就迫使人类重新审视自己在生态系统中的位置，并努力寻求长期生存和发展的道路。

为了达到这一目的，人类进行了不懈的努力和探索，并提出了一些富有启发意义的观点、思想和对策，发表了一系列有关这类问题的报告和文章，可持续发展是其中最具影响力和最有代表性的概念。可以说可持续发展概念的提出彻底地改变了人们的传统发展观和思维方式，与此同时，国际社会也围绕着可持续发展问题组织了一些大规模的会议。

（一）关于可持续发展的重要国际会议

联合国人类环境会议、联合国环境与发展会议和可持续发展世界首脑会议，这三次联合国会议一般被认为是国际可持续发展进程中具有里程碑性质的重要会议。

1. 联合国人类环境会议

联合国人类环境会议于 1972 年在瑞典的斯德哥尔摩召开。当时人类面临着环境日益恶化、贫困日益加剧等一系列突出问题，国际社会迫切需要共同采取一些行动来解决这些问题。这次会议就是在这样的国际背景下由联合国主持召开的。通过广泛的讨论，会议通过了全球性保护环境的《人类环境宣言》。大会确定每年的 6 月 5 日为"世界环境日"。作为探讨保护全球环境战略的国际会议，其意义在于唤起各国政府共同对环境问题，特别是对环境污染问题的关注。

这次会议之后，联合国根据需要于 1973 年成立了联合国环境规划署。1983 年，第 38 届联合国大会通过成立世界环境与发展委员会（WCED）这个独立机构的决议，挪威时任首相布伦特兰夫人任委员会主席。

2. 联合国环境与发展会议

1992 年，联合国在巴西的里约热内卢召开了联合国环境与发展会议。这次会议是根据当时的环境与发展形势需要，同时为了纪念联合国人类环境会议 20 周年而召开的，会议取得了如下成果。

①会议通过了《里约环境与发展宣言》和《21 世纪议程》两个纲领性文件。

②会议将公平性、持续性和共同性作为可持续发展的基本原则。

③各国政府代表签署了《联合国气候变化框架公约》等国际文件。

至此，可持续发展得到了世界最广泛和最高级别的政治承诺。可持续发展由理论和概念推向行动。根据形势需要，联合国在这次会议之后于 1993 年成立了联合国可持续发展委员会。

《21世纪议程》是贯彻实施可持续发展战略的人类活动计划。该文件虽然不具有法律的约束力，但它反映了环境与发展领域的全球共识和最高级别的政治承诺，提供了全球推进可持续发展的行动准则。

《21世纪议程》涉及人类可持续发展的所有领域，提供了21世纪如何使经济、社会与环境协调发展的行动纲领和行动蓝图。它共计20多万字。整个文件分四个部分。

第一部分，可持续发展总体战略。

第二部分，社会可持续发展。

第三部分，经济可持续发展。

第四部分，资源的合理利用与环境保护。

3. 可持续发展世界首脑会议

2002年，可持续发展世界首脑会议在南非的约翰内斯堡召开。这次会议的主要目的是回顾《21世纪议程》的执行情况、取得的进展和存在的问题，并制定一项新的可持续发展行动计划，同时也是为了纪念联合国环境与发展会议召开10周年。经过长时间的讨论和复杂谈判，会议通过了《可持续发展问题世界首脑会议执行计划》。

（二）关于可持续发展的重要报告

1.《增长的极限》

1972年，国际社会发生了一件具有重要意义的事情：非正式的国际协会——罗马俱乐部，针对长期流行于西方的高增长理论进行了深刻反思，提交了研究报告——《增长的极限》，报告的主要内容和论点如下。

①报告深刻阐明了环境的重要性以及资源与人口之间的关系。

②世界系统的五个基本因素——人口增长、粮食生产、工业发展、资源消耗和环境污染的运行方式是指数增长而非线性增长的。人口增长、工业发展过快，而地球的资源、环境对污染物的承载力是有限的，总有一天要达到极限，使得生态恶化、环境污染加剧、资源耗竭、粮食短缺。

③解决的办法是控制发展，必要时不发展。

《增长的极限》是罗马俱乐部于1968年成立以后发表的第一个研究报告，这一报告公开发表后迅速在世界各地传播，唤起了人类对环境与发展问题的极大关注，并引起了国际社会的广泛讨论。这些讨论是围绕着这份报告中提出的观点

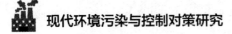

展开的,即经济的不断增长是否会不可避免地导致全球性的环境问题和社会解体。到 20 世纪 70 年代后期,经过进一步的广泛讨论,人们基本上得到了比较一致的结论,即经济发展可以不断地持续下去,但必须对发展加以调整,即必须考虑发展对自然资源的最终依赖性。

2.《世界自然保护策略》

由世界自然保护联盟牵头,与联合国环境规划署以及世界野生生物基金会等国际组织一起,于 1980 年发表了《世界自然保护策略》这份重要报告,并为这一报告加了一个副标题,即为了可持续发展的生存资源保护。该报告的主要目的有以下三个。

①解释生命资源保护对人类生存与可持续发展的作用。

②确定优先保护的问题及处理这些问题的要求。

③提出达到这些目标的有效方式。

该报告分析了资源和环境保护与可持续发展之间的关系,并指出,如果发展的目的是为人类提供社会和经济福利的话,那么保护的目的就是要保证地球具有使发展得以持续和支撑所有生命的能力,保护与可持续发展是相互依存的,二者应当结合起来,加以综合分析。这里的保护意味着管理人类利用生物圈的方式,使得生物圈在给当代人提供最大持续利益的同时,保持其满足未来世代人需求的潜能;发展则意味着改变生物圈以及投入人力、财力、生命和非生命资源等,去满足人类的需求和改善人类的生活质量。

虽然《世界自然保护策略》以可持续发展为目标,围绕保护与发展做了大量的研究和讨论,且反复用到可持续发展这个概念,但它并没有明确给出可持续发展的定义。

3.《我们共同的未来》

世界环境与发展委员会经过多年的深入研究和充分论证,于 1987 年向联合国大会提交了研究报告《我们共同的未来》,报告分为共同的关切、共同的挑战、共同的努力三大部分。

该报告提出了"从一个地球走向一个世界"的总观点,并在这样的一个总观点下,从人口、资源、环境、食品安全、生态系统、物种、能源、工业、城市化、机制、法律、和平、安全与发展等方面比较系统地分析和研究了可持续发展问题。该报告第一次明确给出了可持续发展的定义。

二、可持续发展理论的基本特征与基本原则

（一）可持续发展的定义

通过以上介绍，我们知道"可持续发展"一词在国际文件中最早出现于1980年发表的《世界自然保护策略》。其概念最初源于"生态学"，是指对于资源的一种管理战略。其后加入了一些新的内涵，是一个涉及经济、社会、文化、技术和自然环境的综合的、动态的概念。目前，在国际上认同度较高的是《我们共同的未来》，它对"可持续发展"给出了经典定义："可持续发展是既满足当代人的需要，又不对后代人满足其需要的能力构成危害的发展。"

这个定义包涵了三个重要的内容：第一个是"需求"，要满足人类的发展需求，可持续发展应特别优先考虑世界上穷人的需求。第二个是"限制"，发展不能损害自然界支持当代人和后代人生存的能力，其思想实质是尽快发展经济以满足人类日益增长的基本需要，但经济发展不应超出环境的容许极限，经济与环境协调发展，保证经济、社会能够持续发展。第三个是"平等"，指各代之间的平等以及当代不同地区、不同国家和不同人群之间的平等。

（二）可持续发展理论的基本特征

可持续发展的三个基本特征是生态持续、经济持续和社会持续。它们彼此互相联系、相互制约且不可分割。

1. 生态持续

生态持续是基础。也就是说，可持续发展要求经济建设和社会发展要与环境承载能力相协调，发展的同时必须保护和改善地球生态环境，保证以可持续的方式使用自然资源和环境成本，使人类的发展控制在地球可承载的范围之内，尽可能地减少对环境的损害，使人与自然和谐相处。

进入21世纪，越来越多的人认识到，人类与自然之间不是主人与奴隶、征服者与被征服者的关系，而是要和谐相处。面对未来发展的重重压力，把"生态良好"纳入文明发展道路中，既体现了当代人的切身利益，又关乎子孙后代的长远利益。因此，我们要树立生态文明理念，大力倡导绿色消费，注重人与自然和谐相处，把资源承载能力、生态环境容量作为经济活动的重要条件，引导公众自觉选择节能环保、低碳排放的消费模式，进一步加强环境保护。生态系统为人类经济活动提供必需的资源和服务，保护环境是保护健康、维护生态平衡的迫切需要，同时也具有重要的经济意义。

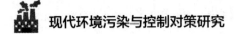

环境承载力（环境承受力或环境忍耐力）指在某一时期、某种环境状态下，某一区域环境对人类社会、经济活动的支持的能力限度。通常，人们用环境承载力作为衡量人类社会经济与环境协调程度的标尺。

2. 经济持续

经济持续是条件。经济发展是国家实力和社会财富的基础，因此，可持续发展鼓励经济增长，而不是以环境保护为名取消经济增长，可持续发展不仅重视经济增长的数量，更追求经济发展的质量。衡量一个国家的经济是否成功，不仅要以它的国民生产总值为标准，还需要计算产生这些财富的同时所消耗的全部自然资源的成本和对由此产生的环境恶化造成的损失所付出的代价，及为环境破坏承担的风险，经过这样的加减价值综合之后才是保证经济发展质量下真正的经济增长。由此看来，寻求一种循环经济发展模式和集约型的经济增长方式是非常必要的。这就要求我们要改变传统的以"高投入、高消耗、高污染"为特征的生产模式和消费模式，而走一条科技含量高、经济效益好、资源消耗低、环境污染少、人力资源优势得到充分发挥的新型工业化道路。一方面，要研究、开发和推广新能源、新材料，广泛采用符合域情的污染治理技术和生态破坏修复技术，全力推行清洁生产；另一方面，要大力发展先进生产力，进行经济结构的战略性调整，淘汰落后的工艺设备，关闭、取缔污染严重的企业，变传统工业"资源—生产—污染排放"的发展方式为"资源—生产—再生资源"的循环发展方式，实施绿色技术和清洁生产，提倡绿色消费，从而改善环境质量、提高经济活动中的效益、节约资源和消减废物。

3. 社会持续

社会持续是共同追求。可持续发展并非要人类回到原始社会，尽管那时候的人类对环境的损害是最小的。全世界各国的发展程度不同，发展的目标也各不相同，长期以来，人们把 GDP（国内生产总值）作为经济发展的主要甚至是唯一的评价指标，片面追求 GDP 的增长。在这种背景下，很多人把 GDP 增长本身当成发展的最终目的。于是就出现了为追求 GDP 的快速增长，掠夺性、盲目地开采资源，污染再大的项目也要大干快上，导致人口、资源、环境的矛盾日益尖锐。

发展的本质和最终追求都是改善人类生活质量，提高人类健康水平，创造一个保障人们的平等、自由、教育、人权和免受暴力的社会环境。经济增长是为了满足人的全面发展的需要（包括人的生理、心理、文化、交往等的需要）而服务的。我们不能为了满足物质方面的需要而损害其他方面的需要，不能为了 GDP 的增长而损害环境和健康，削弱社会全面发展和可持续发展的能力。

总而言之，可持续发展要求在发展中积极解决环境问题，既要推进人类发展，又要促进自然和谐，只有真正地懂得环境与发展的关系，保持经济、资源、环境的协调，可持续发展才有可能成为现实。

（三）可持续发展理论的基本原则

1.公平性原则

所谓公平就是机会选择的平等性。可持续发展的公平性原则包括两个方面：一方面是同代人之间的公平，即代内之间的横向公平；另一方面是代与代之间的公平，即世代之间的纵向公平。

可持续发展要满足当代所有人的基本需求，给他们机会以满足他们要求过美好生活的愿望。可持续发展不仅要实现当代人之间的公平，也要实现当代人与未来各代人之间的公平，因为人类赖以生存与发展的自然资源是有限的。

从理论上讲，未来各代人应与当代人有同样的权力来提出他们对资源与环境的需求。可持续发展要求当代人在考虑自己的需求与消费的同时，也要对未来各代人的需求与消费负起历史的责任。因为同后代人相比，当代人在资源开发和利用方面处于一种无竞争的主宰地位。各代人之间的公平要求任何一代都不能处于支配的地位，即各代人都应有同样的选择机会。

2.持续性原则

这里的持续性指的是生态系统受到某种干扰时能保持自身生产力的能力。资源和环境是人类生存与发展的基础和条件，资源的持续利用和生态系统的可持续性是保持人类社会可持续发展的首要条件。这就要求人们根据可持续性的条件调整自己的生活方式，在可能的范围内确定自己的消耗标准，要合理开发、合理利用自然资源，使再生性资源能保持其再生能力，非再生性资源不至于过度消耗并能得到替代资源的补充，环境自净能力能得以维持。可持续发展的持续性原则从某一个侧面反映了可持续发展的公平性原则。

3.共同性原则

可持续发展关系到全球的发展。要实现可持续发展的总目标，必须争取全球共同的配合行动，这是由地球整体性和相互依存性所决定的。因此，致力于达成既尊重各方的利益，又保护全球环境与发展体系的国际协定至关重要。正如《我们共同的未来》中写的"今天我们最紧迫的任务也许是使各国认识多边主义的必要性"，并且"进一步发展共同的认识和共同的责任感，是这个分裂的世界十分需要的"。就是说，实现可持续发展就是人类要共同促进自身之间、自身与自然之间的协调，这是人类共同的道义和责任。

三、可持续发展理论的指标体系

（一）经济学方向的指标体系

经济学家认为，可持续的经济是社会实现可持续发展的基础。在经济学方向上最具有代表性的指标是绿色 GDP 和真实储蓄率，它们为分析一个国家或地区的可持续发展能力的动态变化提供了有利的依据。这里仅介绍绿色 GDP。经济学家将绿色 GDP 称为环境调整后的国内生产净值。

1. 绿色 GDP 的核算

绿色 GDP 可以从以下最简要的式子出发，它是将现行统计下的 GDP 扣除两大基本部分的"虚数"。

绿色 GDP= 现行 GDP－自然部分虚数－人文部分虚数

式中，自然部分的虚数，应从以下所列因素中扣除。

①环境污染所造成的环境质量下降。

②自然资源的退化与配比的不均衡。

③长期生态质量退化所造成的损失。

④自然灾害所引起的经济损失。

⑤资源稀缺所引发的成本。

⑥物质、能量的不合理利用所导致的损失。

而人文部分的虚数，也应从以下所列的因素中扣除。

①由于疾病和公共卫生条件所导致的支出。

②由失业所造成的损失。

③由犯罪所造成的损失。

④由于教育水平低下和文盲状况导致的损失。

⑤由于人口数量失控所导致的损失。

⑥由管理不善（包括决策失误）所造成的损失。

绿色 GDP 较合理地扣除现实中的外部成本，并从内部去反映可持续发展的质量和进程，因此它应逐渐地被认同，并且纳入国民经济核算体系之中。

目前，在我国，GDP 指标是各级党政干部考核的依据，所以它不单单是一个技术性指标。由于片面追求 GDP，势必对环境与生态造成严重破坏，因此探索绿色 GDP 的评价方法，还具有可持续发展的制度保障意义。

2. 绿色 GDP 的应用

目前，绿色 GDP 的环境核算虽然困难，但部分发达国家还是取得了一些成绩。虽然有些国家已经开始试行绿色 GDP，但是迄今为止，世界上还没有一套公认的核算模式。《中国绿色国民经济核算研究报告 2004》是中国第一份经环境污染调整的 GDP 核算研究报告，标志着中国的绿色国民经济核算研究取得了阶段性成果。

（二）社会政治学方向的指标体系

社会政治学方向的指标体系中最具有代表性的指标是人文发展指数（HDI），它是由反映人类生活质量的三大要素指标（即收入、寿命和教育）合成的一个复合指数。指数值在 0—1，越大表明发展程度越高，通常用来衡量一个国家的进步程度。"收入"指人均 GDP 的多少；"寿命"反映了营养和环境质量状况；"教育"指公众受教育的程度，也就是可持续发展的潜力。收入通过估算实际人均国内生产总值来测算；寿命根据人口的平均预期寿命来测算；教育通过成人识字率（2/3 权数）和大、中、小学综合入学率（1/3 权数）的加权平均数来衡量。

虽然"人类发展"并不等同于"可持续发展"，但该指数的提出仍有许多有益的启示。HDI 强调了国家发展应从传统的以物为中心转向以人为中心，强调了追求合理的生活水平而非对物质的无限占有，向传统的消费观念提出了挑战。HDI 将收入与发展指标相结合。人类在健康、教育等方面的发展是对以收入衡量发展水平的重要补充，倡导各国更好地投资于民，关注人们生活质量的改善，这些都是与可持续发展原则相一致的。

（三）系统学方向的指标体系

1. 联合国可持续发展委员会指标体系

自 1992 年联合国环境与发展会议以来，许多国家按大会要求，纷纷研究自己的可持续发展指标体系，目的是检验和评估国家的发展趋势是否可持续，并以此进一步促进可持续发展战略的实施。

为了促进全球实施可持续发展战略，联合国成立了可持续发展委员会，其任务是审议各国执行《21 世纪议程》的情况，并对联合国有关环境与发展的项目和计划进行高层次协调。为了对各国在可持续发展方面的成绩进行评价时有一个较为客观的标准，该委员会建立了联合国可持续发展指标体系，以供世界各国参考，并建立适合本国国情的指标体系。

联合国可持续发展指标体系由驱动力指标、状态指标、响应指标构成，将人类社会发展分为社会、经济、环境和制度四个方面，共包含130多项指标。主要用来回答发生了什么、为什么发生、我们将如何做这三个问题。

2. 中国可持续发展能力评估指标体系

为了对可持续发展能力进行评估，中国科学院可持续发展战略研究组独立地开辟了可持续发展研究的系统学方向，依据可持续发展理论的内涵，设计了一套"五级叠加，逐层收敛，规范权重，统一排序"的可持续发展指标体系。该指标体系分为总体层、系统层、状态层、变量层和要素层五个等级。

①总体层。其从总体上综合反映一个国家或地区的可持续发展能力、可持续发展总体运行态势。

②系统层。其将可持续发展总系统解析为内部具有逻辑关系的五大子系统，即生存支持系统、发展支持系统、环境支持系统、社会支持系统和智力支持系统，该层主要揭示各子系统的运行状态和发展趋势。

③状态层。其反映决定各子系统行为的主要环节和关键组成成分的状态，包括某一时间断面上的状态和某一时间序列上的变化状况。

④变量层。其从本质上反映、揭示状态变化的原因和动力，共采用45个"指数"加以代表。

⑤要素层。其采用可测、可比、可以获得的指标及指标群，对变量层的数量表现、强度表现、速率表现给予直接的度量，共采用了225个"基层指标"，全面系统地对45个指数进行了定量描述，构成了指标体系最基层的要素。

四、中国实施可持续发展战略的行动

（一）《中国 21 世纪议程》的主要内容

为了落实可持续发展的行动计划，我国政府决定，组织各有关部门制定和实施我国的可持续发展战略。《中国 21 世纪议程》的实施，将为逐步解决我国的环境与发展问题奠定基础，有力地推动我国走上可持续发展道路。

《中国 21 世纪议程》阐明了中国的可持续发展战略和对策，其内容包括四大部分，具体内容如下。

第一部分为可持续发展的总体战略，包括序言、中国可持续发展的战略与对策、与可持续发展有关的立法与实施、费用与资金机制、教育与可持续发展能力建设，以及团体及公众参与可持续发展等内容。

第二部分为社会可持续发展，包括人口、居民消费和社会服务，消除贫困，卫生与健康，人类住区可持续发展和防灾减灾等内容。

第三部分为经济可持续发展，包括可持续发展经济政策，农业与农村的可持续发展，工业与交通、通信业的可持续发展，可持续的能源生产和消费等内容。

第四部分为资源与环境的合理利用与保护，包括自然资源保护与可持续利用、生物多样性保护、荒漠化防治、保护大气层、固体废物的无害化管理等内容。

（二）《中国 21 世纪议程》的特点

《中国 21 世纪议程》具有以下三方面的独特之处。

1. 突出体现新的发展观

《中国 21 世纪议程》体现了新的发展观，力求结合我国国情，分类指导，有计划、有重点、分区域、分阶段摆脱传统的发展模式，逐步由粗放型经济发展过渡到集约型经济发展，具体内容如下。

①我国东部和东南沿海地区经济相对比较发达，在经济继续保持稳定、快速增长的同时，重点调高增长的质量，提高效益，节约资源与能源，减少废物，改变传统的生产模式与消费模式，实施清洁生产和文明消费。

②我国西部、西北部和西南部经济相对不够发达，重点是消除贫困，加强能源、交通、通信等基础设施建设，提高经济对于区域开发的支撑能力。

③对于农业，重点提出了一系列政策引导和市场调控等手段，逐步使农业向高产、优质、高效、低耗的方向发展。发展我国独具特色的乡镇企业，引导其提高效益、减少污染，为农村剩余劳动力提供更多的就业机会。

④能源是我国国民经济的支柱产业。根据我国能源结构中煤炭占 70% 以上的特点，在能源发展中重点发展清洁煤技术，开发一系列清洁煤技术项目和示范工程项目，提高能源效率以及加快可再生能源的开发速度。

2. 充分认识我国资源所面临的挑战

《中国 21 世纪议程》指出我们要充分认识我国资源短缺对经济发展的制约。因此，它强调人们要树立资源危机感。在 21 世纪要建立资源节约型经济体系，将水、土地、矿产、森林、草原、生物、海洋等各种自然资源的管理纳入国民经济和社会发展计划，建立自然资源核算体系，采用市场机制和政府宏观调控相结

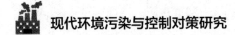

合的手段，促进资源合理配置，充分运用经济手段、法律手段、行政手段进行资源的保护、利用与增值。

3.积极承担国际责任和义务

《中国21世纪议程》指出，我们要充分认识我国的环境与发展战略和全球环境与发展战略的协调。对诸如全球气候变化问题、防止平流层臭氧耗损问题、生物多样性保护问题、防止有害废物越境转移问题，以及水土流失和荒漠化问题等，提出了相应的战略对策和行动方案，我们会以强烈的历史使命感和责任感去履行对国际社会应尽的责任和义务。

五、可持续发展战略的实施途径

（一）清洁生产

清洁生产是一种新的创造性思想，该思想从生态经济系统的整体性出发，将整体预防的环境战略应用于生产过程中，以提高物料和能源的利用率、降低对能源的过度使用、减少人类和环境自身的风险。这与可持续发展的基本要求、能源的永久利用和环境容量的持续承载能力的提高是相符合的。清洁生产也是实现资源环境和经济发展双赢的有效途径。

1.清洁生产的概念

（1）清洁生产的定义

《中华人民共和国清洁生产促进法》指出，清洁生产就是不断采取改进设计、使用清洁的能源和原料、采用先进的工艺技术与设备、改善管理、综合利用等措施，从源头削减污染，提高资源利用效率，减少或者避免生产、服务和产品使用过程中污染物的产生和排放，以减轻或者消除污染物对人类健康和环境的危害。清洁生产强调战略措施的预防性、综合性和持续性。

预防性，即污染预防。清洁生产强调事前预防，要求以更为积极主动的态度和富有创造性的行动来避免或减少废物的产生，而不是等到废物产生以后再采取末端治理措施。末端治理往往只是污染物的跨介质转移，会带来生产的不经济性。

综合性指清洁生产以生产活动的全部环节为对象。推行清洁生产在于实现两个全过程控制：在宏观层次上组织工业生产的全过程控制，包括资源和地域的评价、规划设计、运营管理、维护、改扩建、处置以及效益评价等环节；在微观层次上进行物料转化生产全过程的控制，包括原料的采集、储运、预处理、加工、成形、包装，产品的储运、销售、消费，以及废品处理等环节。

持续性指清洁生产是一个相对的概念。清洁的工艺、清洁的产品以及清洁的能源是与现有的工艺、产品、能源相比较而言的。因此，推行清洁生产本身是一个不断完善的过程，随着社会经济的发展和科学技术的进步，清洁生产需要适时地提出更新的目标，争取达到更高的水平。

清洁生产谋求达到两个目标：一个是通过资源的综合利用、短缺资源的代用、二次资源的利用以及节能、省料、节水，合理利用自然资源，减缓资源的消耗；另一个是减少废料和污染物的生成和排放，促进工业产品在生产、消费过程中与环境相容，降低整个工业活动对人类和环境所带来的风险。

（2）清洁生产的内容

清洁生产包括以下三个方面的内容。

①清洁的能源。其包括常规能源的清洁利用、可再生能源的利用、新能源的开发利用等。

②清洁的生产过程。其包括尽量少用、不用有毒有害的原料；保证中间产品的无毒、无害；减少生产过程中的各种危险性因素，如高温、高压、低温、低压、易燃、易爆、强噪声、强振动等；采用少废、无废的工艺和高效的设备，进行物料再循环（厂内、厂外）；完善管理等。

③清洁的产品。清洁产品指节约原料和能源而少用昂贵和稀缺的原料的产品，利用二次资源作为原料的产品，在使用过程中以及使用后不危害人体健康和生态环境的产品，易于回收、复用和再生的产品，合理包装的产品，具有合理使用功能（如具有节能、节水、降低噪声的功能）和合理使用寿命的产品，报废后易处置、易降解的产品。

2. 清洁生产的实施途径

清洁生产的实施途径应包括企业的经营管理、政府的政策法规、技术创新、教育培训以及公众参与监督。其中，企业的经营管理是清洁生产的体现主体，而对于生产过程而言，清洁生产的实施途径包括以下四个方面。

（1）原材料及能源的有效利用和替代

原材料是工艺方案的出发点，它的合理选择是有效利用资源、减少废物产生的关键。从原材料使用环节实施清洁生产的内容包括以无毒、无害或少害原料替代有毒、有害原料；改变原料配比或降低其使用量；保证或提高原料的质量，进行原料的加工，减少产品的无用成分；以二次资源或废弃物替代稀有、短缺资源。

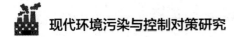

（2）改革工艺和设备

工艺是从原材料到产品实现物质转化的流程载体，设备是工艺流程的硬件单元。从改革工艺与设备方面实施清洁生产的主要途径：利用最新科技成果，开发新工艺、新设备，如采用无氰电镀或金属热处理工艺、逆流漂洗技术等；简化流程、减少工序和所用设备；使工艺过程易于连续操作，减少开车、停车次数，保持生产过程的稳定性；提高单套设备的生产能力，装置大型化、强化生产能力；优化工艺条件，如温度、流量、压力、停留时间、搅拌强度以及必要的预处理、工序的顺序等。

（3）加强运行操作管理

除了技术、设备等物化因素外，生产活动离不开人的因素，这主要体现在运行操作和管理上。很多工业生产产生的废物污染，在一定程度上是由生产过程中管理不善造成的。实践证明，规范操作、加强管理，往往可以使用较少的费用而提高资源能源利用效率，削减一定比例的污染。因此，优化改进操作程序、加强管理经常是清洁生产中最优先考虑也是最容易实施的清洁生产手段。具体措施包括合理安排生产计划、改进物料储存方法、加强物料管理、消除物料的滴漏、保证设备完好等。

（4）生产系统内部循环利用

生产系统内部循环利用指的是一个企业生产过程中的废物应循环利用。一般物料再循环是生产过程中常见的原则。物料的循环再利用的基本特征是不改变主体流程，仅将主体流程中的废物加以收集处理并再利用。这方面的内容通常包括将废热回收作为能量利用；将流失的原料、产品回收利用；将回收的废物分解处理成原料或原料组分，复用于生产流程中；组织闭路用水循环或一水多用等。

（二）循环经济

循环经济是可持续发展道路之后，在经济和环境法制发达国家出现的一种新型经济发展模式。这一模式在一些国家已经取得了巨大的成效，并已成为国际社会推行可持续发展战略的一种有效模式。

1.循环经济的内涵、特征与原则

（1）循环经济的内涵

"循环经济"这一术语在我国出现于20世纪90年代中期，许多学者已从资源综合利用、环境保护、技术范式、经济形态和增长方式，以及广义和狭义等不同角度对其做了多种解释，但迄今为止，还没有一个完全一致的概念。目前应用较多的定义："循环经济是一种以资源的高效利用和循环利用为核心，以'减量化、再利用、资源化'为原则，以低消耗、低排放、高效率为基本特征，符合可持续发展理念的经济增长模式，是对'大量生产、大量消费、大量废弃'的传统增长模式的根本变革。"

与传统经济发展模式不同，循环经济倡导的是一种人与环境和谐的经济发展模式。它要求把经济活动组织成一个"资源生产—消费—废弃物排放—再生资源"的反馈式流程，其特征是低开采、高利用、低排放。所有的物质和能源要能在这个不断进行的经济循环中得到合理和持久的利用，以把经济活动对自然的影响降低到尽可能小的程度。循环经济按照自然生态系统物质循环和能量流动规律重构经济系统，使经济系统和谐地纳入自然生态系统的物质循环的过程中，属于一种新形态的经济模式。

循环经济的核心内涵是资源的循环利用，为了达到此目的，必须着力构建三个层次的产业体系：①企业层面的循环经济要求实现清洁生产和污染排放最小化；②区域层面的循环经济要求企业之间建立工业生态系统或生态工业园区，实现企业间废物的相互交换；③社会层面的循环经济要求废物得到再利用和再循环，产品消费过程中和消费后进行物质循环。

（2）循环经济的特征

循环经济作为一种科学的发展观和一种全新的经济发展模式，具有自身的独立特征，主要体现在以下五个方面。

①循环经济是一种新的系统观。循环指在一定系统内的运动过程，该系统是由经济、自然生态和社会构成的大系统。循环经济观要求人在考虑生产和消费时不再置身于这一大系统之外，而是将自己作为这个大系统的一部分来研究符合客观规律的经济原则。

②循环经济是一种新的经济观。循环经济要求运用生态学规律，使经济活动不能超过资源承载能力，促进生态系统平衡地发展。

③循环经济是一种新的价值观。循环经济不再像传统工业经济那样将自然作为"原料场"和"垃圾场"，而是将其作为人类赖以生存的基础，认为自然生态系统是人类最主要的价值源泉，是需要维持良性循环的生态系统；在开发技术工艺时不仅考虑其对自然的开发能力，而且要充分考虑它对生态系统的修复能力，使之成为有益于环境的技术；在考虑人自身的发展时，不仅考虑人对自然的征服能力，而且更重视人与自然和谐相处的能力，促进人的全面发展。

④循环经济是一种新的生产观。传统工业经济的生产观念是最大限度地开发

利用自然资源，最大限度地创造社会财富，最大限度地获取利润，不考虑生产过程的资源环境负荷。而循环经济的生产观念是要充分考虑自然生态系统的承载能力，尽可能地节约自然资源，不断提高自然资源的利用效率，循环使用资源；创造良性的社会财富，以达到经济、社会与生态的和谐统一，使人类在良好的环境中生产生活，真正全面提高人们的生活质量。

⑤循环经济是一种新的消费观。循环经济要求走出传统工业经济"拼命生产、拼命消费"的误区，提倡物质的适度消费、层次消费，在消费的同时就考虑废弃物的资源化，建立循环生产和消费的观念。

（3）循环经济的原则

循环经济有三条基本原则，即减量化、再利用和资源化，简称"3R 原则"，循环经济要求以"3R 原则"为经济活动的行为准则。

3R 原则是循环经济思想的基本体现，但 3R 原则的重要性并不是并行的。循环经济提倡以源头控制、降低资源消耗和避免废弃物产生为优先目标。我们要避免把循环经济片面地理解为传统意义上的"三废"综合利用，认为其是污染防治策略的一种翻版。事实上废物综合利用仅仅是减少废物最终处理量的有效方法之一。循环经济的根本目标是发展经济，废物的循环利用只是一种措施和手段，而投入经济活动的物质和所产生废弃物的减量化是其核心。3R 原则的优先顺序是减量化—再利用—资源化，减量化原则优于再利用原则，再利用原则优于资源化原则，本质上再利用原则和资源化原则都是为减量化原则服务的。

2. 发展循环经济的基本途径和重点

当前和今后一段时期内，我国发展循环经济应重点抓好以下五个环节。

第一，在资源开采环节，要大力提高资源综合开发和回收利用率。对矿产资源开发要统筹规划，加强共生、综合开发和利用矿产资源，实现综合勘查、综合开发、综合利用；加强资源开采管理，健全资源勘查开发准入条件，改进资源开发利用方式，实现资源的保护性开发；积极推进矿产资源深加工技术的研究，提高产品附加值，实现矿业的优化与升级；开发并完善符合我国矿产资源特点的采、选、冶工艺，提高回采率和综合回收率，降低采矿贫化率，延长矿山寿命；大力推进尾矿、废矿的综合利用。

第二，在资源消费环节，要大力提高资源利用效率。加强对钢铁、有色金属、电力、煤炭、石化、化工、建材、纺织、轻工等重点行业的能源、原材料、水等资源消耗的管理，实现能量的梯级利用、资源的高效利用，努力提高资源的产出效益；制造电动机、汽车、计算机、家电等的机械制造企业，要从产品设计入手，优先采用资源利用率高、污染物产生量少，以及有利于产品废弃后回收利用的技术和工艺，尽量采用小型或重量轻、可再生的零部件或材料，提高设备制造技术水平；包装行业要大力压缩无实用性材料消耗。

第三，在废弃物产生环节，要大力开展资源综合利用。加强对钢铁、有色金属、电力、煤炭、石化、建材、造纸、酿造、印染、皮革等废弃物产生量大、污染重的重点行业的管理，提高废渣、废水、废气的综合利用率；综合利用各种建筑废弃物及秸秆、畜禽粪便等农业废弃物，积极发展生物质能源，推广沼气工程，大力发展生态农业；推动不同行业通过产业链的延伸和耦合，实现废弃物的循环利用；加快城市生活污水再生利用设施建设和垃圾资源化利用；充分发挥建材、钢铁等行业的废弃物消纳功能，减少废弃物最终处置量。

第四，在再生资源产生环节，要大力回收和循环利用各种废旧资源。积极推进废钢铁、废有色金属、废纸、废塑料、废旧轮胎、废旧家电及电子产品、废旧纺织品、废旧机电产品、包装废弃物等的回收和循环利用；支持汽车发动机等废旧机电产品再制造；建立垃圾分类收集和分选系统，不断完善再生资源回收、加工、利用体系；在严格控制"洋垃圾"和其他有毒有害废物进口的前提下，积极发展资源再生产业的国际贸易。

第五，在社会消费环节，要大力提倡绿色消费。树立可持续的消费观，提倡健康文明、有利于节约资源和保护环境的生活方式与消费方式；鼓励使用绿色产品，如能效标识产品、节能节水认证产品和环境标志产品等；抵制过度包装等浪费资源的行为；政府机构要发挥带头作用，把节能、节水、节材、节粮、垃圾分类回收、减少一次性用品的使用逐步变成每个公民的自觉行动。

3. 加快发展循环经济的主要措施

当前我国加快发展循环经济的主要措施包括以下五个方面。

第一，发展循环经济，要坚持以科学发展观为指导，以优化资源利用方式为核心，以提高资源生产率和降低废弃物排放为目标，以技术创新和制度创新为动力，采取切实有效的措施，动员各方面的力量，积极加以推进。

第二，要把发展循环经济作为编制国家发展规划的重要指导原则，用循环经济理念指导编制各类规划。加强对发展循环经济的专题的研究，加快节能、节水、资源综合利用、再生资源回收利用等循环经济发展重点领域专项规划的编制工作。建立科学的循环经济评价指标体系，研究提出国家发展循环经济战略目标及分阶段推进计划。

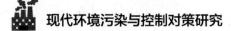

第三，加快发展低能耗、低排放的第三产业和高技术产业，用高新技术和先进适用技术改造传统产业，淘汰落后工艺、技术和设备。严格限制高能耗、高耗水、高污染和浪费资源的产业以及开发区的盲目发展。用循环经济理念指导区域发展、产业转型和老工业基地改造，促进区域产业布局合理调整。开发区要按循环经济模式规划、建设和改造，充分发挥产业集聚和工业生态效应，围绕核心资源发展相关产业，形成资源循环利用的产业链。

第四，要研究建立完善的循环经济法规体系。当前要抓紧制定发展循环经济的专项法规；完善财税政策，加大支持循环经济发展的力度；继续深化企业改革，研究制定有利于企业建立符合循环经济要求的生态工业网络的经济政策。

第五，要组织开发和示范有普遍推广意义的资源节约和替代技术、能量梯级利用技术、延长产业链和相关产业链技术、"零排放"技术、有毒有害原材料替代技术、回收处理技术、绿色再制造技术等，努力突破制约循环经济发展的技术瓶颈。在重点行业、重点领域、工业园区和城市继续开展循环经济试点工作。

（三）低碳经济

在人类大量消耗化石能源、大量排放二氧化碳等温室气体，从而引发全球能源市场动荡和全球气候变暖的大背景下，国际社会正逐步转向发展"低碳经济"，目的是在发达国家和发展中国家之间建立相互理解的桥梁，以更低的能源强度和温室气体排放量支撑社会经济高速发展，实现经济、社会和环境的协调统一。

1. 低碳经济的内涵

低碳经济最初出现于英国的能源白皮书——《我们能源的未来：创建低碳经济》（以下简称白皮书）。此白皮书不仅在人类历史上首次提出低碳经济的概念，而且对低碳经济的内涵给予了一定程度的揭示。白皮书指出，迫于气候变暖的压力，减少碳排放是必然的选择。白皮书认为，追求产量最大化的人类经济活动需要在对环境更少污染、对自然资源更少消耗的约束下进行，低碳经济的目的是提高人类生活质量。由此可见，低碳经济的字面含义蕴含着低碳经济的出发点和基本目的，这是与以往经济发展形态认定的不同之处。在低碳经济的概念被提出之后，由于其顺应了世界发展的潮流，因而其得到了欧洲国家的普遍关注，在全世界迅速传播。

对于低碳经济的内涵，我国学者也进行了讨论，主要侧重于对低碳经济的宏观理解。庄贵阳是较早对低碳经济进行研究的学者之一，他认为低碳经济实质上是要解决经济活动中能源结构的问题。

　　传统工业文明的基础是碳基能源，碳基能源的过度使用是造成大气中二氧化碳含量高的重要原因。既然如此，低碳经济就应该改变以碳基能源为基础的能源结构，在提高碳基能源利用效率的同时，发展清洁能源、低碳能源。

　　低碳经济的核心是能源技术使用上的创新，即通过技术进步，扩大能源的使用范围；通过低碳能源的使用，甚至是无碳能源的使用，在发展经济的同时，实现碳排放量的降低，从而改善大气的构成。付允等则认为，发展低碳经济的目的是最大限度地降低碳排放量，减缓全球气候变暖的速度。在此前提下，通过技术创新，实现经济和社会的清洁发展与可持续发展。

　　有学者从多角度对低碳经济进行了阐述。他们认为，低碳经济是为解决环境与资源压力问题而提出的新经济范式。低碳经济范式是以低能耗、低污染、零排放、高产出等为特征的新经济模式。

　　各学者对低碳经济的理解虽然不尽相同，但是大体上具有一致性。总的来讲，低碳经济是以改善大气构成为目的，追求低碳排放、无碳排放的经济形态。社会资源的配置要按照低碳排放的要求来进行，低碳经济是一系列保证低碳排放、无碳排放的经济制度、政策设计、生产方式、消费方式的总称。

　　2. 低碳经济实现的途径

　　发展低碳经济，需要在能源效率、能源体系、经济发展和社会价值观念等领域开展工作。大量研究表明，发展低碳经济，采取已经或者即将商业化的低碳经济技术，大规模发展低碳产业并推动社会低碳转型，能够控制温室气体排放，关键是成本问题及如何分摊这些成本。

　　（1）提高能效和减少能耗

　　低碳发展模式要求提高能源开发、生产、运输、转换和利用过程中的效率并减少能源消耗。面对各种因素所导致的能源供应趋紧，整个社会迫切需要在既定的能源供应条件下支持国民经济更好更快地发展，或者说在保障一定的经济发展速度的同时，减少对能源的使用，进而降低对能源结构中仍占主导地位的化石燃料的依赖。提高能源利用效率和节约能源涉及整个社会经济的方方面面，尤其重点用能的工业部门、建筑部门和交通部门更是迫切需要提高能效。各部门通过改善燃油的经济性、减少对小汽车的过度依赖、提高建筑能效和提高电厂能效等措施，能够实现节能增效的低碳发展目标。

　　发展低碳经济，制定实施一系列相互协调、互为补充的政策措施，包括建立温室气体排放贸易体系，推广能源效率承诺，制定有关能源服务、建筑和交通方

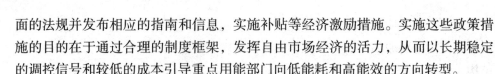

面的法规并发布相应的指南和信息，实施补贴等经济激励措施。实施这些政策措施的目的在于通过合理的制度框架，发挥自由市场经济的活力，从而以长期稳定的调控信号和较低的成本引导重点用能部门向低能耗和高能效的方向转型。

（2）发展低碳能源并减少排放

能源保障是社会经济发展必不可少的重要支撑，低碳发展模式则是要降低能源中的碳含量、减少能源开发利用产生的碳排放，从而实现全球大气环境中温室气体的高效合理控制。实现经济社会发展的"低碳化"，是为了在合理的制度安排下推动碳排放所产生的环境负外部性影响内部化，从而实现低效率的"高碳排放"转向大气环境容量得以优化配置和利用的"低碳经济"。恰当的政策法规和激励机制，能够推动低碳能源技术的发展以及相关产业的规模化，从而将其减缓气候变化的环境正外部性内部化，使得发展低碳经济更加具有竞争力。

降低能源中的碳含量和减少碳排放，主要涉及控制传统的化石燃料开发利用所产生的二氧化碳，以及在资源条件和技术经济允许的情况下，以相对低碳的天然气代替高碳的煤炭作为能源。捕集各种化石燃料电厂、氢能电厂和合成燃料电厂中的碳并加以地质封存，能够改善现有能源体系下的环境负外部性。此外，能源低碳化还包括开发利用新能源、替代能源和可再生能源等非常规能源，以更为"低碳"甚至"零碳"的能源体系来补充并一定程度上替代传统能源体系。风力发电、生物质能、光伏发电以及氢能等新型能源，在未来都有很大的发展潜力，特别是大量分散、不连续和低密度的可再生能源，能够很好地补充城乡统筹发展所必需的能源，并且新能源产业的发展也是提供就业岗位、促进能源公平的有力保障。

（3）发展吸碳经济并增加碳汇

低碳发展模式还意味着调整和改善全球大气环境的碳循环，发展吸碳经济并且增加自然碳汇，从而抵消或中和短期内无法避免的化石能源燃烧所排放的温室气体，最终实现稳定大气中温室气体浓度的目标。减少毁林排放和增加植树造林，不仅是改变人类长期以来对森林、土地、林业产品、生物等资源过度索取的状态，而且是改善人与自然的关系、主动减缓人类活动对自然生态的影响以及打造生态文明的重要手段。

与自然碳汇相关的林业和土地资源对于不同发展阶段的国家，具有不同的开发利用价值，尤其是当前在保障粮食安全、缓解贫困、发展可持续生计等方面具有重大意义。应对气候变化国际体制在避免毁林等方面的发展，就是将相关资源在自然碳汇方面的价值转化成具体的经济效益，与其在其他领域所具有的价值进行综合的权衡，从而引导各国的经济社会发展朝低碳方向转型。通过植树造林增加自然碳汇降低大气中的温室气体浓度，通过控制热带雨林焚毁减少向大气中排放温室气体，以及通过对农业土地进行保护性耕作从而防止土壤中的碳流失，对于全球各国尤其是众多发展中国家具有重要意义。

（4）推行低碳价值理念

低碳发展模式还要求改变整个经济社会的发展理念和价值观念，实现全面的低碳转型。地球所面临的最严重的问题之一，就是不适当的消费和生产模式。发展低碳经济就是在应对气候变化的背景下，从社会经济增长和人类发展的角度，对合理的生产消费模式做出重大变革。

发展低碳经济要求经济社会的发展理念从单纯依赖资源和环境的外延型、粗放型增长，转向更多依赖技术创新、制度构建和人力资本投入。传统的基于化石燃料的工业化和城市化进程，必须从未来能源供需、相应资源环境成本的内部化等方面进行制度和技术创新。

发展低碳经济还要求全社会建立可持续的价值观念，不能因对资源和环境的过度索取而使其遭受严重破坏，要建立符合我国环境资源特征和经济发展水平的价值观念和生活方式。人类依赖大量消耗能源、大量排放温室气体的生活必须尽早并尽快调整，当前人类的过度消费、超前消费和奢侈消费等消费观念必须改变，应树立可持续的社会价值观念。

第二节　现代环境保护的对策

一、开展绿色宣传教育

我们应加强生态文明宣传教育，把珍惜生态、保护资源、爱护环境等内容纳入国民教育和培训体系，纳入群众性精神文明创建活动，全面提高全社会的绿色消费意识和环境道德素养，形成全社会共同参与的良好风尚。建设国家生态环境教育平台，引导公众践行绿色简约生活和低碳休闲模式。

我们应将生态文化作为现代公共文化服务体系建设的重要内容，挖掘优秀传统的生态文化思想和资源，创作一批文化作品，创建一批教育基地，满足广大人民群众对生态文化的需求；通过典型示范、展览展示、岗位创建等形式，广泛动员全民参与生态文明建设；组织好世界地球日、世界环境日、世界森林日、世界水日、世界海洋日和全国节能宣传周等主题宣传活动。

我们应加强资源环境国情宣传，普及生态文明法律法规、科学知识等，报道先进典型，曝光反面事例，提高公众节约意识、环保意识、生态意识，形成人人、事事、时时崇尚生态文明的社会氛围；健全地方环境新闻发布制度，完善重大信息权威发布与政策解读机制，积极回应社会关切。

我们应充分发挥新闻媒体的作用，加强微信公众号等新媒体的建设及运用，定期发布环境保护法律法规和进行生态文明知识解读，传播生态文明理念，树立理性、积极的舆论导向；充分调动基层力量，推动社区等基层组织开展环境宣传教育活动，发展壮大社区环保志愿者队伍，建立社区环境联委会等机制。

二、构建绿色产业体系

我们应坚决摒弃以牺牲生态环境换取一时一地经济增长的做法，把提高质量和效益作为推动发展的立足点，把创新驱动作为发展基点，加快构建绿色循环低碳发展的产业体系；结合推进供给侧结构性改革，综合运用经济手段、法律手段和技术手段，鼓励传统产业实施绿色化改造，加快化解过剩产能，淘汰落后产能。

我们应大力发展低能耗的先进制造业、高新技术产业、现代服务业、节能环保产业，促进绿色制造和绿色产品生产供给；推动能源供给革命，继续降低煤炭在一次能源消费结构中的比重，提高煤炭清洁高效利用水平，发展清洁低碳能源、可再生能源；强化科技支撑，加强污染治理、生态修复、能源节约、资源循环利用等领域的关键技术攻关，加快产业化推广应用，加快培育新技术、新产业、新业态，把绿色生态优势转化为新经济发展优势，形成经济增长新动能。

三、促进社会绿色消费

我们应强化每个公民都是环保践行者、推动者的责任意识，提高公民的环境自觉性；倡导勤俭节约、绿色低碳消费，推广节能节水用品和绿色环保家具、建材等，推广低碳出行，鼓励引导消费者购买节能环保再生产品，推进绿色家庭、绿色社区建设，提高阶梯电价、阶梯水价、阶梯气价的收费标准，推动形成节约适度、绿色低碳、文明健康的生活方式和消费模式。

我们应以绿色消费革命倒逼生产方式绿色化，促进传统产业生态化改造；结合"互联网+"行动计划的实施，推进绿色供应链环境管理，推进绿色设计、绿色生产、绿色采购、绿色物流；加强需求侧管理，建立环保领跑者、押金回收和再生产品强制使用制度，完善生产者责任延伸制度。

四、完善环保监督体系

环境保护层面的环保监督属于确保环保法律得以真正贯彻执行的重要措施，为更好地做到环保监督，各级环保部门必须通力合作，积极构建全方位的监督体系，实现国家环保部门、地方环保监督部门以及下属单位监督部门之间的协调合作，各司其职，从而做到环保监测工作、预警工作以及应急工作的全面化以及细致化。

五、重视全球环保合作

现阶段，环境问题已经不仅仅是我国社会发展期间面临的重大问题，而逐渐发展为全球社会的关键问题，不同国家之间必须加强通力协作，从而有效实现环境保护的目的，单靠一个国家或少数国家的努力是难以完成环保任务的。因此，世界各国都必须进一步突破绿色贸易壁垒，大大降低污染源的流动，对环境保护准则以及相关标准进行统一，从根本上做到环保合作，降低环境污染程度。

六、推动环境科技创新

我们应全面贯彻党的十九大精神，贯彻创新、协调、绿色、开放、共享的发展理念，坚持人与自然和谐共生，大力推进美丽中国建设，针对我国社会经济发展中面临的重大生态环境问题，按照支撑重点区域整体发展、管控脆弱生态环境风险、研究前瞻生态环境技术、形成可竞争环保产业的思路，围绕生态文明建设中环境质量改善、风险控制与生态安全的核心任务，推动绿色技术创新需求与解决重大生态环境问题的融合、核心技术突破与产业良性发展的融合、整体性生态环境技术与区域发展需求之间的融合，形成面向现实与未来、适应不同区域特点、满足多主体需求、具有内生性发展能力的环境科技创新体系，从而更好地实现环境保护。

（一）构建生态环保科技创新体系

我们应瞄准世界生态环境科技发展前沿,立足我国生态环境保护的战略要求,突出自主创新、综合集成创新,加快构建市场导向的层次清晰、分工明确、运行高效、支撑有力的国家生态环保科技创新体系。重点建立以科学研究为先导的生态环保科技创新理论体系，以应用示范为支撑的生态环保科学技术体系，以保护人体健康和生态环境为目标的环境基准和环境标准体系，以提升竞争力为核心的环保产业培育体系，以服务保障为基础的环保科技管理体系。

我们应完善环境标准和技术政策，加强重点实验室、工程技术中心、科学观测研究站、环保智库等生态环保科技创新平台的建设，加强技术研发推广。积极引导企业与科研机构加强合作，强化企业创新主体作用；依托有条件的科技产业园区，建立一批国家级环保高新技术产业开发区；实施环境科研领军人才工程，加强环保专业技术领军人才和青年拔尖人才培养，打造一批高水平创新团队；积极深化与环保技术先进国家的双边和多边合作。

（二）实现环保核心技术创新

我们应以环境质量改善、风险控制与生态安全为重点，深化与民生密切相关的环境健康、化学品安全、全球环境变化等重大生态环境问题的基础研究，突破一批环境污染防治、生态保护与恢复、循环经济、环境基准与标准、核与辐射安全监管等方面的核心技术，形成面向重点区域环境问题的整体技术解决方案，融合技术与机制创新。

我们应支持生态、土壤、大气、温室气体等方面的关键技术装备的研发，支持生态环境突发事故监测预警及应急处置技术、遥感监测技术、数据分析技术、高端环境监测仪器等的研发。开展重点行业危险废物污染特性与环境效应、危险废物溯源及快速识别、全过程风险防控、信息化管理技术等的研究，加快完善危险废物技术规范体系。建立化学品环境与健康风险评估方法、程序和技术规范体系。加强多污染物协同控制、生态环境系统模拟、污染源解析、生态环境保护规划、生态环境损害评估等技术方法的应用研究。

参考文献

［1］陆晓华，成官文．环境污染控制原理 [M].武汉：华中科技大学出版社，2010.

［2］卓光俊．环境保护中的公众参与制度研究 [M].北京：知识产权出版社，2017.

［3］任亮，南振兴．生态环境与资源保护研究 [M].北京：中国经济出版社，2017.

［4］张丽娜，周阳，姚立英，等．城市大气复合污染防治路线及应用实例 [M].北京：中国环境出版集团，2018.

［5］隋鲁智，吴庆东，郝文．环境监测技术与实践应用研究 [M].北京：北京工业大学出版社，2016.

［6］王佳佳，李玉梅，刘素军．环境保护与水利建设 [M].长春：吉林科学技术出版社，2019.

［7］王罗春，白力，时鹏辉，等.农村农药污染及防治 [M].北京: 冶金工业出版社，2019.

［8］温莹莹，牛宗亮．环境污染物的新型样品前处理方法研究与应用 [M].长春：吉林大学出版社，2019.

［9］孔东菊．企业环境污染第三方治理法律问题研究 [M].北京：知识产权出版社，2019.

［10］李利军，李艳丽．河北省大气污染防治经济对策研究 [M].北京：冶金工业出版社，2019.

［11］刘兆香,焦正,杨琦,等.中国大气污染防治技术推广机制与模式 [M].上海:上海大学出版社，2020.

［12］孟小丽.绿色建筑中排水对环境污染的控制与创新研究 [J].环境科学与管理，2018，43（7）：174-177.

［13］李曼，唐璐.建筑环保与环境污染控制分析 [J]. 居舍，2018（28）：154-155.

［14］崔嘉.当前城镇水环境污染控制与治理措施分析 [J]. 数码世界，2018（12）：89-90.

［15］刘大志.当前农村水环境污染控制与治理技术分析 [J]. 农村经济与科技，2019，30（16）：8-9.

［16］白奎鹏.建筑施工中的环境污染问题与防治措施 [J]. 中国标准化，2019（12）：15-16.

［17］毛非凡.水生生物技术在水环境污染控制中的应用研究 [J]. 农村科学实验，2019（9）：112-113.

［18］饶曼周.农村水环境污染控制与治理技术分析 [J]. 湖北农机化，2019（8）：17.

［19］周风云.水产养殖环境的污染及其控制对策 [J]. 农家参谋，2019（7）：145.

［20］吴萌霖.城市环境中噪声的污染与控制措施 [J]. 区域治理，2019（35）：108-110.

［21］李新源.土壤环境污染监测过程中的质量控制 [J]. 化工设计通讯，2020，46（4）：233.

［22］肖丽珍.新农村建设中生态环境存在的问题及对策 [J]. 黑龙江环境通报，2020，33（1）：32-33.